中国西部
生态文明发展报告
2017

中国生态文明研究与促进会
中国西部生态文明发展报告编委会 编

U0362973

中国环境出版集团·北京

图书在版编目（CIP）数据

中国西部生态文明发展报告. 2017 / 中国生态文明
研究与促进会，中国西部生态文明发展报告编委会编.
—北京：中国环境出版集团，2018.7
ISBN 978-7-5111-3703-6

Ⅰ．①中…　Ⅱ．①中…②中…　Ⅲ．①生态文明—建
设—研究报告—西北地区—2017②生态文明—建设—研究
报告—西南地区—2017　Ⅳ．①X321.2

中国版本图书馆 CIP 数据核字（2018）第 134620 号

出　版　人	武德凯	
责任编辑	沈　建　殷玉婷	
责任校对	任　丽	
封面设计	宋　瑞	

出版发行　**中国环境出版集团**
　　　　　（100062　北京市东城区广渠门内大街 16 号）
　　　　　网　　　址：http://www.cesp.com.cn
　　　　　电子邮箱：bjgl@cesp.com.cn
　　　　　联系电话：010-67112765（编辑管理部）
　　　　　发行热线：010-67125803，010-67113405（传真）

印　　刷	北京市联华印刷厂
经　　销	各地新华书店
版　　次	2018 年 7 月第 1 版
印　　次	2018 年 7 月第 1 次印刷
开　　本	787×960　1/16
印　　张	22.25
字　　数	370 千字
定　　价	80.00 元

编 委 会

序

我国西部地区幅员辽阔，自然资源丰富，发展潜力巨大。习近平总书记在中共十九大报告中提出"强化举措推进西部大开发形成新格局"，进一步凸显了中央对西部地区发展的高度重视。同时，我国西部有黄土高原、云贵高原、青藏高原等生态脆弱的经济欠发达地区，有的处在干旱和半干旱地区，生态文明建设的任务比其他地区更为复杂和艰巨。由于自然、人文等多方面原因，西部地区在经济社会发展及生态文明建设方面与东部沿海地区存在较大差距，一些地区生存环境恶劣，致贫原因复杂，基础设施和公共服务缺口大，贫困发生率较高，有不少是连片的深度贫困地区。加快推进西部地区生态文明建设，对保障国家生态安全、实现区域协调发展和"两个一百年"战略目标，特别是对解决我国发展中的不平衡、不充分问题，意义重大。当前，西部地区的发展进入爬坡过坎、转型升级的关键阶段。要在以习近平同志为核心的党中央坚强领导下，贯彻落实新发展理念，持续实施好西部大开发战略，加强与"一带一路"建设、京津冀协同发展、长江经济带发展等重大战略的统筹衔接，坚持创新驱动、开放引领，大力夯实基础支撑，推动西部经济社会和生态环境的持续健康发展。

这几年，中国生态文明研究与促进会多次组织相关专家到西部地区开展调研，看到在经济社会发展中有许多共性问题，值得我们去认真研究，努力找寻解决思路和办法。一是很多地方集革命老区、民族地区、边疆地区于一体，自然环境、经济社会、民族宗教、国防安全等问题交织在一起，加大了经济社会发展和生态文明建设的复杂性和难度。二是很多地方基础设施和社会事业发展滞后，特别是一些深度贫困地区生存条件比较恶劣，自然灾害多发，地处偏远，资源贫乏。大体看来，西南缺土，西北缺水，青藏高原缺积温。还有的地区社会发育滞后，社会文明程度相对较低。三是很多地方生态环境脆弱，经济发展滞后。西部地区生态环境保护同经济社会发展的矛盾比较突出，发展产业基础差、产业结构单一，抗风险能力和发展后劲不足。

推进西部地区生态文明建设是一项长期而艰巨的战略任务，西部地区生态地位极其重要，生态环境又极为脆弱，这就决定了保护生态环境是西部生态文明建设的底线责任、重中之重。必须牢固树立"绿水青山就是金山银山"理念，认真贯彻落实党的十九大关于生态文明建设的战略部署和要求，加快研究如何构建产权清晰、多元参与、激励约束并重、系统完整的生态文明制度体系，加快深化生态文明制度改革、健全和落实资源有偿使用和生态补偿机制，加快建立绿色低碳循环发展的经济体系，根据不同类型区域主体功能定位完善差别化的考核评估办法，落实领导干部自然资源资产离任审计制度等，用制度保障西部生态安全屏障。

2016年，中国生态文明研究与促进会决定开展"西部生态文明发展报告"课题研究，希望通过编制一部全面、创新、实用的西部地区生态文明发展专题报告，以科学的方法、清楚的事实、准确的数据、客观的视角，如实反映并深入分析西部地区生态文明发展状况，努力做到科学性、系统性、前瞻性和可操作性，为推进我国生态文明研究和西部地区生态文明建设实践服务。2017 年年初，该课题在西北农林科技大学和杨凌农业高新技术产业示范区的支持下立项，中国生态文明研究与促进会牵头组建了研究团队。团队成员中有参与国家生态文明建设顶层设计的知名学者，有连续多年组织研究中国生态文明建设评价报告的学术骨干，有划定生态保护红线和编制西部相关省份生态文明建设规划的技术专家，也有长期在西部地区工作的一线人员。课题组经过一年多的共同努力，完成了《中国西部生态文明发展报告·2017》的编制工作。从内容上看，报告中既有理论探讨，也有数据分析，还有实践案例；从覆盖范围来讲，报告中包括了对西部地区 12 个省（自治区、直辖市）生态文明状况的概括和分析；从指标体系的建立上，力求创建符合西部地区特点的全新指标评价体系。这部发展报告通过开展西部地区生态文明建设状况、态势、成果和经验的调查、评价和研究，为决策者、研究者和广大一线工作者进一步推进西部地区生态文明建设提供依据和参考，是我们履行推进西部生态文明建设职责的一项具体举措。

编制西部生态文明发展报告是一项理论性和应用性都很强的课题，既有与全国一样的共性目标和任务（如完善生态文明制度、维护生态安全、优化生态环境，加快形成节约资源和保护环境的空间格局、产业结构、生产方式、生活方式等），也有一些地域性特点（如经济欠发达地区较多、生态环境脆弱性和敏感性较高，脱贫攻坚任务较重等）。课题组在编制《中国西部生态文明发展报告·2017》的过程中，从建立体现西部地区生态文明建设特点的考核评价体系这一目标定位出发，研究了西部地区生态文明建设任务、要求和路径选择上的普遍性与独特性，通过进一步细化、落实，把资源消耗、环境损害、生态效益等指标纳入西部经济社会发展评价体系；探索构建能反映纵向动态变化和横向空间差异的生态文明评价指标体系；以区域综述和专题报告等形式，集中反映并分析了西部地区各省区生态文明发展状况，对生态文明建设中存在的一些突出问题、优势、劣势、机遇和挑战作了重点分析。这里需要指出的是，各地情况不同，区域发展不均衡，在一些指标上，排名靠前的地区也有各自的"短板"，相对靠后的省份也有自己的优势，都需要具体分析、扬长补短。在推进绿色发展中坚持问题导向，全面提升生态文明建设各个方面和要素的整体水平。

西部地区生态文明发展报告是个新课题，具有很强的探索性和创新性，这份报告在涵盖内容、框架结构、研究方法上可能还存在这样或那样的不足，衷心希望读者多提宝贵意见，以便修改完善，进一步提高报告质量。西部地区生态文明建设需要社会各方面的共同努力，西部地区生态文明建设研究课题也需要多方参与，持续开展，相信这部凝聚着大家智慧和心血的报告将为推进西部地区生态文明建设发挥积极作用。衷心希望中国生态文明研究与促进会和西北农林科技大学、杨凌农业高新技术产业示范区等进一步加强合作，在编制《中国西部生态文明发展报告·2017》的基础上持续不断地将西部生态文明课题研究推向深入，形成系列，创立品牌，作出示范，为西部地区生态文明发展做出新的成绩，为促进中国生态文明建设作出新贡献。

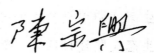

（十一届全国政协副主席、中国生态文明研究与促进会会长）

目　录

第二篇　西部地区生态文明评价报告

第三篇　西部地区生态文明建设案例

第一篇

西部地区
生态文明建设的指导思想

建设生态文明是中华民族永续发展的千年大计。党的十八大以来，我国生态文明建设成效显著，习近平总书记提出了一系列关于生态文明建设的新理念、新思想、新战略，为生态文明建设提供了理论指导和行动指南。全面准确地理解和认识习近平生态文明思想有助于我们从整体上把握习近平新时代中国特色社会主义思想，对于推进西部地区绿色发展、推动建设美丽中国和实现中华民族永续发展具有重要意义。

第1章　我国生态文明建设成效显著

改革开放以来，我国经济快速发展，创造了举世瞩目的"中国奇迹"。然而，粗放的发展方式，导致资源环境方面付出沉重代价，积累了大量生态问题。物质产品生产能力强大，优质生态产品却总体短缺。老百姓对清新空气、青山绿水的呼唤日渐迫切。满足人民对美好生活的向往，成为我们的奋斗目标。党的十八大提出努力建设美丽中国，实现中华民族永续发展，将"中国共产党领导人民建设社会主义生态文明"写入党章。

党的十八大把生态文明建设放在突出地位，融入经济建设、政治建设、文化建设、社会建设各方面和全过程。十八届三中全会提出加快建立系统完整的生态文明制度体系，四中全会要求用严格的法律制度保护生态环境，五中全会将绿色发展纳入新发展理念。一系列重大战略举措和方针政策发布推行，全党全国贯彻绿色发展理念的自觉性和主动性显著增强，忽视生态环境保护的状况明显改变；生态文明制度体系建设加快，主体功能区制度逐步健全，国家公园体制试点积极推进；全面节约资源有效推进，能源资源消耗强度大幅下降；重大生态保护和修复工程进展顺利，森林覆盖率持续提高；生态环境治理与督查明显加强，环境状况得到改善；引导应对气候变化国际合作，成为全球生态文明建设的重要参与者、贡献者、引领者。

1.1　完善顶层设计

2015年4月，中共中央、国务院印发《关于加快推进生态文明建设的意见》，明确了生态文明建设的总体要求、目标愿景、重点任务、制度体系。2015年9月，《生态文明体制改革总体方案》出台，自然资源资产产权制度、国土空间开发保护制度、资源有偿使用和生态补偿制度等 8 项制度成为生态文明制度体系的顶层设计，生态文明制度建设的"四梁八柱"步步筑牢。生态文明建设目标评价考核办法颁布，以考核促进各地推动生态文明建设；实行河长制、湖长制，为每一条河、每一个湖明确生态"管家"；试行生态环境损害赔偿制度，着力破解生态环境"公地悲剧"；开启生态保护红线战略，实行严格保护重要生态空间等。2017 年 12 月 26 日，国家统计局、国家发改委、环保部和中央组织部联合发布《2016 年生态文明建设年度评价结果公报》，首次公布 2016 年度各省份绿色发展指数和公众满意程度。绿色发展指数和公众满意程度不仅展示了当年各省份绿色发展情况，还纳入了五年一次的生态文明建设目标考核，考核结果将成为各省份党政领导综合考核评价、干部奖惩任免的重要依据。对完善经济社会发展评价体系，引导各地区各部门树立正确发展观和政绩观意义重大。

1.2　加强法治建设

《大气污染防治行动计划》《水污染防治行动计划》《土壤污染防治行动计划》出台；新环保法增加按日连续计罚等执法手段，被赞"环保法终于长出了牙齿"；制/修订《大气污染防治法》《水污染防治法》《环境影响评价法》等，提高环境违法成本；正在制定中的土壤污染防治法，将成为防治土壤污染的一把"利剑"。自 2015 年 12 月启动河北省督察试点以来，到 2017 年中央环保督察实现了对全国 31 个省（区、市）督察全覆盖，共受理群众信访举报 13.5 万余件，立案处罚 2.9 万家，罚款约 14.3 亿元，在边督边改过程中，共问责党政领导干部 18 199 人。有效推动了各地落实党政同责和一岗双责，大幅提升了各方面加强生态环境保护、推动绿色发展的意识，切实解决了一大批群众身边的突出环境问题，推动地方产业结构的转型升级，促进地方环境保护、生态文明机制的健全和完善，取得"百姓点赞、中央肯定、地方支持、解决问题"的显著成效。2017 年 7 月，中共中央办公厅、国务院办公厅就甘肃祁连山国家级自然保护区生态环境问题发出通报。甘肃约百名党政领导干部被问责，包括 3 名副省级干部、20 多名厅局级干部。问责力度之大、范围之广，在全国形成强烈震撼。压减燃煤、淘汰黄标车、整治排放不达标企业，启动大气污染防治强化督查等环保重拳出击，带来更多蓝天碧水。

1.3　强化资源节约

降低能耗、物耗，提高资源利用效率。"十二五"期间，我国资源产出率提高 16.4%，单位 GDP 能耗下降 18.2%，单位 GDP 二氧化碳排放量下降 20%，累计实现节能 8.6 亿 t 标准煤。提高水耗、能耗和物耗等标准，提高节水、节能、节地、节材、节矿标准，提高建筑物、道路、桥梁等建设标准，建立促进水耗、能耗、物耗降低的制度和政策体系，实施国家节水行动，加强用水需求管理，以水定产、以水定城，建设节水型社会，全国万元 GDP 用水量和万元工业增加值用水量分别较 2012 年减少 25.4% 和 26.8%。促进生产、流通、仓储、消费等经济全过程的减量化、再利用、资源化。倡导简约适度、绿色低碳的生活方式，在全社会大力倡导珍惜资源、节约资源的文明风尚，加强全民生态文明教育，培养绿色文化自觉。减少过度包装和一次性用品的使用，提高门槛、增加过度消费成本。构建绿色服务政府，开展创建节约型机关、绿色家庭、绿色学校、绿色社区和绿色出行等行动蔚然成风。

1.4　治理生态环境

（1）修复陆生生态

近年来，我国年均新增造林超过 9 000 万亩①。森林质量提升，良种使用率从 51.0% 提高到 61.0%，造林苗木合格率稳定在 90.0% 以上，累计建设国家储备林 4 895 万亩。恢复退化湿地 30 万亩，退耕还湿 20 万亩。118 个城市成为"国家森林城市"。三北工程启动两个百万亩防护林基地建设。

（2）防治水土流失，还大地以根基

近年来，我国治理沙化土地 1.26 亿亩，荒漠化沙化呈整体遏制、重点治理区明显改善的态势，沙化土地面积年均缩减 1 980 km²，实现了由"沙进人退"到"人

---

① 1 亩＝666.7 m²。

进沙退"的历史性转变。

（3）修复水生生态

全国地表水国控断面Ⅰ～Ⅲ类水体比例增加到 67.8%，劣Ⅴ类水体比例下降到 8.6%，大江大河干流水质稳步改善。

（4）防治大气污染

特别值得一提的是，《大气污染防治行动计划》（"大气十条"）第一阶段收官，经过 4 年多的持续攻坚，目标全部实现。2017 年，全国 338 个地级及以上城市，平均优良天数比例为 78.0%，同比下降 0.8 个百分点。$PM_{2.5}$ 浓度为 43 $\mu g/m^3$，同比下降 6.5%；PM_{10} 浓度为 75 $\mu g/m^3$，同比下降 5.1%。京津冀区域，1—12 月平均优良天数比例为 56.0%，同比下降 0.8 个百分点。$PM_{2.5}$ 浓度为 64 $\mu g/m^3$，同比下降 9.9%；PM_{10} 浓度为 113 $\mu g/m^3$，同比下降 4.2%。长三角区域，1—12 月平均优良天数比例为 74.8%，同比下降 1.3 个百分点。$PM_{2.5}$ 浓度为 44 $\mu g/m^3$，同比下降 4.3%；PM_{10} 浓度为 71 $\mu g/m^3$，同比下降 5.3%。珠三角区域，1—12 月平均优良天数比例为 84.5%，同比下降 5.0 个百分点。$PM_{2.5}$、PM_{10} 浓度分别为 34 $\mu g/m^3$、53 $\mu g/m^3$，均达到国家Ⅱ级年均浓度标准。

1.5　承担国际责任

率先发布《中国落实 2030 年可持续发展议程国别方案》，实施《国家应对气候变化规划（2014—2020 年）》。中国积极参加全球气候治理进程，特别是在《巴黎协定》达成、签署、生效的过程中，中国做出了历史性的、基础性的、重要的、突出的贡献。在应对气候变化方面，中国统筹国际国内两个大局，将国内可持续发展和应对气候变化行动相结合，走在国际社会的前列。以碳排放减少为例，据《中国应对气候变化的政策与行动 2017 年度报告》，最近十年间，中国在经济增长的同时，减少了将近 41 亿 t 二氧化碳的排放。推进绿色"一带一路"建设是在国际上分享生态文明理念、实现可持续发展的内在要求。目前，全球已经有 100 多个国家和国际组织积极支持和参与"一带一路"建设，联合国大会、联合国安理会等重要决议充分认可"一带一路"建设内容。

党的十九大报告提出建设富强民主文明和谐美丽的社会主义现代化强国，把

"坚持人与自然和谐共生"作为新时代坚持和发展中国特色社会主义的基本方略之一，强调 "提供更多优质生态产品以满足人民日益增长的优美生态环境需要"。2018 年 3 月 11 日，十三届全国人民代表大会第一次会议通过《中华人民共和国宪法修正案》，生态文明正式写入国家根本法，实现了党的主张、国家意志、人民意愿的高度统一。2018 年 4 月，新组建的自然资源部、生态环境部与国家林业和草原局等先后挂牌，深化机构改革，将有助于治愈生态环保领域"九龙治水"的沉疴，这是我国推进生态文明建设领域治理体系和治理能力现代化的一场深刻变革。2018 年 5 月，全国生态环境保护大会召开，习近平总书记强调，要自觉把经济社会发展同生态文明建设统筹起来，充分发挥党的领导和我国社会主义制度能够集中力量办大事的政治优势，充分利用改革开放 40 年来积累的坚实物质基础，加大力度推进生态文明建设、解决生态环境问题，坚决打好污染防治攻坚战，推动我国生态文明建设迈上新台阶。

第 2 章　习近平生态文明思想是新时代推进西部生态文明建设的根本遵循

习近平总书记历来高度重视生态文明建设，尊重实践，尊重群众，尊重自然，时刻关注最广大人民的利益和愿望，敏锐把握时代发展的脉搏，研究解决新的实践课题。在生态文明建设方面讲了许多接地气的话，无论是在地方还是在中央工作期间，提出了一系列富有战略远见和理论创见的新论断。主要观点包括：保护生态环境就是保护生产力，改善生态环境就是发展生产力；绿水青山就是金山银山；良好生态环境是最公平的公共产品，是最普惠的民生福祉；人类发展活动必须尊重自然、顺应自然、保护自然；推动形成绿色发展方式和生活方式，是发展观的一场深刻革命，要像保护眼睛一样保护生态环境，像对待生命一样对待生态环境等，这些新论断形成了习近平生态文明思想，集中反映了以习近平同志为核心的党中央对经济社会发展规律认识的深化和对自然规律认识的升华，是党关于生态文明建设和社会主义现代化建设规律性认识的最新成果，也指导我们党的发展理念、发展方式和执政理念、执政方式的深刻变革。

习近平指出，新时代推进生态文明建设，必须坚持好以下原则：一是坚持人与自然和谐共生，坚持节约优先、保护优先、自然恢复为主的方针，像保护眼睛一样保护生态环境，像对待生命一样对待生态环境，让自然生态美景永驻人间，还自然以宁静、和谐、美丽。二是绿水青山就是金山银山，贯彻创新、协调、绿色、开放、共享的发展理念，加快形成节约资源和保护环境的空间格局、产业结构、生产方式、生活方式，给自然生态留下休养生息的时间和空间。三是良好生态环境是最普惠的民生福祉，坚持生态惠民、生态利民、生态为民，重点解决损害群众健康的突出环境问题，不断满足人民日益增长的优美生态环境需要。四是山水林田湖草是生命共同体，要统筹兼顾、整体施策、多措并举，全方位、全地域、全过程开展生态文明建设。五是用最严格制度、最严密法治保护生态环境，加快制度创新，强化制度执行，让制度成为刚性的约束和不可触碰的高压线。六是共谋全球生态文明建设，深度参与全球环境治理，形成世界环境保护和可持续发展的解决方案，引导应对气候变化国际合作。

2.1　习近平生态文明思想的基本内涵

习近平生态文明思想的直接源头，无疑来自马克思主义。总书记不止一次地引用恩格斯"如果说人靠科学和创造性天才征服了自然力，那么自然力也对人进行报复"的重要判断。习近平总书记对"自然是生命之母，人与自然是生命共同体"的自然规律的总结，对"生态兴则文明兴，生态衰则文明衰"的文明定理的揭示，丰富和发展了马克思主义对人类文明发展规律、自然规律、经济社会发展规律的认识论，丰富和发展了马克思主义的生产力理论和生态观、发展观。作为一个系统全面的理论体系，习近平生态文明思想内涵丰富，深刻回答了为什么建设生态文明、建设什么样的生态文明、怎样建设生态文明的重大理论和实践问题，是我们党的重大理论和实践创新成果，是新时代推动生态文明建设的根本遵循。

2.1.1　生态兴则文明兴、生态衰则文明衰——历史反思

生态文明是人类社会进步的重大成果。人类经历了原始文明、农业文明、工业文明，生态文明是工业文明发展到一定阶段的产物，是实现人与自然和谐发展的新要求。历史地看，生态兴则文明兴，生态衰则文明衰。这一重要论断，揭示了生态与文明的内在关系，更把生态保护的重要性提升到了关系国家和民族命运的高度。古今中外，这方面的事例众多。历史上有许多文明古国，都是因为遭受生态破坏而导致文明衰落。"天育物有时，地生财有限，而人之欲无极"，人类只有遵循自然规律才能有效防止在开发利用自然过程中走弯路，人类对大自然的伤害最终会伤及人类自身，这是无法抗拒的规律。人类文明史上，因为资源粗放利用、自然过度开发、污染疏于治理导致生态环境衰退，继而引发文明危机的教训极为深刻。无论是荒漠化导致古代埃及、古代巴比伦两大文明陨灭，还是西方国家工业化进程中发生的"世界八大公害事件"，均佐证了"生态兴则文明兴，生态

衰则文明衰"的深刻道理。塔克拉玛干沙漠蔓延湮没了盛极一时的丝绸之路,河西走廊沙漠的扩张毁坏了敦煌古城,黄土高原因为过度垦荒导致水土流失、沟壑纵横,这些历史教训同样深刻。

2.1.2　良好生态环境是最普惠的民生福祉——出发点和落脚点

建设生态文明,关系人民福祉,关乎民族未来。生态环境是关系党的使命宗旨的重大政治问题,也是关系民生的重大社会问题。良好生态环境是最普惠的民生福祉,坚持生态惠民、生态利民、生态为民,重点解决损害群众健康的突出环境问题,不断满足人民日益增长的优美生态环境需要。小康全面不全面,生态环境是关键。经济在发展,环境在污染,我国已经在发展与污染中徘徊了很多年。造成环境污染的原因固然有群众环保意识淡薄、绿色生活习惯尚未形成等原因,但是归根结底,还是因为重经济发展轻环境保护、重开发资源轻科学统筹规划。面对日益严重的环境问题,我们应把它上升到民生的高度去认识、去重视、去治理。2013 年 4 月 25 日,习近平在十八届中央政治局常委会会议上关于第一季度经济形势的讲话时指出,"人民群众不是对国内生产总值增长速度不满,而是对生态环境不好有更多不满"。广大人民群众热切期盼加快提高生态环境质量。我们要积极回应人民群众所想、所盼、所急,大力推进生态文明建设,提供更多优质生态产品,不断满足人民群众日益增长的优美生态环境需要。

2.1.3　高质量发展——根本要求

现阶段,我国经济发展的基本特征就是由高速增长阶段转向高质量发展阶段。实现高质量发展,是保持经济社会持续健康发展的必然要求,是适应我国社会主要矛盾变化和全面建设社会主义现代化国家的必然要求。高质量发展,就是能够很好满足人民日益增长的美好生活需要的发展,是体现新发展理念的发展,是创新成为第一动力、协调成为内生特点、绿色成为普遍形态、开放成为必由之路、共享成为根本目的的发展。推动高质量发展,就要建设现代化经济体系,这是我国发展的战略目标。实现这一战略目标,必须牢牢把握高质量发展的要求,坚持质量第一、效益优先;牢牢把握工作主线,坚定推进供给侧结构性改革;牢牢把握基本路径,推动质量变革、效率变革、动力变革;牢牢把握着力点,加快建设实体经济、科技创新、现代金融、人力资源协同发展的产业体系；牢牢把握制度保障，构建市场机制有效、微观主体有活力、宏观调控有度的经济体制。

2.1.4　建成美丽中国——发展目标

建设美丽中国，是实现中华民族伟大复兴的中国梦的重要内容。步入新时代，我国社会主要矛盾已经转化为人民日益增长的美好生活需要和不平衡不充分的发展之间的矛盾，而对优美生态环境的需要则是对美好生活需要的重要组成部分。党的十九大报告将"美丽"纳入建设社会主义现代化强国的奋斗目标之中，多次提出要建设"美丽中国"，"还自然以宁静、和谐、美丽"。这些富有诗意的表述，体现了党的执政理念、责任担当和历史使命。要加快构建生态文明体系，加快建立健全以生态价值观念为准则的生态文化体系，以产业生态化和生态产业化为主体的生态经济体系，以改善生态环境质量为核心的目标责任体系，以治理体系和治理能力现代化为保障的生态文明制度体系，以生态系统良性循环和环境风险有效防控为重点的生态安全体系。要通过加快构建生态文明体系，确保到 2035 年生态环境质量实现根本好转，美丽中国目标基本实现。到 21 世纪中叶，物质文明、政治文明、精神文明、社会文明、生态文明全面提升，绿色发展方式和生活方式全面形成，人与自然和谐共生，生态环境领域国家治理体系和治理能力现代化全面实现，建成美丽中国。

2.1.5　山水林田湖草是一个生命共同体——系统思维

山水林田湖草是一个生命共同体，人的命脉在田，田的命脉在水，水的命脉在山，山的命脉在土，土的命脉在林草。人和自然相互依存、相互影响。习近平曾解释说，如果破坏了山、砍光了林，也就破坏了水，山就变成了秃山，水就变成了洪水，泥沙俱下，地就变成了没有养分的不毛之地，水土流失、沟壑纵横。人类在这样的自然环境下，怎么能正常生存下去呢？所以人和自然是一个生命共同体，如果我们只看到眼前的利益而忽视对自然环境的保护，那么人类的实践活动终将影响人类的命运。这表明，用途管制和生态修复必须遵循自然规律，不可顾此失彼。由一个部门行使所有国土空间用途职责，对山水林田湖草进行统一保护、统一修复势在必行。

2.2 习近平生态文明思想的核心要义——人与自然和谐共生

习近平指出，自然不仅给人类提供了生活资料来源，如肥沃的土地、渔产丰富的江河湖海等，而且给人类提供了生产资料来源。自然物构成人类生存的自然条件，人类在同自然的互动中生产、生活、发展，人类善待自然，自然也会馈赠人类，但"如果说人靠科学和创造性天才征服了自然力，那么自然力也对人进行报复"。自然是生命之母，人与自然是生命共同体，人类必须敬畏自然、尊重自然、顺应自然、保护自然。坚持人与自然和谐共生，意味着我们要坚决摒弃"人定胜天""征服自然"的观念。人类尊重自然规律，自然则滋养、哺育、启迪人类。人因自然而生，人不能脱离自然而存在，人与自然的辩证关系，构成了人类发展的永恒主题。人与自然和谐共生是基于新时代我国生态环境、社会发展、人民需求而提出的处理人与自然关系的全新要求。在 21 世纪初提出"人与自然和谐相处"是社会主义和谐社会的基本特征之一，其内涵就是生产发展、生活富裕、生态良好。习近平总书记在党的十九大报告中提出的"人与自然和谐共生"是"人与自然和谐相处"的发展和提升，更加饱含着人与自然辅车相依、唇亡齿寒的命运共同体关系以及人与自然的互动关系。新时代坚持人与自然和谐共生必须努力达到"三个统一"的要求。

2.2.1 坚持经济社会发展与生态环境保护相统一

人与自然和谐共生实则是一个问题的不同方面，经济发展是人类社会的经济发展，人与自然和谐共生也不可能只是单个人与自然的和谐，而是人类社会与自然界的和谐共生，这也正是马克思所强调的，人和自然的关系实际是人类社会和自然的关系，而不是单个的人和外部世界的关系。可以说，坚持经济社会发展与生态环境保护相统一是协调人与自然和谐共生的题中之意，前者是后者的必要条件，这一理念有着两个方面的内涵：一是指经济发展只有与环境保护相协调，才能保持经济的持续稳定发展。经济发展是人类生活水平高低的问题，而生态环境保护则是人类能否生存发展的问题。因此，后者是更为根本性的，经济社会的持续发展必须服从和依赖于生态环境保护。二是指在经济发展过程中，正确处理好经济与环境生态的关系，通过转变发展方式、优化经济结构转换增长动力，努力建设现代化经济体系，经济社会发展与生态环境保护完全可以走向协调统一。

2.2.2　坚持绿色生产与绿色生活相统一

社会的生产方式以及人的生活方式也是衡量人与自然和谐共生与否的重要标准。生产方式具有物质生产方式和社会生产方式的双重意义，绿色生产方式相对以往的生产方式也将具有双重意义。在物质生产方式方面，相对传统的生产方式，绿色生产方式将循环、低碳的思想引入物质生产的全过程以及产品生命的全周期，使其在整个生命周期内做到对环境影响最小化、资源消耗最低化；在社会生产方式方面，绿色生产方式将生产关系由单纯的社会关系加入其与自然关系，从单纯考量人类自身的生产发展到考量人与自然的全面发展。绿色生产方式是一种人与自然和谐、可持续的生产方式，是一种积极的生产方式，是一种惠民的生产方式。绿色生活指通过倡导使用绿色产品、参与绿色志愿服务，引导民众树立绿色、低碳、环保、共享的理念，进而使人们自觉养成绿色消费、绿色出行、绿色居住的健康生活方式，创建绿色家庭、绿色学校、绿色社区，以期在全社会形成一种自然、健康的生活方式，让人们在充分享受绿色发展所带来的便利和舒适的过程中，实现人与自然的和谐共生。绿色生产和绿色生活是密切联系、相辅相成的。绿色生产是绿色生活的前提和基础，只有生产出绿色的产品，人们才有可能实现绿色消费、绿色出行，只有提供更多优质生态产品，才能满足人们日益增长的优美生态环境的需要；绿色生活的需求又反作用于绿色生产，绿色生活中所形成的需求往往能够调整和引导生产，带动绿色产业的发展，为绿色生产提供源源不断的动力。

2.2.3　坚持当代发展与永续发展相统一

坚持人与自然和谐共生必须要处理好当代发展与永续发展的关系，发展不能局限于眼前和当代，而是要立足中华民族发展的永续发展。永续发展实则是代际发展的问题，当代人的发展不能以牺牲、挤压后代人的生存资源和空间为代价，从而影响后世的发展。人与自然和谐共生是实现永续发展所必须坚持的重要思想，这里的"人"不是指一国之人，也不是指当代之人，而是指世代人类。这就要求我们必须用永续发展的思维来进行当代发展，处理好人与自然的关系，与自然达成一种世代和谐、共存共生的状态，以实现人类社会与自然界的永续发展。

2.3 习近平生态文明思想活的灵魂——"两山"理念

习近平总书记在第十三届全国人民代表大会第一次会议上强调，"我们要以更大的力度、更实的措施推进生态文明建设，加快形成绿色生产方式和生活方式，着力解决突出环境问题，使我们的国家天更蓝、山更绿、水更清、环境更优美，让绿水青山就是金山银山的理念在祖国大地上更加充分地展示出来"。"绿水青山就是金山银山"理念是习近平生态文明思想一以贯之的重要内容，为人与自然由冲突走向和谐指明了发展的方向，是人与自然双重价值的共同实现。绿水青山和金山银山绝不是对立的，关键在人，关键在思路，让绿水青山充分发挥经济社会效益，切实做到经济效益、社会效益、生态效益同步提升，实现百姓富、生态美有机统一。

2.3.1 "两山"理念的提出与发展

2005 年，时任浙江省委书记的习近平在安吉县天荒坪镇余村考察时，首次提出了"绿水青山就是金山银山"理念。2006 年，习近平对"两山"理念做出更为精彩的论述："在实践中对绿水青山和金山银山这'两座山'之间关系的认识经过了三个阶段：第一个阶段是用绿水青山去换金山银山，不考虑或很少考虑环境的承载能力，一味索取资源；第二个阶段是既要金山银山，但也要保住绿水青山，这时候经济发展和资源匮乏、环境恶化之间的矛盾开始凸显出来，人们意识到环境是我们生存发展的根本，要留得青山在，才能有柴烧；第三个阶段是认识到绿水青山可以源源不断地带来金山银山，绿水青山本身就是金山银山，我们种的常青树就是摇钱树，生态优势变成经济优势，形成了浑然一体、和谐统一的关系。"[①]

2013 年 9 月 7 日，习近平在哈萨克斯坦纳扎尔巴耶夫大学发表演讲，进一步

---

① 霍小光. 习近平"两座山论"的三句话透露了什么信息[EB/OL]. http://news.xinhuanet.com/politics/2015-08/06/c_1116159476.htm，2017-08-09.

阐述了"绿水青山"和"金山银山"的辩证关系，提出："我们既要绿水青山，也要金山银山。宁要绿水青山，不要金山银山，而且绿水青山就是金山银山"。短短几句话，全面解释了"两山"理念的重要含义。首先在整体上体现了两者的辩证统一，提出经济发展与环境保护是可持续发展的重要组成部分，是不可分割的两个相辅相成的部分。随后又提出，当经济发展和环境保护产生矛盾时，必须遵循生态优先的原则，宁可损失部分经济利益，也不可以拿绿水青山去换金山银山。2015 年 3 月 24 日，中央政治局会议通过《关于加快推进生态文明建设的意见》，正式把"坚持绿水青山就是金山银山"的理念写进中央文件，使其成为推进生态文明建设的重要指导思想。2017 年 10 月，"必须树立和践行绿水青山就是金山银山的理念"被写进党的十九大报告，"增强绿水青山就是金山银山的意识"被写进新修订的《中国共产党章程》之中，成为新时代坚持和发展中国特色社会主义基本方略的重要内容和党的意志。

2.3.2 "两山"理念的科学内涵

（1）绿水青山就是自然环境

绿水青山泛指自然环境中的自然资源，包括水、土地、森林、大气、化石能源以及由基本生态要素形成的各种生态系统。生态资源首先具备的是生态属性，即自然资源可以提供生态产品和服务，如对气候的调节作用、对土壤的保护作用、对生物多样性的促进作用等。除此之外，生态资源还具备经济属性，即通过开发和利用自然资源，为人类的生产和消费提供支持。保护绿水青山，就是为保护其经济价值和增值提供了可能。

（2）绿水青山就是竞争力

绿水青山可以带来金山银山，生态环境对于一个地区来说，不仅仅是人类生存和经济发展的基础，更是凸显区域竞争力的重要组成部分。良好的生态环境是地区发展的必要条件，更是可以吸引更多外部资金、优秀人才的一大亮点。越来越多的高竞争力地区，已经通过提升当地的生态环境来增强自身的竞争优势，这将逐步成为越来越主流的发展趋势。保持住自身的绿水青山，就是将金山银山握在手中的必要条件。

（3）绿水青山就是产业基础

在我国大力推行绿色发展和生态产业的背景之下，绿水青山就是发展生态产业的基础。生态农业、生态工业、生态旅游业，无一不是依托美丽而丰富的自然资源，绿水青山就是发展新型生态产业的基础和核心。每个地区应根据当地的实际情况，探索绿水青山转化为金山银山的渠道，打通绿水青山与金山银山之间的通道。保护当地的生态环境，就是保障了生产力。要发展和保护两手抓，实现经济和环保的双赢局面。

（4）绿水青山就是幸福之源

美丽中国应该是个什么样子？每个人心目中都有自己的标准，但是用天蓝、地绿、水净来表达百姓对美丽中国的诉求，肯定能够获得广泛的认同。今天中国的"旅游热"，一方面反映了人们对精神生活的追求；另一方面也反映了人们对城市生活的不满，人们渴望摆脱城市的喧嚣、浑浊以及钢铁、水泥森林的单调、乏味，走进大自然，寻找那难得的静谧、清新和秀丽。面对如此复杂而恶劣的生态环境问题，把绿水青山就是金山银山的要求融入发展战略之中，全面推进生态文明建设，改善生态环境，提高人民的生活质量，让每个人都得以在蓝天下、立于绿色的大地上，呼吸着新鲜的空气、吃着放心的食物、喝着干净的水、与自己的亲人朋友一起欣赏着壮美的锦绣山河。

2.3.3 "两山"理念的理论价值

（1）"两山"理念是绿色发展的体现

"金山银山"和"绿水青山"既是矛盾的，也是相互依存的，是对立统一的"双生"概念。"绿水青山"和"金山银山"既有本质上的区别，又存在相互转化的可能，而这种转化的途径必然是绿色发展。只有通过绿色发展，才能实现绿水青山源源不断向金山银山转化，否则都是"竭泽而渔"式的暂时利益。同时，"绿水青山"持续不断地转化为"金山银山"需要良好的生态环境的支持。因此，兼顾生态环境的绿色发展成为满足人类社会发展需求的先决条件和必要途径。实现"绿水青山"到"金山银山"的转变，建设人与自然高度和谐的生态文明社会，就必须坚持走既有生机盎然的"绿水青山"，又有物质丰富的"金山银山"的绿色发展之路。

（2）"两山"理念是人与自然双重价值的实现

人类自身价值与生态环境的自然价值如"鸟之双翼，车之双轮"，在人类社会发展的过程中不可偏废。人类在过去的社会发展模式下或者只看到自身的价值所在，犯下"人类中心主义"的错误，或者在发现自然价值以后只片面强调保护环境而不积极谋取经济发展，错失了社会前进的大好时机，这都不是人类社会与自然环境和谐一致持续发展的正确模式。因此，摆在人类面前的就必须是要走一条可以实现人与自然双重价值的发展道路。绿色价值观下，"两山"理念体现的就是生态文明的社会形态，"绿水青山"是自然，"金山银山"是发展，二者之间源源不断持续转换。绿色价值观不仅仅是对自然价值的关注，更是对人类科技发展方向、生产方式选择等一切生态价值的考量。人类在推动文明发展的过程中，除了关注社会经济增长，同时还要看到生态指标的发展；对于科技的发展除了考量其对生产力的发展，还要考量其对自然的影响；对于生态环境，不再将其视为人类发展取之不尽、用之不竭的仓库，而是将其视为自身发展的一部分，也是未来人类财富的重要组成。"绿水青山就是金山银山"的论断对人类社会进行了全方面的价值观重构，实现了人类价值观与自然价值观的和谐统一，进而通过绿色发展实现了人与自然的双重价值。

（3）"两山"理念强调和突出自然的价值性

自然生态是有价值的，保护自然就是增值自然价值和自然资本的过程，就是保护和发展生产力的过程。值得注意的是，自然的价值性不是因为人的实践活动而产生的，而是通过人的实践体现的，不同的实践方式改变的只是自然价值性的体现方式。工业文明时期，囿于观念局限、技术不成熟等人类社会的因素，人类选择用粗放的方式，以牺牲资源和环境为代价，粗暴地用绿水青山换取金山银山。要真正践行绿水青山就是金山银山，必须在理念进步和技术发展的基础上，从根本上改变人们作用于自然的实践方式，变"靠山吃山"为养山富山，变"美丽风光"为"美丽经济"。

第3章　绿色发展是西部地区生态文明建设的必由之路

　　党的十八大以来，习近平总书记多次指出，全面建成小康社会，没有老区的全面小康，没有老区贫困人口脱贫致富，那是不完整的。西部地区特别是民族地区、边疆地区、革命老区、集中连片特困地区贫困程度深、扶贫成本高、脱贫难度大，是脱贫攻坚的短板；在陕西、青海、广西、贵州、甘肃、内蒙古、重庆、四川等西部地区考察调研时指出，要抓好生态文明建设，让天更蓝、地更绿、水更清，美丽城镇和美丽乡村交相辉映、美丽山川和美丽人居有机融合。要增强改革动力，形成产业结构优化、创新活力旺盛、区域布局协调、城乡发展融合、生态环境优美、人民生活幸福的发展新格局。

　　绿色发展重点是调整经济结构和能源结构，优化国土空间开发布局，调整区域流域产业布局，培育壮大节能环保产业、清洁生产产业、清洁能源产业，推进资源全面节约和循环利用，实现生产系统和生活系统循环链接，倡导简约适度、绿色低碳的生活方式，反对奢侈浪费和不合理消费，是构建高质量现代化经济体系的必然要求，是解决污染问题的根本之策，是牢牢守住发展和生态两条底线的必由之路。在全面建成小康社会的决胜期、生态环境总体改善的关键期，西部地区走绿色发展之路，牢固树立和践行绿水青山就是金山银山理念，寻找经济发展和环境保护之间的均衡点，加快形成人与自然和谐发展的现代化建设新格局，显得尤为重要。

3.1　加快构建促进西部绿色发展的生态文明制度体系

　　推进生态文明制度体系建设是一项复杂的社会系统工程,既需要发挥意识理念对实践的重要指引作用，也需要通过实践完成意识理念的具体化，使这种兼顾经济发展与环境保护的意识理念处于整个生态文明体制改革的全局性指导地位，贯穿于这个复杂系统工程的各个方面和环节，通过建立完整的生态文明制度体系，切实改善和提高生态环境治理能力水平。推进新时代西部生态文明建设，必须结合实际认真贯彻执行中央的决策部署，做好西部生态文明建设的制度构建工作。

第一，健全自然资源资产产权制度。西部自然资源丰富，大量"无主"资源被过度开发利用，致使自然资源匮乏以及生态环境破坏，这就需要设立国有自然资源资产管理和自然生态监管机构，明确环境、生态等公共资源系统的产权，并赋予其保护自然资源的动力，进而在让其获得使用这些自然资源利益的同时，承担起保护自然资源的责任，解决公共资源的不合理使用问题。

第二，建立国土空间开发保护制度。西部地区需要把握主体功能区定位，完善主体功能区配套政策，建立以国家公园为主体的自然保护地体系。

第三，建立空间规划体系。西部要尽快划定生产空间、生活空间、生态空间，明确城镇建设区、工业区等的开发边界，以及耕地、林地、草原、河流等的保护边界。

第四，完善资源总量管理和全面节约制度。农业在西部地区占比依然较重，要建立严格的耕地保护制度和土地节约集约利用制度，合理安排土地利用年度计划；西部水资源保护对我国永续发展具有至关重要的战略作用，必须完善最严格的水资源管理制度；西部拥有众多天然林业、草原、湿地等资源环境，必须建立相应的保护制度，加快生态文明建设。

第五，健全资源有偿使用和生态补偿制度。西部应尽快结合当地实际制定资源有偿使用和生态补偿的地方法规和政策，主要集中于森林、流域、自然保护区、矿产资源开发等领域的生态补偿实施规定，同时包括湿地、土壤、防治沙漠化、水资源保护和草原的生态补偿的制度完善。

第六，建立健全环境治理体系。各地区应建立国有治理机构，统一行使监管城乡各类污染排放和行政权法职责。西部很多地方是限制开发区或禁止开发区，应该严格控制排污许可证，甚至是禁止发放许可证。

第七，健全环境治理和生态保护市场体系。生态环境治理必须充分发挥市场的基础作用，对企业实行严格的环境标志和认证制度，在税收、信贷等方面实行优惠政策，促进环保企业及产业发展壮大，使其主动参与市场竞争，实现在西部开发中生态环境的有效改善。

第八，完善生态文明绩效评价考核和责任追究制度。西部需要建立简单易行的经济发展绩效考核指标体系，取消对部分地区的 GDP 考核并且完善环境绩效考核，严格落实生态环境责任追究制，使生态环境绩效考核真正发挥作用。

西部生态文明建设需要制度体系的保障，各地区尤其要探索构建适合自身的制度体系，不仅要摆脱生搬硬套的僵化思维，更要集思广益，抓住先进绿色科技的强大力量，创新出具有时代性和地域性的科学制度体系。

3.2 凸显科技创新在西部绿色发展中的优先地位

绿色发展不仅仅需要理论创新、制度创新，更需要绿色科技作为动力支撑，绿色科技创新在污染治理、优化能源、生态修复中都扮演着至关重要的角色，也唯有绿色科技才能为西部生态文明建设提供不竭动力。习近平指出："绿色循环低碳发展，是当今时代科技革命和产业变革的方向，是最有前途的发展领域，我国在这方面的潜力相当大，可以形成很多新的经济增长点。"西部地理环境特殊，具有极其丰富的地域性资源，迫切需要引入高新技术，形成支撑绿色发展的科技支持方案和解决方案，必须将科技创新置于西部绿色发展的优先地位。

首先，要构建市场导向的绿色技术创新体系，围绕战略性新兴产业发展方向和重点，发展绿色金融，壮大节能环保产业、清洁生产产业、清洁能源产业。

其次，坚持把汇聚创新资源作为重要抓手和战略举措，着力汇聚重要的三种资源：一是汇聚创新机构，重点引进和发展高等院校、科研院所、研究中心、重点实验室、高新技术企业等创新机构，不断提升创新能力和创新实力；二是汇聚创新人才，科技专家是在科技创新中起至关重要的作用也是绿色科技创新的基础；三是汇聚创新资金，创新离不开投入，在技术研发、成果转化、创新型企业和创新型产业发展的各个阶段，都需要大量的投入。

最后，加强国际技术合作。西部经济社会发展和科学技术水平仍然处于相对落后的阶段，要积极推动可再生能源与新能源国际科技合作，以促进当地生态文明建设。

　　绿色发展是一项复杂、长期的系统工程，必须牢牢抓住绿色科学技术创新以作为绿色发展的"推进器"，因地制宜地开展绿色科技创新工作，以科技创新引领的绿色发展推进西部大开发，实现和谐发展和民族进步的国家战略。

3.3　打造绿色、循环、低碳产业体系

　　西部第一产业所占的比重仍然较大，但是基础相对薄弱，技术水平较低，产品种类较少，发展水平较为落后。优化第一产业，要以市场为导向，以科技为动力，以资源为依托，注重产品的质量和特色，促进传统农业向新型的绿色现代化农业转型。首先，应充分发挥市场的优势，加快农业产业化建设，改变原有的分散经营模式，形成规模化农业；要树立品牌意识，调整市场结构，加强农业与服务业的融合，积极发展高效、生态、安全的农业。其次，应突出产品的特色，充分利用当地的气候及地理优势，发展特色种植业、畜牧业，培育具有区域特色的农业新产品，大力进行育种改良，提高产品竞争力。再次，要注重产品的质量效益，加大农牧产品加工业的扶持力度，给农牧业产品增加附加产值；发展特色的干鲜产品，促进产品的绿色升级，让纯天然、无污染、无添加的高质量产品带来更多经济效益。

　　西部工业化水平也较为滞后，大中型企业仍然以采掘工业和能源工业等重工业为主，增值程度较低，地区工业趋同化现象严重，对环境和资源的破坏也较为明显。要依靠西部的资源优势，加速采掘业及原材料工业的现代化，加快深加工工业的发展，延长资源开采加工的产业链以提高产品的附加值。要发展投资少、见效快、劳动力需求量更大的轻工业，配合东部地区进行产业转移，促进劳动密集型的轻工业发展。发展西部工业时，要制定相应的特色规划，注重科技创新的引导，以绿色、低碳为基础大力发展循环产业，将原有的高消耗、高污染、高排放、低效率的产业转化为低消耗、低污染、低排放、高效率的新兴产业。

　　西部第三产业也在不断地发展，但是从整体上看水平仍然较低，内部结构不合理，各省（市、区）之间发展不均衡。西部第三产业拥有巨大潜力，要通过科技创新的引领和驱动，有选择地发展第三产业。应选择污染小、效益高的新兴产业，选择经济水平较高的地区改造传统服务业，发展金融、旅游等服务业，发展高科技带动的环保、生物、制药等产业；经济水平较为落后的地区，仍大力发展

传统服务业，但要注重服务质量和经济效益。要加快第三产业与第一、第二产业的融合和渗透，推进产业的优化升级，全面促进西部产业的高质量发展。

3.4　注重生态系统保护和修复

加大生态系统保护力度，加快建立以国家公园为主体的自然保护地体系，保障国家生态安全，注重自然保护区、风景名胜区、自然遗产、地质公园的生态系统保护和修复，加大森林、草原、湿地、荒漠和陆生野生动植物资源开发利用和保护力度。优化生态安全屏障体系，构建生态廊道和生物多样性保护网络，提升生态系统质量和稳定性。坚持保护优先、自然恢复为主，充分发挥自然系统的自我调节和自我修复能力，通过封禁保护、自然修复的办法，让生态休养生息。重点在"两屏三带"生态安全战略格局上的青藏高原、黄土高原、云贵高原、秦巴山脉、祁连山脉、内蒙古高原、河西走廊、塔里木河流域、滇桂黔喀斯特地区等地实施生态修复工程。

推进荒山荒地造林，宜林则林、宜草则草、宜湿则湿，充分利用城市周边的工矿废弃地、闲置土地、荒山荒坡、污染土地以及其他不适宜耕作的土地开展绿化造林。推进荒漠化、石漠化、水土流失综合治理，强化湿地保护和恢复，加强地质灾害防治。推进沙化土地封禁保护区和防沙治沙综合示范区建设。开展生态清洁小流域建设。实施湿地保护与修复工程，逐步恢复湿地生态功能。优化城市绿地布局，建设绿道绿廊，使城市森林、绿地、水系、河湖、耕地形成完整的生态网络。完善天然林保护制度，扩大退耕还林还草。完善相关政策措施，落实好全面停止天然林商业性采伐。加强林业重点工程建设，增加森林面积和蓄积量，精准提升森林质量和功能。扩大退耕还林还草，严格落实禁牧休牧和草畜平衡制度，加大退牧还草力度，保护治理草原生态系统。

第二篇

西部地区

生态文明评价报告

1986 年全国人大六届四次会议通过的"七五"计划所界定的西部地区，包括四川、贵州、云南、西藏、陕西、甘肃、青海、宁夏、新疆 9 个省（区）。1997 年全国人大八届五次会议决定设立重庆市为直辖市，并划入西部地区后，西部地区所包括的省级行政区就由 9 个增加为 10 个省（区、市）。由于内蒙古和广西两个自治区人均国内生产总值的水平正好相当于上述西部 10 省（市、区）的平均状况，2000 年国务院关于实施西部大开发若干政策措施的通知中，增加了内蒙古和广西。2011 年 8 月财政部、海关总署、国家税务总局下发通知，对西部大开发战略有关税收政策问题进行明确，湖南省湘西土家族苗族自治州、湖北省恩施土家族苗族自治州、吉林省延边朝鲜族自治州，可以参照西部地区的税收政策执行。西部地区土地面积 681 万 km^2，占全国总面积的 71%[①]；人口约 3.57 亿，占全国总人口的 26.92%。西部地区疆域辽阔，大部分地区是我国经济欠发达、需要加强开发的地区。同时，西部地区与蒙古、俄罗斯、塔吉克斯坦、哈萨克斯坦、吉尔吉斯斯坦、巴基斯坦、阿富汗、不丹、尼泊尔、印度、缅甸、老挝、越南 13 个国家接壤，陆地边境线长达 1.8 万余 km，约占全国陆地边境线的 91%；与东南亚许多国家隔海相望，大陆海岸线 1 595 km，约占全国海岸线的 10%。

---

① 本报告案例部分还收录了恩施州和延边州的典型案例，但由于这些地区与 12 个省、自治区和直辖市在人口和经济规模等方面不具有可比性，因此在报告的数据分析部分并不包括这些地区。

第4章 西部地区生态环境的重要性

中国西部地区位于亚洲大陆中部，是东北亚、中亚、南亚和东南亚的交汇区域。因其独特的地理位置和地形地貌特点而形成的生态地理单元，在中国、亚洲乃至于全球生态系统中具有极其重要的地位。西部地区气候条件差异显著，自然资源和生物多样性异常丰富，是我国大江大河的发源地和主要集水区，生态功能集中分布，战略地位极为重要。因此，西部地区的绿色发展决定着我国超过一半国土面积的生态环境状况，决定着我国超过一半国土面积上人民的生存生活状态。

4.1 西部地区生态环境的主要特征

气候条件差异显著。西部地区南有青藏高原阻挡孟加拉湾水汽北上，北有沙漠接近亚洲大陆腹地，除青藏高原东南部、云贵川及新疆西部外，大部分区域气候干旱。地势高差变化巨大，气候条件差异显著，温度变化比较复杂，降水受地形影响，具有西北部干旱少雨、西南部温湿多雨、青藏高原寒冷少氧的特征。光热资源丰富但地区差异明显，新疆北部年日照在 2 800 h 左右，塔里木盆地达到 3 000 h 以上，柴达木盆地 3 600 h，青藏高原西部 3 000～3 200 h，远高于中国东部地区。四川盆地由于云雨多，其日照不足 1 200 h，是全国日照时数最低的地区。受地形和气候的影响，西部地区拥有寒温性、温性、暖温性、暖热性和热性等气候类型，可划分为寒温带湿润、中温带亚湿润、中温带半干旱、中温带干旱、暖温带亚湿润、暖温带干旱、北亚热带湿润、中亚热带湿润、南亚热带湿润、热带湿润、青藏高原亚寒带亚湿润、青藏高原亚寒带半干旱、青藏高原寒带干旱、青藏高原温带半干旱、青藏高原温带干旱、青藏高原温带湿润亚湿润等主要生态地理单元。

自然地貌复杂多样。西部地区气候、地形、土壤、基质等自然条件复杂，生态环境类型多种，自然地貌类型多样，难利用的土地面积大、分布广，自然禀赋较差。西部地区从南到北跨越 40 多个纬度，拥有除海洋以外的高原、山地、丘陵、谷地、盆地等各种地貌，从东到西自然景观按照大类可分为黄土高原、戈壁沙滩、荒漠草原、戈壁荒漠。在各种地貌类型中，以山地、高原和盆地为主，其中山地所占比例最高，约为 50%，丘陵、台地、平原和高原分别约占土地总面积的 15%、1.7%、17% 和 17%。此外，广泛分布沙漠、戈壁、岩石和砾质地等。砾质沙漠主要分布在西部地区的河西走廊、塔里木盆地和柴达木盆地的山前地带、内蒙古大戈壁。我国的冰川和雪山主要分布在西部地区，集中分布在青藏高原的喜马拉雅山、横断山、昆仑山、祁连山等，冰川和冰雪确保了江源河源地区水源稳定。

水资源时空分布不均。西部地区水资源总量约 15 000 亿 m^3，约占全国水资源总量的 57%，可开发水能资源占全国总量的 90%。水资源总量大，但受地形、气候、自然地理和地质条件的影响，水资源时空分布极为不平衡，具有西北少、西南多的特点。除青藏高原东南部、云贵川渝桂地区以外，西部其他区域降水量大多在 400 mm 以下。西北部地域面积占西部地区总面积的 57%，地处干旱、半干旱地带，多沙漠盆地和黄土高原，由于气候干燥、降水量少、蒸发量远高于降水量，除冰雪融化产生的径流外，水资源贫乏，但水资源量仅占西部地区水资源总量的 16%，水能资源仅占 24%。西南部多高原山地，降水充沛，地表水和水能资源丰富，占西部地区水资源量的 80% 以上，但是喀斯特岩溶地区由于水资源储存条件差表现为干旱缺水。因而，水资源的合理开发和有效利用是西部地区生态建设和环境保护的重要内容。

生态系统类型多样。西部地区生态系统类型多样、组成复杂且区域差异显著，拥有森林、草地、农田、湿地、荒漠、聚落、冰川等生态系统。在各种生态系统类型中，以草地生态系统所占比例最高，其次是森林、农田、荒漠，以及聚落、湿地和其他生态系统。草地面积约 266 万 km^2，约占西部地区国土面积的 40%，主要分布在青藏高原、内蒙古高原、陕甘宁、四川西北部等。荒漠面积约 207 万 km^2，约占 31%，包括沙地、戈壁、盐碱地和高寒荒漠等，主要分布于西北的新疆、内蒙古西部、青海北部、甘肃北部。森林面积约 115 万 km^2，约占 17%，主要分布于西南部的云南、贵州、四川、广西、重庆、西藏东南部、内蒙古东北部。农田面积约 68 万 km²，约占 10%，主要分布在四川盆地、内蒙古高原的农牧交错带、新疆绿洲区、河套地区、汉中平原等；湿地面积约 12 万 km²，约占 2%，包括河渠、湖泊、水库、冰川与永久积雪、滩涂、滩地、沼泽地，主要分布于青藏高原、新疆和四川西北部；聚落面积约 2 万 km²，约占 0.3%。

环境污染风险较大。西部地区经济密度普遍较低，经济发展给生态环境带来的压力相对较小，但其环境承载力相对较小，生态环境脆弱敏感。尽管经济活动强度总体较低，但是近年来 GDP 增长速度极快，一些粗放的经济发展模式和资源利用方式难免给当地脆弱的生态环境带来巨大风险。西部地区工业废水和生活污水排放总量分别约占全国工业废水和生活污水排放量的 21% 和 20%，工业废水排放达标率达到 91%，工业废水治理设施数约占全国总数的 22%。工业废水和生活污水化学需氧量排放量分别约占全国的 35% 和 27%，工业废水和生活污水氨氮排放量分别约占全国的 30% 和 25%。工业废气排放量约占全国工业废气排放量的 28%，工业废气治理设施数约占全国总数的 23%，工业二氧化硫排放量占全国的 36%，工业烟尘排放量约占全国的 32%，工业粉尘排放量约占全国的 34%。

生态环境脆弱敏感。西部地区是我国生态环境最脆弱、最敏感的地区。大部分区域自然条件差、气候恶劣多变，水资源匮乏且分布不均，植被覆盖率低，土壤质地差、土壤侵蚀严重，使得该区自然禀赋差、生态系统敏感性强、稳定性差。近几十年来气候变化与人类不合理利用的加剧，局部区域生态环境严重退化、脆弱性加剧，生态环境问题频发，生态承载力相对低下，生态系统受到各种物理的和人类活动的干扰而易发生失衡和退化。重大自然灾害、次生灾害隐患较大，给西部地区经济社会发展和人民生命财产安全带来较大影响。资源环境约束日益加剧，粗放落后的资源开发和经济增长方式越来越难以为继，工业产值低，以农业和其他资源开发为主的经济结构加剧了对生态环境的压力。因此，生态环境的保护和修复是西部地区可持续发展的关键环节和重要基础。

4.2　西部地区生态系统的重要地位

我国地势西高东低，自西向东呈现海拔差异明显的三大阶梯。西部地区处于我国地形三级阶梯中的第二级和第三级，加上由此控制和影响的区域气候要素与生物活动,成为我国最重要的生态安全屏障地带。西部地区是我国长江、黄河、黑河、澜沧江、珠江等大江大河的发源地和主要集水区,是森林、草原、湿地等生态资源的集中分布区,是具有全球意义的生物多样性聚集区,也是我国水土流失、土地石漠化荒漠化最严重的地区。加强西部地区的生态保护和建设,对保障国家生态安全和实现可持续发展具有重要意义。

4.2.1　国家重要的生态安全屏障区

西部地区的青藏高原、黄土高原、秦巴山地、云贵高原、内蒙古高原、祁连山、天山等是我国"两屏三带"生态安全战略格局的重要组成部分,森林、草原、湿地、冰雪等完整的生态系统构成,具有涵养水源、保持水土、防风固沙、调节气候、供给水资源和农牧产品、维护生物多样性等重要生态功能,是国家重要生态安全屏障,是维持我国整体生态环境稳定的关键区域,对于保障经济社会可持续发展发挥着重要作用。青藏高原以及帕米尔高原以高山、高原将我国与南亚、中亚和北亚各国相分离,形成较为明显的地形屏障和生态地理单元屏障。青藏高原东南部边缘形成了从热带到寒带的多种生态系统,在祖国的西南边陲上形成了一道以森林生态系统为主体的天然屏障,影响着毗邻国家和地区;而青藏高原中东部是我国长江、黄河和澜沧江的发源地,该区域的草地和湿地生态系统等保障了我国长江和黄河流域生态环境的长期稳定和社会经济的可持续发展。以内蒙古高原为主体的中国北方草原作为中北亚地区戈壁、沙漠南缘的绿色屏障,一直发挥着阻止沙漠前移、减少风沙入河、削弱强风卷携起沙能力的重要作用,是我国北方的重要生态保障。除自然形成的生态地理单元之外,国家在西部地区布设数量众多的自然保护区、重点生态功能区等保护地网络,进一步强化了其生态屏障功能。据统计,25个国家重点生态功能区中,20个位于西部地区。西部地区各类保护区面积占全国保护区面积的85%以上。其中,森林类保护区占全国的77%,草原荒漠类保护区占全国的99.5%,内陆湿地保护区占全国的88.4%,野生动物保护区占全国的78.6%。在这些空间分布广泛、面积巨大、类型多样的重点生态功能区、自然保护区内,主要通过"禁止开发"和"限制开发"的政策手段,形成强化功能的生态屏障区,达到保护本地区生态环境和为其下游地区提供优质生态服务功能的目的。

4.2.2　国家重要的水源涵养区

西部地区是长江流域、黄河流域和西南诸河流域的主要水源地和主要集水区，长江、黄河、澜沧江、怒江、黑河、珠江等大江大河均发源于西部地区，全区水资源量占全国水资源总量的一半以上，可开发水能资源占全国可开发量的90%，为我国水资源安全和能源利用提供了重要保障。特别是位于青藏高原腹地的三江源地区，河源地区冰川积雪的季节性冻融，发育了众多湖泊，形成了世界上面积最大的高海拔湿地群，被称为"中华水塔""亚洲水塔"。西部地区水资源的战略意义在于：①源源不断供应中下游和中东部地区清洁的水源，长江流域46%、珠江流域64%的水资源均由西部地区提供，西南地区人均和亩均水资源占有量分别为全国平均水平的2.3倍和3.1倍；②西部地区水能资源丰富，大型电站的陆续建设，将实现西电东送，为东部地区的社会经济发展提供能源。对西北内陆地区而言，水资源是保障社会经济发展的最基本要素，塔里木河流域的绿洲农业，河西走廊、河套地区高效的灌溉农业生产，实现了水资源的高效利用，为区域社会经济的可持续发展提供了基本保障。

4.2.3　国家重要的生物多样性聚集区

西部地区复杂多样的自然条件与生态环境，拥有我国乃至世界上其他国家所没有的许多特殊、特有生物类型，不仅拥有高寒干旱荒漠、高寒半干旱草原和高半湿润高山草甸等，而且还拥有世界上北半球纬度最北的热带雨林、季雨林生态系统和具有典型中国-喜马拉雅区系特征的山地森林生态系统，以及世界上海拔最高的湿地生态系统等，为多种生物种类栖息、生长、繁衍提供了优越的环境条件，生物多样性极为丰富。西部地区是我国乃至全球最为重要的生物多样性基因库，集中分布着许多特有的珍稀野生动植物物种。动物特有种占全国的50%～80%，高等植物约占我国高等植物总数的70%。其中，哺乳动物约占全国的一半以上，爬行动物占1/3，两栖动物占一半以上。在49种国家Ⅰ类保护哺乳动物中，有45种在西部地区有分布，占90%以上，其中33种仅在西部地区分布，而大熊猫、金丝猴、白唇鹿、普氏原羚均为我国特产，且仅分布在西部地区。植物物种种类更为多样，仅苔藓植物就占全国的近一半，特有种占全国的1/4。在243种中国被子植物特有属代表种中，有 199 种在西部地区有分布，占 80%以上，其中约有 58% 仅在西部地区有分布。特别是青藏高原，更是世界山地生物物种最主要的分布与形成中心，是全球 25 个生物多样性热点地区之一。

4.3 西部地区的重要地理单元

西部地区地域广大，气候与自然地理空间分异明显，青藏高原、黄土高原、云贵高原、秦巴山地、秦岭等不同生态地理单元的人类活动类型与强度差异较大，对生态环境的影响程度和效果各不相同。

4.3.1 青藏高原

青藏高原位于我国西南部，包括西藏、青海及四川西部和甘肃部分地区。该区域海拔高、气候寒冷，是全球气候变化的敏感区和启动区，拥有独特的动植物基因库，决定了其在减缓和适应全球气候变化，维护区域可持续发展能力和国家生态安全等方面都具有重要的战略意义。青藏高原丰沛的降水，广袤的冰川和强大的水源涵养孕育了亚洲众多的河流，发育着世界上面积最大的高海拔湿地群，是我国长江、黄河、雅鲁藏布江、澜沧江等大江大河的发源地及水源涵养区，其输送的水量对于我国乃至亚洲生态系统的维持与人类的生存都具有至关重要的支撑作用。因此，其生态地位极其重要，是我国调节气候、涵养水源、保护生态的最重要的生态屏障，是全国生态环境保护和建设的战略要地，是我国生物物种形成和演化的中心之一。同时其独特的地域单元使其对外界因素的扰动具高度脆弱性和敏感性，也是全国生态系统最为脆弱的地区之一。

青藏高原北部的祁连山是我国西部八大雪山之一，地处青藏、蒙新、黄土三大高原交汇地带，其冰川、永久积雪、降水和地下水所形成的径流，孕育着河西走廊石羊河、黑河、疏勒河三大水系 56 条内陆河。青海湖流域位于青藏高原东北部，是连接甘肃河西走廊、西藏、新疆的通道，是维系青藏高原东北部生态安全的重要水体，是阻挡西部荒漠化向东蔓延的天然屏障，是区域内最重要的水汽源和气候调节器，同时还是生物多样性与生物种质基因较为丰富的重要地区之一。三江源地区地处青藏高原腹地，是长江、黄河、澜沧江三大河流的发源地，生态系统群落结构简单，系统内物质、能量流动缓慢，抗干扰和自我恢复能力低下，是全球生态环境最为敏感和脆弱的地区之一。川西地处四川盆地丘陵山地向青藏高原的过渡地带，属青藏高原东南缘高山峡谷区，植被与土壤复杂多样，具有明显的垂直地带性，由下至上包括亚高山森林、灌丛、高山草甸等类型，是我国第二大天然林区和全国五大牧区之一，是长江重要水源涵养林区。藏东北三江并流区地处青藏高原横断山脉腹心地区，属于典型的山高谷深且险峻的横断地形，河谷多呈深邃的"V"形峡谷之势，生态系统内部结构简单，自我调节和恢复能力弱。

近几十年，受气候变暖和人类活动的影响，青藏高原出现了一系列生态环境问题，有些地区甚至出现难以逆转的生态危机，冰川加快退缩、冻融作用加强、雪线上升、草地退化、湿地萎缩和生物多样性减少的生态问题导致了水塔水资源供给能力的下降，对青藏高原及东部地区的生态安全构成威胁。

4.3.2　黄土高原

黄土高原在我国的生态功能定位为控制水土流失、恢复植被、改善生态环境、服务经济发展、减少入黄泥沙。黄土高原地势西北高、东南低，丘陵起伏，沟壑纵横，地形破碎，植被稀少，面蚀、沟蚀均很严重。土层深厚，土质疏松，地面坡度变化剧烈，除少数石质山地外，高原上覆盖着深厚的黄土层，黄土厚度在50～80 m，最厚达150～180 m。属大陆性季风气候区，从东南向西北，气候主要为半干旱气候和干旱气候，植被依次出现森林草原、草原和风沙草原。年均气温 6～14℃，年均降水量 200～700 mm，从东南向西北递减，时空分布极不均匀，6—9月降雨占全年降雨量的 60%～70%。雨量少，暴雨集中，加之典型的"塬、梁、峁"地形和不合理的经济活动，致使黄土高原成为我国乃至世界上水土流失最严重的地区之一。

长期以来严重的水土流失造成了该地区地形被切割得支离破碎、千沟万壑，生态环境恶化，加剧了土地和小气候的干旱程度以及其他自然灾害的发生。水土流失带走大量的土壤黏粒、矿物质和有机质，造成土壤质地粗化、涵蓄水能力降低，破坏了原有健康的土壤生态系统，使地形破坏，土地沙化，田间持续水力下降，土壤肥力衰减，农业产量低而不稳，使农业生产活动条件恶化。水利设施淤积严重，渠道淤塞，也给黄河下游防洪安全带来严重威胁。通过近几十年的生态治理，黄土高原生态环境得到了明显的改善，实现了由"整体恶化、局部好转"向"总体好转、局部良性循环"的转变。

4.3.3 云贵高原

云贵高原处于中国地貌单元的第二级台阶区，西起横断山、哀牢山，东到武陵山、雪峰山，东南至越城岭，北至大娄山，南到桂、滇边境的山岭。受金沙江、元江、南盘江、北盘江、乌江、沅江及柳江等河流切割，地形较破碎。以石灰岩地貌为主，石灰岩厚度大、分布广，经地表和地下水溶蚀作用，形成落水洞、漏斗、圆洼地、伏流、岩洞、峡谷、天生桥、盆地等地貌，是世界上喀斯特地貌最发育的典型地区之一。属亚热带湿润季风气候，是我国森林植被类型最为丰富的区域，分布着雨林、季雨林的热带森林，以及季风常绿阔叶林、半湿润常绿阔叶林、暖热性针叶林、暖性针叶林的亚热带森林。随着海拔升高，还分布着温性针叶林、寒温针叶林、灌丛草甸和高山苔原植被。

云贵高原的主导生态功能是水源涵养、水土保持和生物多样性维护，由于与东南亚的越南、老挝等国陆界相邻，对生物入侵的防范中也首当其冲，是我国西南、华南地区重要的生态屏障和保护生态安全的重要区域，同时为东部和南部，长江、珠江等流域的中下游地区提供良好的生态服务功能。主要生态环境问题为石漠化、水土流失和生物多样性丧失。岩溶石漠化成为继西北地区沙漠化和黄土地区水土流失之后的我国第三大生态问题。石漠化不仅导致喀斯特生态系统多样性类型正在减少或逐步消失，而且迫使喀斯特植被发生变异以适应环境，造成喀斯特山区森林退化，区域植物种属减少，群落结构趋于简单甚至发生变异。土地资源丧失，水源涵养能力下降，水资源供给减少，不仅恶化了农业生产条件和生态环境，陷入"人口增加—过度开垦—土壤侵蚀性退化—石漠化扩展—经济贫困"的恶性循环，而且严重危及长江、珠江中下游地区的生态安全。

4.3.4 秦岭

秦岭是中国南北方分界线，两大母亲河——黄河与长江的分水岭，有生物基因库之称。这一区域所具有的天然边界，在东部，从郑州至武汉，落脚于河南西南的嵩山、伏牛山，湖北西北的荆山，豫西南之山、鄂西北之山，皆属大秦岭地界。在南部，从湖北宜昌至重庆万州以长江干流为界，从重庆万州至四川都江堰以坡脚为界。在西南，以川西岷江—黑河为界。在西部，以青海境内黄河干流为界。在北部，以甘肃、陕西、河南境内渭河、黄河一线的山脚为界。秦岭全域面积约 40 万 km^2。

由于秦岭是在低海拔地带突起的高山，在夏季，秦岭使湿润的海洋气流不易深入西北，使其以北的气候干燥。在冬季，秦岭阻滞北方寒潮南侵，减轻了南方遭受冷空气侵袭的强度。以气候垂直分布来说，秦岭南坡自下而上可以分出亚热带、暖温带、温带、寒温带、亚寒带 5 个气候带；秦岭北坡缺少最下面的亚热带，其他 4 个气候带与南坡相同。与此相适应，秦岭成为湿润地区和半湿润地区的分界线。秦岭以南是湿润地区，年降雨在 800 mm 以上，雨季长，降水多；秦岭以北是半湿润地区，年降雨在 800 mm 以下，雨季短，降水少。秦岭是南北植被的分界线，秦岭以南常绿阔叶林为主，以北针叶林、落叶阔叶林等为主。秦岭也是是土壤和农业的分界线，以南的土壤以红壤为主，以水田为主，农作物以水稻、小麦为主，一年两熟或三熟；以北以黑钙土为主，以旱地为主，农作物小麦、玉米为主，一年一熟或两熟。

陕西省森林生态服务功能评估报告显示，2014 年陕境秦岭（不包括陕境巴山）森林生态服务总价值 2 007.5 亿元，其中固碳 1 592 万 t，释氧 4 262 万 t，固碳释氧服务价值超过 600 亿元。

秦岭是中国中央山脉和中国腹心的重要集水区。秦岭的生态意义，不仅在于分水，更在于涵养水、供给水。秦岭能够同时向黄河、长江两大母亲河注水。如果说三江源地区是"中华水塔"，秦岭就是"中央水库"。除发源了淮河外，"两江、四河、四库"是秦岭"中央水库"的集中代表。"两江"即大秦岭南麓的嘉陵江和汉江。"四河"分别是：洛河、渭河、洮河、大夏河。"四库"即三峡水库、丹江口水库、三门峡水库、刘家峡水库。

秦岭生物多样性极为丰富，是具有全球性保护意义的生物多样性关键地区之一。特别是太白山、神农架、大巴山、摩天岭和岷山等，被称作"物种基因库"，动植物种类超过 6 000 种（占全国 75%以上），国家级保护动物和珍稀植物超过 120种。陆生脊椎动物 82 科 642 种，其中兽类 142 种，鸟类 338 种。其中国家 I 级、

Ⅱ级重点保护野生动物 80 种。朱鹮、大熊猫、羚牛、金丝猴、豹、林麝、金雕、白冠长尾雉、红腹角雉、血雉、红腹锦鸡等珍稀濒危动物。

4.4　西部地区的重要战略地位

西部地区资源丰富，是我国重要资源和优质能源的供应基地和战略接续地，是重要的生态安全保障区和主要生态服务功能供给区。作为我国经济发展的一个重要战略地带和关键枢纽地区，西部地区的发展直接关系到全面建成小康社会战略目标的实现，关系到区域的平衡发展和稳定，关系到各族群众福祉，关系到我国改革开放和社会主义现代化建设全局，对中华民族甚至亚洲地区民族的可持续发展提供了战略安全屏障。其战略地位主要体现在：

4.4.1　维护国家安全

西部地区以其独特的地域特征、地缘政治、军事作用和经济价值，在国家安全中具有重要的战略地位，是我国国家安全的战备后方，是我国政治安全的重要地带。西部地区战略枢纽位置十分重要，陆地边境线约占全国陆地边境线的 91%，国土与蒙古、俄罗斯、中亚及东南亚十几个国家接壤，大陆海岸线约占全国海岸线的 10%，与东南亚许多国家隔海相望。社会政治环境复杂，总人口占全国人口的 27.8%，全国 55 个少数民族在西部地区均有分布，占全国少数民族人口的 75%，民族问题敏感突出。贫困人口占全国贫困人口总数的 66%，贫困发生率几乎是东部地区的 17 倍，95%的绝对贫困人口分布在少数民族地区、偏远地区、边境地区和生态脆弱区，成人文盲率远高于全国平均水平。加快开发西部地区，有利于增强中华民族的凝聚力和向心力，有利于提高我国综合国力，有利于形成广阔的战略纵深，有利于促进区域经济社会协调发展，有利于维护国家安全。

4.4.2　确保资源安全

西部地区为全国提供水资源、矿产资源、农牧产品和旅游资源。资源种类多，类型齐全，能源矿产资源、关键矿产资源如煤、石油、黑色金属矿产资源、有色及稀有金属矿产资源等俱全，是世界上少数几个矿种配套较为齐全的地区之一，全国 171 种矿产资源在西部地区均有分布，已探明储量的矿产种类有 132 种，化石能源总储量占全国的 67%，可再生能源占全国的 65%。西部地区的水能资源可开发量占全国的 81%，"西电东送"为东部地区的社会经济发展提供能源。我国的五大牧区均分布在西部地区，是我国传统畜牧业最发达的地区，是优质特色农牧产品生产基地，是优质肉、奶、毛绒、皮革等畜产品的主要供给地，同时也是我国粮食、油料、棉花、糖料等作物的重要产区。西部地区分布着类型多样的自然景观和独特的人文资源，形成了众多具有鲜明特色的旅游资源，是我国乃至世界重要的旅游目的地。

4.4.3　保障生态安全

西部地区拥有全国 85% 的国家自然保护区，拥有 70% 的国家 I 级保护生态系统与物种，生态服务价值占全国总量的 65% 以上，是我国生态环境最脆弱的地区，生态系统通常处于生态临界线边缘，近几十年来受气候变化和人类活动影响，生态环境急剧恶化。主要表现在：水资源系统失调，洪涝干旱灾害加剧；植被破坏，水土流失严重；荒漠化加剧，风沙危害蔓延；野生动植物种群和数量减少，外来有害物种侵入等。生态环境恶化降低了整个西部地区生态环境承载能力，加剧了自然灾害危害程度，造成了生命财产巨大损失、社会经济突出损失，增加了社会发展成本，制约了经济社会可持续发展。近几十年，党中央、国务院高度重视西部地区生态保护与建设，在西部地区相继启动了一系列重点生态保护与恢复工程，使得西部地区生态系统的状况整体上基本保持稳定，长期以来生态系统持续退化的态势得到初步遏制，生态系统服务功能有轻微的提升。特别是，黄土高原等地区有较明显好转，西北和西南地区的多数省区生态系统状况稳中有升。当然，西部的生态环境还十分脆弱，经济社会发展对生态系统的压力不断加大，生态保护与建设的任务仍十分艰巨。

4.4.4　融入国家战略

"一带一路""长江经济带"等国家战略的提出，使得具有得天独厚的历史背景、自然资源和地理区位优势的西部地区成为我国对外开放的重要窗口、连接亚欧大陆的重要枢纽地区，为西部地区的政治经济发展带来了前所未有的生机和动力。西部地区连通我国东中部，其辐射网巨大，是我国向西亚、南亚、欧非往来的主要门户地区，向西可以通过亚欧大陆桥到中亚进而到达欧洲，向南可以加强与巴基斯坦、印度以及东南亚的合作，向北则可以延伸至俄罗斯，因此涉及西部地区的 10 多个省份是"一带一路"战略的重要组成部分和关键节点地区。作为"长江经济带"起点的西部地区，通过"长江经济带"沟通与东部地区的商贸通道，推动东部沿海产业、技术、信息向西部地区推进、传递、转移。然而，西部地区面积虽是东部地区的 7.5 倍，而东部地区 2015 年人均 GDP、进出口总额、实际使用外资分别是西部地区的 1.8 倍、112.5 倍、4.2 倍。通过"一带一路""长江经济带"加大对西部的开发，打开面向西北的中亚、西亚乃至欧洲的开放大门，使我国西部地区由对外开放的末梢变为前沿，有利于战略纵深开拓和国家安全。以产能合作、资源互补为重点，加快形成区域开放型经济新格局，打造新的区域经济增长极，带动西部地区经济转型升级。从根本上能解决西部交通闭塞问题，使得它对外更加开放，成为我国其他各个地区与世界联系的纽带，进而改善西部地区经济贸易不发达的状况，将其资源优势充分转化成经济优势，促进其经济交流。有利于我国西部地区与外部的文化交流、民族融合，更好地融入这个多元化的世界。

4.5　西部地区融入"一带一路"战略的自身优势

4.5.1　地理位置优势

我国西部地区疆域广阔，陆地边境线长，邻国众多，地理位置优越，因而有着很强的战略性。西部地区一直是我国与中亚、东亚、西亚交流的必经之地，我国西部地区向西可以通过亚欧大陆桥到中亚，进而到达欧洲；向南可以加强与巴基斯坦、印度以及东南亚的合作；向北则可以延伸至俄罗斯。这独特的地理区位优势将促进西部地区与周边国家的经贸合作与交流，更好地融入我国"一带一路"发展战略。

4.5.2　自然资源优势

我国西部地区地形复杂，造成了该地区的交通轨道事业的落后，故而西部地区发展相对闭塞、缓慢。但是西部地区也由于独特的地貌特征使其自然资源极其丰富，得天独厚的自然资源优势为西部地区的发展起了推动作用。有关数据显示，西部地区矿产资源储存率占全国60%以上，其资源工业储量潜在价值接近全国的一半；西部地区的有色金属及稀有战略性矿产资源等储量也都占有极大优势。由于西部地区多山、多内流河，地势落差较大，故而蕴含着丰富的水能资源，占全国总量85%以上。西部地区独特的地势地貌及自然气候环境条件，也有利于动植物的生长，这使西部地区拥有多种多样的生物资源、药用植物、工业植物等。

4.5.3　历史文化优势

"一带一路"战略可以看成是新时期的"丝绸之路"，旨在加强我国对外经济文化的交流合作。古时丝绸之路主要途经甘肃、新疆等西部地区省市，连接中亚、西亚，最远到达地中海各国。古时"丝绸之路"不仅进行了丰富的商品交流，还传播了文化、宗教。这是历史上的中西方文明首次碰撞，各国互相学习，取长补短，形成了一个良好的对外交往的氛围。作为丝绸之路必经地的西部地区与周边国家有着历史及文化的共通感，西部地区应该利用这独特的历史背景，加快融入"一带一路"的发展战略中。

4.6　"一带一路"战略下的西部机遇与挑战

我国西部地区是"一带一路"战略的重要组成部分，该战略主要支点大多分布在西北和西南内陆地区，覆盖新疆、青海、甘肃、陕西、宁夏以及云南等地。"丝绸之路经济带"的重点在于通过对中亚、西亚的开放，把对外贸易延伸至欧洲地区，拓宽完善陆地经济通道，着力发展陆地经济。西部地区独特的地理位置使其成为"一带一路"战略实施的关键环节，其自身发展也应该以对外开放为立足点，发挥自身的比较优势，做好战略统筹，紧握发展新机遇。

由于历史、社会及自然条件的约束，使我国西部地区的基础设施建设落后，尤其是交通条件，这严重阻碍了西部地区的经济发展。

"一带一路"战略是以高铁建设为主要推广产品，凭借向周边国家普及高铁技术，以达到互利共赢的状态。高铁技术的推广不仅加强了国家间的合作交流，也推动了我国西部地区的交通轨道事业的发展。例如，泛亚铁路的建设，自 20世纪 60 年代提出直至 2015 年 8 月中国和泰国才达成合作意向，将修建中泰铁路。铁路由云南昆明起至泰国曼谷，全长约 867 km，是泛亚铁路的重要环节，这对我国西南地区与东南亚各国开展对外贸易提供了基础。铁路建设不仅提高了我国西部地区的基础设施水平，也加强了西部地区与周边国家的互联互通、经济合作。

"一带一路"发展战略主要是依靠对外贸易来加强各国间的合作交流。"一带一路"战略将在提升向东开放水平的同时加快向西的步伐，尤其是丝绸之路经济带打破了我国长期以来的经贸模式，即以海洋运输为主的对外贸易，转而以陆地运输为纽带，这为西部地区缩小与东部沿海地区的差距提供了新契机。如新疆、云南、内蒙古等地有着丰富的煤炭、天然气、太阳能等自然资源，由于人力资本和技术的限制，能源开采效率低下。"一带一路"战略的实施为我国西部地区带来了很多技术、人才以及设备上的支持，有利于其把自身资源优势转化为经济优势，全面深化西部地区的开放水平。自然地理环境的特殊性使西部地区拥有丰富的自然资源，基于这种独特的自身优势，西部地区不应该照搬照抄其他地区发展的模式。西部地区应该根据其特有的地理位置和人文风土实现差别化区域发展，重点支持特色产业。例如，丰富的能源输出；特色农副产品的出口贸易；推动旅游业发展等。西部地区应该在各省市都培养一些具有国际竞争力的企业，以此加快推动各地区特色产业链的建设，并以此为基础加大对资源的合理利用，充分发挥西部地区的资源比较优势。在"一带一路"战略的新机遇下，西部地区更应该积极利用国家政策带来的优惠，充分发挥自身优势，缩短与东部地区的差距，实现经济快速增长。

第5章　西部地区的历史文化和生态环境演变

5.1　西部地区的历史文化

5.1.1　西部地区历史文化演变

在漫长的历史中，西部地区相继建立了一系列邦国性质的地方政权或酋长性质的土司政权，如西夏、吐谷浑、大理、西域三十六国等，它们在政治、经济、文化等方面有明显的特殊性，在创造自己历史的同时，形成了众多的民族。几千年来，经过不断地迁徙、分化、融合、发展，作为独立的族群，许多原生民族虽然已经消失了，但我们从今天众多的少数民族以及汉族中可以发现它们的身影，这些民族大多在发展和形成过程中与其他民族融合，并造就了各自不同的文化。多民族是西部的一个突出特点，在目前我国已认定的 55 个少数民族中，有将近 50 个世居在西部地区。在西部，除了 5 个民族自治区，其余各省市也都有大量的少数民族人口和民族自治区域，以青海省为例，第六次人口普查数据表明少数民族人口占全省总人口的 46.98%，民族自治区域面积占全省总面积的 98%。在云南省生活着 25 个世居民族，其中有 10 多个民族是云南独有的。这一特点决定了西部与众不同的民俗民风，也造就了多姿多彩的民族文化。

从地域和文化看，由于西部独特的历史背景和社会生活，形成了其别具一格的西部文化。从地域和文化个性上看，它至少可以划分为几个大的文化圈：黄河流域为中心的黄土高原文化圈，西北地区的伊斯兰文化圈，北方草原文化圈，天山南北为核心的西域文化圈，青藏高原为主体的藏文化圈，长江三峡流域和四川盆地连为一体的重庆巴文化、四川蜀文化圈，云贵高原及向东延伸的滇黔文化圈等。这些文化圈具有各自相对明显的个性或风格。黄土高原文化悠远古朴，伊斯兰文化充满异域色彩，北方草原文化热情奔放，西域文化显出东西合璧之美，藏文化凝重神秘，巴蜀文化古色古香，滇黔文化富于人性化的欢乐。这种多样性的文化形态与各个民族的生活方式、观念、习俗、宗教、艺术以及悠久历史、生存环境紧密相连，是一种广义的文化集合体。西部民族文化具有鲜明的地域性、民族性、多元性等特征。

西部地理复杂多样，西北地区辽阔无垠，西南地区山水切割，青藏高原严寒高拔。西部文化在这里也表现出了鲜明的地域性。西北地区历史悠久、地域广大，它孕育的文化在质朴中藏着博大；西南地区民族众多，山川纵横，这里的文化显得细腻抒情；青藏高原起伏跌宕，庄严静穆，它的文化则处处透着神秘和诱惑。

西部在久远的历史长河中创造并形成了包括语言、宗教信仰、自然崇拜、神话传说、故事、歌谣、舞蹈、节目、服饰、建筑、手工艺、礼仪习俗以及生存理念、生活和生产方式等在内的民族文化。这些内容有的在不同民族中是相近或相似的，有些则相去甚远。即便是同一民族因为部落不同或居住地不同在许多方面也有很大差异，民族文化由此更显丰富多彩。

西部民族文化不是一种完全封闭和孤立的文化，而是一个多元文化的综合体，它在本土文化的基础上，将许多外来文化的因素转化吸纳为自己的成分，从而变得生机勃勃。历史上有 3 条重要通道贯穿西部，将西部向东与中原地区紧密相连，向西同更加广阔的地域沟通。一条是穿越大西北并一直延伸至欧洲地中海沿岸的古丝绸之路，一条是贯通黄土高原和青藏高原的唐蕃古道，另一条是穿过西南云贵高原并经青藏高原通往尼泊尔、印度甚至更远方的茶马古道。这 3 条道路除了带来了贸易和人民之间的交往，更传播了文化。中原汉文化源源不断传入西部，古欧洲地中海文化、古阿拉伯文化、古印度文化、中亚文化等也纷纷汇集这里。佛教、伊斯兰教、基督教在西部的发展就是由此而来，其中最为独特的文化现象就是佛教在青藏高原的本土化——藏传佛教。

西部民族文化以其浓厚的乡土气息活跃在人们的精神生活和物质生活中。世界文化遗产丽江古城并不是一座荒芜废弃的遗址，而是数万人生息的家园；流传千年的英雄史诗《格萨尔王》依旧在藏族民间传颂；古老的歌舞、服饰仍在质朴地表达着对生活的向往；现代文明的传播与扩张并没有使这种古老的文化远离人们的生活，而是代代传承，绽放异彩。西部文化所表现出的活形态，或者是原生态的特点，具有浓重的人性化、情感化的色彩，这正是西部民族文化最具魅力的一面。

脆弱性是西部民族文化的又一个特征。地域性造成的相对封闭与分割，制约了西部民族文化的整体发展。地域广阔、交通不便、人口相对稀少和分散的特殊环境形成了小范围、小规模文化发展状态。另外，西部少数民族许多没有文字，文化的传承主要靠世世代代的口耳相传，缺少文字记载的稳定性，不利于对外传播和交流。

西部民族文化是一座异彩纷呈的文化资源宝库，它所包含的内容极其丰富，它的表现形式多种多样。它不仅为研究文化人类学、宗教人类学、民族学、民俗学、生态文化学等学科提供了宝贵财富，也为文化产业的开发提供了丰富的资源，同时也对今天的文化建设具有十分重要的借鉴意义。

中国西部民族文化底蕴深厚，内涵丰富，地域特色浓郁，自然与人文融为一体，形态多姿多彩，独具魅力，开发潜力巨大。如何使西部宝贵的民族文化资源在深入的开发和挖掘中形成品牌、形成规模、形成产业，走出西部、走向全国、走向世界，已成为实施西部大开发战略的重要组成部分。

5.1.2 弘扬西部地区的历史文化

由于诸多原因，西部民族地区对文化在地区经济和社会发展中的重要性认识不足，树立文化经济的新理念，把文化作为产业来发展的意识还比较淡薄。推进西部民族文化产业必须冲破妨碍发展的思想观念，从传统的观念中解放出来，创新思路，着眼于市场需求，把民族文化的继承和发展，纳入全国、全世界的格局中去思考；把珍贵的文化资源的开发与地区经济发展和社会进步结合起来，在继承中创新，使丰富的文化产品转化为文化商品；把西部民族文化的价值观、审美观传播出去，展示其强大的生命力。

建立富有活力的民族文化生产经营机制，是发展民族文化的重要手段。必须在文化建设中引入产业机制，实现文化的自我积累和长期稳定发展。要注重抓好总体规划，按照不同文化类别制定具有科学性、系统性、可操作性的地区间合作规划，要从不同的类型着眼，打破省际界限，根据各民族的特点，以"大文化圈"为前提，按照产业的要求，实现社会效益和经济效益的最大化。要建立多元化的文化产业投入机制，理顺政府与产业的关系，健全文化市场体系，完善文化市场管理机制；要鼓励、支持各类文化团体和个人拓展文化市场；要创新用人机制，建立和完善人才激励机制；要结合文化体制改革，加快文化结构调整步伐，建立科学的现代企业制度，建立科学、合理、灵活、高效的管理机制和文化产品生产经营机制；要有紧迫感和前瞻性，力求在机制创新上有新思维、新办法、新措施。

深入挖掘西部文化资源，变资源优势为产业优势，就必须选准项目，确定项目，加快项目建设。要认真研究和分析西部民族文化的特点、价值、优势及发展前景，以创新的精神，搞好项目规划，找准发展民族文化的切入点，对文化资源进行整合、配置，坚持有所为、有所不为，避免重复和类同，集中精力开发优势项目，创造区域特色和民族特色。

要经过挖掘和加工，显示出文化品位和价值，只有把文化资源打造成品牌，将民族文化推向市场，民族文化产业才能形成和发展。因此，必须以市场需求为导向，重视民族文化的"打造"和"加工"，不断创新品牌，不断提高文化品牌在国内外的竞争力，争取最佳的社会效益和经济效益。

实现民族文化产业的快速发展，在资金投入上需要发挥政府和社会资本[①]两个积极性。西部地区必须改革投入模式，拓宽融资渠道，提高资本运营水平，探索建立促进民族文化产业发展的有效投资体制。既要从完全依靠政府投入的观念中解放出来，又要结合西部地区经济及文化产业发展的现状，加大政府的投入和扶持力度。同时应将政府的投入重点放在对民族文化产业前期发展的扶持上来，提供并创造必要的发展条件和环境。社会资本的利用要坚持用市场经济的办法运作，建立多元化的投资机制，广泛地吸纳社会资本的进入，鼓励有实力的企业、团体、个人依法投入文化产业。

优化环境是西部民族文化产业发展的前提。这种环境的优化既有硬环境的要求，也有软环境的要求。要注重转变政府职能，将政府办文化向政府管文化（服

---

① 社会资本包括个体、民营资本及外资。

务）的方向转移，不断强化服务手段，改进服务质量，提高办事效率；要致力于依法管理文化，创造良好的法制和政策环境，加强宏观调控，建立健全地方性文化法规及政策；要努力营造良好的舆论环境，打破传统观念，真正把文化作为产业来认识、来发展；要创造优良的社会环境，在促进民族团结进步中保持稳定、和谐、团结奋进的良好氛围；要建立有利于文化消费的市场环境，整顿和规范市场秩序，完善文化市场运行机制及管理体制。西部民族文化的对外交流，目光不仅要投向国际市场，还应注重内地及港澳台地区。在交流的内容上要力争体现民族特色和区域特征。在交流的方法上既要运用传统的方法，如演出、展览、文化活动等，又要创新思路，引入市场机制，采取网络、影像等现代手段。总之，要通过多种形式、采取灵活的方法，在国际和国内充分展示中国西部神奇的民族文化，树立"文化大西部"的形象。

5.2　西部地区的生态环境演变

5.2.1　西部地区生态环境的特点

西部地区地域辽阔，经纬度跨度大。在地理位置上，主要集中处于我国第一级和第二级阶梯上，地形复杂、地貌类型多样。因此，形成了我国西部地区资源类型丰富、生态环境独特的特点。其资源环境特点主要表现在以下几个方面：

第一，在地貌上，西部地区集中了我国几个主要的高原和盆地，地形起伏大，地貌类型多样，以山地为主。

第二，在气候资源上，我国西部地区由南向北分布有热带、亚热带和温带气候以及独特的青藏高原气候类型，分别受东亚季风、南亚季风（印度洋季风）和西风大气环流的影响。因此，主要的气候特点是降水的空间分布上极不均匀，由东南向西北依次减少，形成西北干旱少雨，西南雨量充沛，但降雨集中、多暴雨、干湿分明的气候特点。而在热量、辐射和光照等方面，由于很多地方海拔高，具有热量高、光照充足、太阳辐射强烈等特点。

第三，由于气候和地貌类型的复杂多样，西部地区的生态系统类型也复杂多样，在纬向上，由南向北分别分布着热带雨林、亚热带常绿阔叶林、温带落叶阔叶林及温带草原和温带荒漠草原，在经向上，由东向西依次分布着温带草原、荒漠草原、荒漠灌丛等生态系统类型，在海拔梯度上，依次有干旱河谷灌丛、常绿阔叶林、落叶阔叶林、亚高山针叶林、亚高山灌丛、亚高山草原、亚高山草甸、高山草甸和高寒荒漠等。

第四，西部地区尤其青藏高原是中国主要江河的发源地，不仅为水资源提供了源源不断的源泉，而且也是水力发电的主要来源，是能源的主要组成之一。然而，由于自然条件的差异，西部地区的资源分布极为不均，在西南地区具有极为丰富的自然资源，而在西北地区由于气候比较恶劣，使得资源相对匮乏，生态环境脆弱。总体而言，西部地区的自然条件决定了其生态环境极其脆弱。

5.2.2　西部地区生态环境的主要问题

（1）森林生态系统

总体来说，西部地区的森林面积呈现出增加的趋势，但这种增加主要体现在中幼龄林的增加，而成熟、过熟林则呈下降的趋势。如新疆塔里木河中下游沿河两岸伴河而生的天然荒漠植被，即"绿色走廊"，正在大面积萎缩或消亡，疏勒河流域的花海盆地原有红柳林面积不断下降。中幼龄林具有较低的稳定性，因此导致了森林对外界干扰的抵抗能力差，自我恢复能力低。此外，西部地区森林的增加还表现在人工林的增加，尤其是经济林的大面积增加。

森林的林种单一、林相单一、年龄结构和林分结构简单，使得森林生态系统的稳定性差，抗外界干扰能力和自我恢复能力低下，从而导致森林生态系统易受到外界干扰而破坏。西部地区受病虫害破坏的森林面积更是快速增长，由此可见，西部森林面积虽然总体上增加，但该增加主要表现在人工林，尤其是经济林的增加；天然林，尤其是成熟林、过熟林的面积却在不断地减少。这种变化导致西部地区林地的生态质量下降，森林服务功能进一步降低。

（2）草地生态系统

草地生态系统是我国西部的主要生态系统类型之一，尤其是在我国青藏高原和西北地区，是当地人民赖以生存的基本资源，畜牧业产值也在这些地区中的大农业（农、林、牧、渔）的总产值中占有很高的比例，因此，对西部地区的经济发展和生态环境保护起着至关重要的作用。调查表明，西部地区草地的面积约 2.42

亿 hm^2，占全国草地面积的 62%以上，其中西藏、新疆和青海的草地面积最大，分别为 0.82 亿 hm^2、0.58 亿 hm^2 和 0.32 亿 hm^2，依次占西部草地总面积的 33.88%、23.97%和 13.22%。而宁夏、陕西、贵州和广西的草地面积在西部地区中占的份额相对较小。虽然我国西部草地面积大，但草地可利用面积比例较低。主要表现为：优良草地面积小，草地品质偏低；天然草地面积大，人工草地比例过小；天然草地的面积逐步减少，质量不断下降；草地载畜力下降，普遍超载过牧，草地"三化"（退化、沙化、碱化）不断扩展。

我国草地生态系统退化严重、退化面积大。目前，我国 90%的草地存在不同程度的退化，其中中度退化以上的草地面积将近一半。全国"三化"草地面积已达 1.35 亿 hm^2，并且每年还在以 200 万 hm^2 的速度增加。草地生态系统的不断退化和鼠害、虫害的不断加剧，导致草地的理论载畜量日益减少，另外，目前西部各省份的过度放牧现象依然严重。

虽然草地的理论载畜量及草地面积均降低了，但是，由于片面地追求经济效益，各地都大力发展畜牧养殖业，牲畜的饲养量不仅没有相应地减少，反而呈增加的趋势，使实际载畜量远远高于理论载畜量，过牧现象非常严重。如甘肃超载 30.80%、宁夏超载 72%，新疆的超载量更是高达 84.80%。过度放牧导致草地质量下降，主要表现在草地的等级下降，优良牧草的种类减少，毒草种类和数量增加，从而导致草地的理论载畜量进一步降低，形成恶性循环。青海省中度以上退化草地也有 730 万 hm^2，占全省草地总面积的 19.93%。按照退化草地形成的相关因素进行归类，退化草地可以分为"黑土滩型""沙化型"和"毒杂草型" 3 类。其中，"黑土滩型"退化草地面积约 333 万 hm^2，单位面积牧草产量仅为 400.50 kg/hm^2，只有未退化草地的 13.23%，此类草地主要分布在三江源地区；"沙化型"退化草地约 267 万 hm^2，植被覆盖仅为 30.00%左右，牧草产量下降 60%～70%，主要分布在柴达木盆地和青海湖盆地；"毒杂草型"退化草地约 133 万 hm^2，严重危害地段毒杂草成分占草地植被生物量结构的 60%～70%，草场利用价值大幅度下降，此类草地主要分布在环青海湖牧区。据估测，各类草地退化导致可食鲜草减少约 1 200 万 t，折合减少载畜量 820 万只羊单位，每年造成经济损失约 10 多亿元。

（3）湿地生态系统

西部地区湿地总面积为 3 599.63 万 hm²，约占全国湿地总面积的 54.60%，其中天然湿地面积为 1 289.81 万 hm²，占西部湿地总面积的 35.80%，占全国天然湿地面积的 49.70%，主要分布在西藏、青海、四川、新疆、云南和广西 6 个省份，人工湿地面积为 2 309.82 万 hm²，主要分布在西南。

农业发展使得许多天然湿地被人工湿地所替代，这是湿地严重萎缩的重要原因之一。天然湿地被人工湿地所代替主要表现在两个方面，一是人工渠道代替天然河流，二是人工水库代替天然湖泊。如新疆塔里木河下游近年来相继修建了库（库尔勒）—塔（塔里木）干渠、塔（塔里木）—铁（铁干里克）干渠等人工引水枢纽，大量河水由人工渠道直接引入灌区，同时也兴建了卡拉水库和大西海子水库，台马特湖及卡拉段塔河南岸的彦格库勒湖群缩小、干枯。又如云南省 1 km²以上的高原湖泊已从 20 世纪 50 年代的 50 余个下降到目前的不足 30 个；黄河源区 20 世纪 80 年代初遥感调查时有湿地面积 3 895.20 km²，90 年代再次调查时为 3 247.50 km²，减少了 647.80 km²，平均每年减少 58.90 km²。新疆的湖泊 50 年代初有 100 多个，总面积达到 93.60 km²，至今已经缩减了 50%，同时水质也有明显降低。新疆多数河流引水率高达 70%~80%，大大超过干旱区 50% 的界限。塔里木河下游卡拉 20 世纪 50 年代水量为 14.80 亿 m³，可流入台特马湖；60—70 年代水量减少为 6.40 亿~10.50 亿 m³，时断时续可流至阿拉干；80—90 年代水量进一步减少到 2.40 亿~3.80 亿 m³，水量几乎全被消耗在卡拉和铁干里克灌区。目前大西海子以下遗留 320 km 长的干河道。其他中小河流更是如此。此外，围垦也是西部天然湿地面积减少的重要原因之一。

西部地区湿地的面积不断减少，而且湿地的质量也不断下降，湖泊污染严重，水质不断恶化，使湿地的生态服务功能下降。近年来，由于人口的迅速增长和经济利益的驱动，西部不少地区出现因河流上游滥垦、滥伐、滥牧，中游盲目兴建灌溉工程，导致下游水量锐减、水质恶化、水域大幅度减少或消失的现象。西部地区，特别是西北干旱、半干旱地区普遍发生了河流下游湿地消失、湖面退缩、水位下降、水量锐减、湖水咸化甚至干枯消亡等情况，部分湖泊含盐量和矿化度明显升高，湖泊咸化趋势更为明显。

以黑河流域为例，自 20 世纪 50 年代至 2000 年，黑河上游祁连山林区人口增加了 5 倍，导致资源消耗和土地利用剧烈变化，到 2000 年，黑河上游水域面积减少了约 30%；中游张掖地区为了发展农业，大量建塘筑坝蓄水、建沟渠灌溉，大量消耗水资源，导致下游地区额齐纳河断流、西居延海完全消失。新疆博斯腾湖由于上游修建灌溉工程，导致入湖水量锐减，含盐高的灌区退水又不断入湖，因此，该湖在短短的 10 多年内就由淡水湖演变成咸水湖，湖水矿化度上升了 6 倍，水面减少 120 km²，水位下降 3.54 m。准噶尔盆地西部的艾比湖，因 20 世纪 60 年代在湖区毁林开荒，70 年代截流断水，如今艾比湖湖面已由过去的 1 300 km² 减至 600 km²，干枯的湖盆已沦为盐漠。

（4）沙漠化

土地沙漠化的形成主要发生在脆弱生态环境下（如戈壁、荒漠等干旱及半干旱地区），由于人为过度活动（如滥垦、樵采及过度放牧）或自然灾害（如干旱、鼠害及虫害等）造成了原生植被的破坏、衰退甚至丧失，从而引起沙质地表、沙丘等的活化，导致生物多样性减少、生物生产力下降、土地生产潜力衰退以及土地资源丧失的过程。人类活动是沙漠化发生的主要外因，因为人口的增长增加了对生产的要求，加大了对现有生产性土地的压力，促使生产边界线推进到濒临潜在沙漠化危险的土地，农业向"边缘"地区扩展，其结果使潜在沙漠化土地演变为正在发展中的沙漠化土地。西北部地区沙漠化严重，西部地区的沙化土地主要集中在西北五省和西藏自治区。

（5）水土流失

西部地区是水土流失最为严重的地区，与以前相比，西部地区水土流失蔓延的趋势有所缓解，但水土流失问题没有得到根本性改变，西部地区仍是水土流失的主要分布区域。虽然西部水土流失面积总体上有所减少，但局部地区的水土流失面积仍在增加，水土流失程度继续加重。在西部的水土流失中，以耕地和草地最为严重，西部中度以上的水土流失的耕地和草地面积分别占到了该区耕地和草地总面积的 64.70% 和 63.20%。严重的水土流失不仅使大量的表层土壤被冲走，导致土地退化、土地质量严重下降，而且也造成江河湖泊的泥沙淤积，泥石流、洪灾等与之相关的各种自然灾害时有发生。

5.3 西部地区生态环境变迁的启示

西部地区是我国重要的生态屏障，但同时也是生态环境脆弱区及敏感区，生态环境一旦破坏将难以恢复，并会严重制约当地经济社会的发展。历史上楼兰古国的消亡、石羊河的萎缩、居延海的干涸等悲剧均是这一事实的印证。

5.3.1 楼兰古国

在晚近期人类活动对罗布泊干涸的影响越来越大。水源和树木是荒原上绿洲能够存活的关键。楼兰古城正建立在当时水系发达的孔雀河下游三角洲，这里曾有长势繁茂的胡杨树。楼兰人在罗布泊边筑造了 10 多万 m² 的楼兰古城，但砍伐掉许多树木和芦苇，无疑会对环境产生副作用。

期间，人类活动的加剧以及水系的变化和战争的破坏，使原本脆弱的生态环境进一步恶化。5 号小河墓地上密植的"男根树桩"说明，楼兰人当时已感到部落生存危机，只好祈求生殖崇拜来保佑其子孙繁衍下去。但大量砍伐本已稀少的树木，使当地已经恶化的环境雪上加霜。罗布泊的最终干涸，则与 20 世纪 50 年代后在塔里木河上游的过度开发有关。当年在塔里木河上游大量引水活动，致使塔里木河的河水入不敷出，下游出现断流。这一点从近年来的黄河断流可以得到印证。罗布泊也由于没有来水补给，便开始迅速萎缩，终至最后消亡。

5.3.2 石羊河

石羊河系河西走廊的三大河流之一，其丰富的水资源来源于祁连山东段冷龙岭北侧的大雪山。长期以来甘肃武威绿洲依靠石羊河的滋润而成为我国重要的商品粮基地之一。然而，受气候变暖和人类活动的共同影响，石羊河流域上游的祁连山冰川一直处于退缩状态，与冰川退缩同时发生的还有冻土草原退化和林草植被的退化。另外，还有一个更加令人注目的变化便是石羊河流域开发过程中的生态植被退化。祁连山区是石羊河流域的主要径流区和水源涵养功能区。据文献记载：古代这里森林覆盖很好，自汉代以来，由于战争和房屋建设等原因，山区及山前地带的森林遭到破坏，特别是近代以来，社会环境稳定，人口大量增加，对生态环境的破坏更加剧烈。祁连山 2 000 余年前约有天然森林 600 km²，从 20 世纪 50 年代初到 70 年代末，祁连山林地面积减少了 21.69 km²，森林面积减少 16.5%，森林覆盖率由 20 世纪 50 年代初的 22.4% 下降到 14.4%。自 50 年代至今，已有 3 万 km² 的林草地被垦为农田，目前水源涵养林仅剩 3.7 万 km²。森林资源的减少，使祁连山涵养水源的能力下降，雪线不断上升。

受气候变暖，冰川退缩，雪线上升，水源涵养功能退化等因素的共同影响，石羊河流域游出山径流也在大幅度减少，从 20 世纪 50 年代开始，石羊河 8 条出山河流平均流量为 17.83 亿 m³，而到 90 年代则降至 12 亿 m³。

由于上游来水减少，中游过度开荒用水增多，挤占了下游的生态用水，使流域下游的生态环境日益恶化，沙漠化危机不断加剧。而身受其害最重的便是石羊河下游的民勤县。这个东、西、北三面被巴丹吉林沙漠和腾格里沙漠包围、绿洲占总面积不足 1/10 的小县，几千年来，便是凭借石羊河水维系自身的安全，阻挡沙漠南移的脚步，成为保护河西走廊的一道生态屏障。但在近二三十年，随着石羊河上游水量的锐减，民勤绿洲生态环境也迅速恶化，北部沿沙漠地区近 450 万亩天然草场和防风固沙树草、农田防护林枯萎死亡，沙漠平均以每年 20 m 的速度向绿洲推进。民勤也因此而成为生态恶化的代名词。

5.3.3　居延海

位于内蒙古额济纳旗西北部戈壁上的居延海，是我国第二大内陆河黑河的尾闾湖，也曾经是我国西北地区最大的湖泊之一。据地质学家考证，历史上的居延海，最大时面积曾达 2 600 多 km²。至秦汉时期，尚有 720 多 km²，滋养着额济纳绿洲，曾孕育出闻名中外的古居延文明。

20 世纪初，德国、瑞士和中国专家组成的考察队到额济纳一带考察，报告称当时的东居延海依然一望无际，鱼和鸟种类繁多，可见当时存留的湖水面积仍然很大。1944 年，农业专家董正钧考察东居延海，曾留下记述："水色碧绿鲜明，水中富鱼族，大者及斤。鸟类亦多，千百成群，飞鸣戏水，堪称奇观。湖滨密生芦苇，粗如笔杆，高者及丈，能没驼上之人……"

然而，在自然变化以及沿线取水量增加导致黑河上游来水减少等因素的共同影响下，居延海的水面逐渐缩小，逐步分化为相距大约 30 km 的东、西两片，即人们所称的东居延海和西居延海。如今能观察到的水面只是东居延海。

到 1958 年，东、西居延海的水面已经分别减少为约 35 km² 和 267 km²。随后，由于黑河流域的工农业和城镇用水量快速增长。据水利部门的数据统计，黑河下游的水量由 20 世纪 50 年代初的 11.6 亿 m³ 减少到 7.3 亿 m³，其中进入额济纳绿洲的仅剩 3 亿 m³。

来水锐减，使两个湖泊的面积加速缩减，其中西居延海水面的萎缩速度尤其快，最终于 1961 年干涸，东居延海则于 1992 年干涸。天长日久，两个巨大的湖盆，成为我国西北地区的风沙源之一。

值得庆幸的是，自 2000 年实施黑河水量统一调度制度以来，随着地下水位的恢复，2003 年，已消失 11 年的东居延海湖盆首次过水，并且蓄积起稳定的水面，2004 年 8 月至今，湖面再未干涸。同时，消失已 55 年的西居延海，2016 年湖盆也大面积过水，只是由于干涸太久，积水很快就渗干了，未能形成稳定的水面。虽然居延海的湖面未能恢复到历史上的水平，但是黑河来水量增加，使当地的生态状况明显改善。

第 6 章　西部地区生态文明建设的成就

6.1　生态环境保护成效

西部地区是我国重要的生态源区，也是中东部地区重要的生态屏障。西部地区是我国重要的江河源区域，包含长江中上游、黄河中上游以及珠江中上游广大地区，同时又是西北季风的产生源地、上风口，中国的季风边缘带以及宁甘川滇梯度联结带都处于西部地区。西部的生态环境具体情况对中华民族的持续发展有直接性的关联，其生态建设不仅关系到西部地区的可持续发展，更影响着全国的生态安全。

6.1.1　弘扬生态涵养功能优势

西部地区通过积极发挥自然保护区在保留自然界天然本底、保护动植物多样性方面的作用，以保障国土生态安全、保护物种多样性。数据显示，2015 年西部地区自然保护区占辖区面积比重较高，达 17.83%，高于全国平均水平 14.8%[①]，是东部整体水平的两倍以上（图 6-1）。其中，西藏、青海、甘肃三省（区）自然保护区占辖区面积比例分别为 33.70%、30.00%、21.50%，为全国领先水平。

---

① 全国数据不含港澳台，以下同。

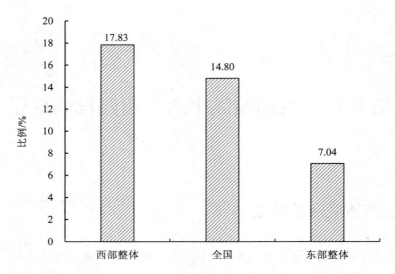

图 6-1　2015 年东西部及全国自然保护区占辖区面积比例

6.1.2　发挥环境质量标杆作用

我国许多重要的河流，如长江、黄河、珠江、澜沧江、雅鲁藏布江等都发源于西部地区，西部地区还拥有青海湖等众多湖泊。这些河流和湖泊不仅能为西部地区和全国的生产、生活提供用水，还对保持西部地区甚至全国的生态系统平衡起着重要的作用。

2015 年西部地区地表水体质量优于全国平均水平，明显高于东部地区平均水平（图 6-2）。其中，新疆、重庆的优于Ⅲ类水河长度均 100%优质。地处西北边疆的新疆，很多为限制开发区或禁止开发区，生态活力相对较好，水环境质量高。重庆致力于干流的水质保证、支流和城市水体水质的好转，通过《重点流域水污染防治规划（2011—2015 年）重庆市实施方案》等政策的实施，有效促进了重庆地表水体质量的恢复，积极把生态优势转化为环境容量。

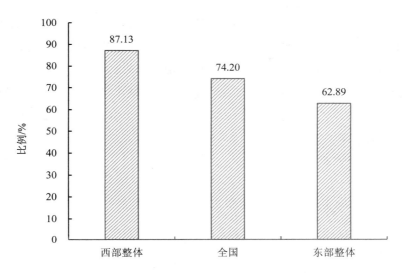

图 6-2　2015 年东西部及全国优于Ⅲ类水质河长度比例

　　2015 年西部整体环境空气质量明显优于东部以及全国平均水平（图 6-3）。西部基于产业结构、人口密度、地理区位等优势，重点监控城市的大气污染物排放量较低，环境空气质量状况处于较好水平。云南、贵州的环保重点城市空气质量达到及好于Ⅱ级的平均天数占全年比例分别为 95.76%、92.36%，质量优良。

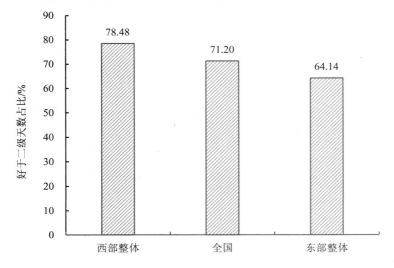

图 6-3　2015 年东西部及全国重点城市环境空气质量好于二级天数占比

　　西部土壤污染状况较轻。以化肥和农药施用强度为为例，2015 年化肥和农药施用量平均水平明显低于全国以及东部水平（图 6-4、图 6-5）。青海、贵州化肥施用超标量分别为–44.13 kg/hm²、–37.89 kg/hm²，成为全国仅有的化肥施用未超过国际公认的化肥安全使用上限（225 kg/hm²）的两个省份。宁夏、贵州农药施用强度居全国最佳水平，施用强度分别为 2.05%、2.48%，农产品安全健康程度最高，具有比较优势。

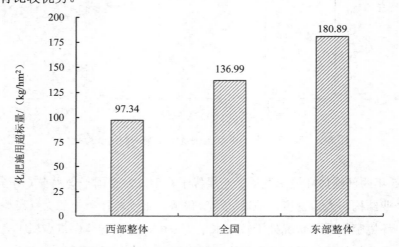

图 6-4　2015 年东西部及全国化肥施用超标量

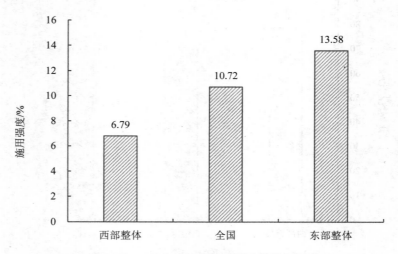

图 6-5　2015 年东西部及全国农药施用强度

6.2　经济社会发展成果

西部地区着力调整经济结构和改善民生，加快完善公共基础设施建设，推进公共服务体系均等化，统筹兼顾城乡，提高经济发展的质量，让群众共享改革发展成果，成效显著。2015 年内蒙古人均 GDP、人均可支配收入分别为 71 101 元、22 310.1 元，高于全国平均水平 49 992 元、21 966.2 元；重庆人均 GDP 52 321 元，跻身全国前列。

西部地区在提升国民教育质量、健全社会保障制度、提高群众健康水平、丰富群众文化体育生活等领域取得显著成绩。国家投入带动银行贷款以及多类社会资金进入西部地区，有力地支持了西部地区基础设施、科学教育、文化、卫生等领域的发展。2015 年西部地区一半省份人均教育经费投入超过全国平均水平2 398.45 元，其中西藏人均教育经费投入 4 809.76 元，位列西部地区第一，为经济社会发展提供了可持续发展的动力。

西部地区公共卫生医疗服务体系已较为完善。2015 年西部省份每千人医疗机构床位数高于全国平均水平（图 6-6），新疆、四川、青海分别以 6.37 张、5.96张、5.87 张跻身全国前列。

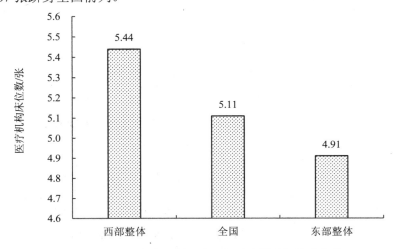

图 6-6　2015 年东西部及全国每千人医疗机构床位数

西部地区城镇化建设发展潜力和空间大。重庆、内蒙古城镇化率分别以60.94%、60.3%位列西部地区冠、亚军并跻身全国前列。西部地区在谋划实施五大功能区域发展战略、促进经济社会发展的同时，坚持走以人为核心的新型城镇化道路，因地制宜优化城镇体系布局与形态，加强对西部城镇的分类指导，提高城乡规划的科学性，兼顾、平衡生态环境保护与社会发展。

6.3 农产品和资源输出贡献

西部地区是全国的资源宝库，无论是常规化石能源（煤炭、石油、天然气），还是可再生的水能、风能、太阳能、地热能等资源，多集中分布在西部地区，相关资源输出对全国各地的贡献巨大。农林牧渔人均总产值、煤油气自给水平、用水自给水平 3 项指标，西部地区的转移贡献得分均高于全国平均水平，远高于东部地区。2015 年西部、全国、东部地区农林牧渔人均总产值分别为 7 938.55 元、7 788.07 元和 7 298.87 元。西部、全国和东部地区的煤油气能源自给率分别为 133.66%、81.79%和 47.88%。3 个地区的用水自给率①分别为 730.27%、458.16%和 347.17%。西部地区作为资源能源的储备库，正为其他省份持续输出肉蛋奶、煤油气以及水资源，是名副其实的水库、粮库、资源库。

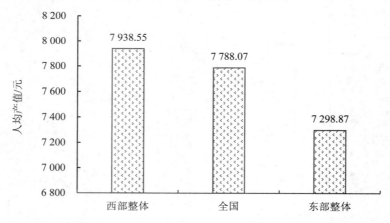

图 6-7　2015 年东西部及全国农林牧渔人均总产值

---

① 用水自给率，反映该地区水资源自给自足的能力，由地区的水资源总量除以地区用水总量得出该数据。

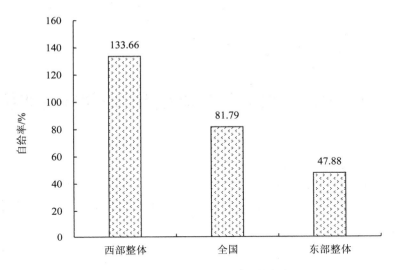

图 6-8　2015 年东西部及全国煤油气自给率

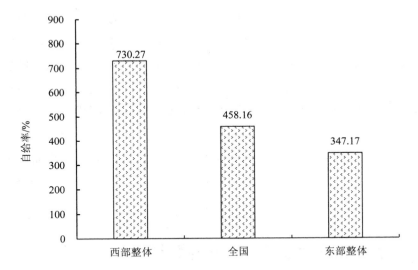

图 6-9　2015 年东西部及全国用水自给率

第7章 西部地区生态建设和保护的主要措施

长期以来，西部一些省份以经济建设为中心、忽视了生态环境保护，产生了许多生态环境问题。近年来，为了推进生态文明建设，西部各省份采取了多种措施和方法。

7.1 以植树造林为生态建设首要方式

"三北"防护林工程取得了显著效果。其中，陕西为了恢复良好的自然环境，坚持数十年在沙漠等生态脆弱地区进行大面积植树造林，率先在全国实施了大规模的退耕还林。近10年，累计造林6 877万亩，森林面积由9 552万亩增加到1.28亿亩，森林覆盖率由32.55%提高到43.00%，全省绿色版图向北推进了400多 km。为了汉丹江始终保持良好水质，确保"一江清水供京津"，提供近70%水量的陕南三市在矿产资源开发、产业产品发展、生产生活方式转变中为全国做出了巨大贡献。为了打造具有世界影响的生态名片，陕西对秦岭生态进行了全面保护与科学利用，现有森林公园、自然保护区、地质公园等各类风景名胜区90余处，总面积达到全省面积的20%。

7.2 以土壤治理为生态修复重点领域

土壤治理事关工业园区土地的高效利用、农业生产的优质高产、地下水资源的安全，是人类赖以生存发展的根本。内蒙古、新疆、陕西、甘肃、宁夏对土壤荒漠化问题一直坚持持续治理，由于治理和沙化处于博弈，效果上不胜明显。党的十八大以来，西北地区加大了治理力度，成效日益突出。西南省区在工业园区污染土壤治理上逐步推进，其中，广西完成的国内面积最大的土壤修复工程——
"广西环江毛南族自治县大环江流域土壤重金属污染治理工程项目"通过验收，形
成的"政府主导发力+科技支撑给力+农户实施出力"的农田修复模式，具有重要
的示范作用和推广价值。

7.3 以江河治理为生态建设重要内容

无论是以内陆河为主体的新疆，还是长江、黄河中上游的青海、西藏、陕西、
甘肃，抑或是西南水系中上游的云贵川桂，都选择了江河生态治理为核心，在水
资源开发过程中，对植被的保护、土壤保持十分关注。其中，开展系统性治理，
效果明显的首推陕西，陕西生态环境保护是以水为重点，通过"一河两江"综合
整治统筹实施的。按照"关中留水、陕南防水、陕北引水"的思路，突出治水兴
水的综合性、整体性和协同性，通盘考虑水资源、水灾害、水生态、水环境问题，
推进水质、水量、水能、水生物集成化管理，系统谋划建设全省水系，相继启动
了引汉济渭、渭河综合整治等一批大型水利工程，对推动区域水资源调配、打造
陕西经济升级版发挥了重要作用。

7.4 以限制开发为生态保护主要手段

根据国土开发方式，国土空间划分为优化开发、重点开发、限制开发和禁止
开发四大类主体功能区。其中西部地区更多的是要求限制开发和禁止开发。禁止
开发区域属于政策红线，突破的案例少，但对于西部城市周边、界限不清晰的限
制开发区域，在经济发展和政绩考核压力下，通过打擦边球、挖掘政策"潜力"，
屡屡突破限制，助长了不良风气，恶化了生态。党的十八大以来，西部省份，特
别是青海、西藏等省份，严格落实国家制定的政策和规划，以限制开发为主，引
导合理平衡开发为辅，逐步推进产业发展和生态文明建设。在经济发展和生态文
明建设之间，高原省区很好地守住了底线，坚持以生态为先，大力发展"蓝天圣
洁"产业，深挖高原优势产业，从文化、旅游、水资源、药材、农特产品等方面
拓展经济产业渠道，减轻生态压力。

7.5　以污染治理为生态控制直接目标

　　污染治理是西部省份首先关注的问题，特别是西部大中城市的生态环境治理，成为各省份的重中之重。无论是水体污染治理、土壤治理，还是固废处理、危废处理，都成为环保部门管理的焦点。西安、乌鲁木齐、兰州、重庆、成都、昆明、南宁等城市已经取得显著成绩，地县中小城市也按计划推进污染治理。特别是昆明市，在城市污染治理上下大力气，经过几年的治理，昆明逐步恢复了春城的景象，滇池重新迸发出勃勃生机。

第8章　西部地区生态文明建设进步指数

　　2016 年 12 月 22 日中共中央办公厅、国务院办公厅印发的《生态文明建设目标评价考核办法》，是贯彻落实中共十八大及十八届三中、四中、五中、六中全会精神的具体举措，为加快绿色发展，推进生态文明建设，规范生态文明建设目标评价考核工作提供标准方法。本书以《生态文明建设目标评价考核办法》为研究基础，结合西部实际设计评价体系，对西部地区生态文明建设的情况进行分析评价（分析的方法流程如图 8-1 所示）。

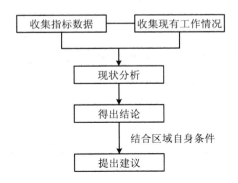

图 8-1　研究方法技术路线图

8.1　西部地区整体生态文明建设进步指数分析

8.1.1　西部地区生态文明建设进步指数

　　西部地区生态文明建设进步指数集中体现的是西部生态文明建设的发展

速度维度。西部地区生态文明建设进步指数主要包括两个部分的分析，首先是
2011—2015 年西部地区的进步指数研究，主要考察"十二五"期间西部地区的进
步态势；其次是西部地区各个年度的进步指数研究，主要考察西部"十二五"以
来的年度进步态势。

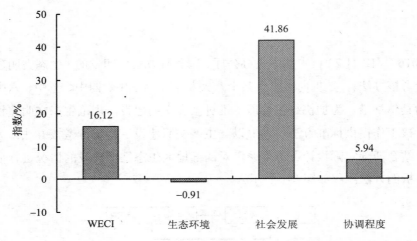

图 8-2　2011—2015 年西部生态文明建设进步指数

"十二五"期间进步指数分析显示，西部地区生态文明建设进步指数为
16.12%，总体上保持进步的态势，说明 5 年来西部生态文明建设取得了很大进步。
从生态文明建设的各核心领域来看，生态环境进步指数出现了 0.91%的小幅度下
滑，是唯一退步的领域。造成西部生态环境出现退步的原因是多方面的，既有自
然界的客观因素，也包含不科学的经济开发活动致使生态退步的主观因素，其中
不科学的经济开发活动造成水体、大气和土壤的污染是起主导作用的因素。西部
地区社会发展进步最为显著，进步幅度达 41.86%，是促进整体生态文明水平提升
的重要力量。但从社会发展水平来看，西部仍然与东部的社会发展水平存在一定
的差距，西部还需要在不破坏生态环境的前提下加快社会发展速度。协调程度进
步幅度为 5.94%，呈现出进步态势，凸显了经济建设与生态文明建设之间的张力，
也是西部地区进一步推进生态文明建设的着力点。

　　西部地区各年度生态文明建设进步幅度基本维持在 4%左右，只有 2012—

2013 年出现了较大退步。各年度西部整体生态文明建设进步态势如图 8-3 所示。

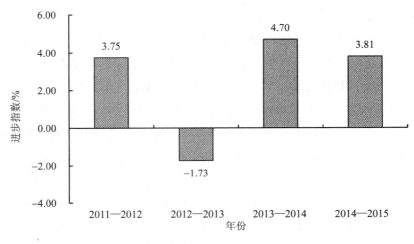

图 8-3 各年度西部生态文明建设进步指数

2012—2013 年度评价结果显示，只有社会发展领域的进步为 4.63%，生态环境和协调程度都出现不同程度的下降，协调程度降幅甚至超过 10%，这是导致 2012—2013 年西部生态文明建设呈现退步的主要影响因素。

表 8-1 各年度西部生态文明建设进步指数

年份	生态环境	社会发展	协调程度	生态文明建设进步指数/%
2011—2012	0.60	7.90	2.59	3.75
2012—2013	−4.59	4.63	−11.16	−1.73
2013—2014	1.56	8.91	5.26	4.70
2014—2015	2.29	5.19	6.65	3.81

8.1.2 生态环境建设进步待提速

西部地区是我国重要的生态安全屏障，西部生态系统具有重要的生态功能，可以防风固沙、调节气候、保持水土和维护生物多样性等。同时，由于地理位置等因素，西部的生态系统对我国其他地区会产生跨区域的影响，西部生态系统的有效保护，可以维护我国整体生态系统的稳定，促进西部地区的经济发展，为我国经济的发展做出贡献。

当前西部生态环境面临的主要问题有水资源分布不均衡、干旱灾害加剧、水土流失、沙漠化问题突出等现象，对生态环境的破坏造成了西部社会经济的损失，制约着西部社会的快速发展。"十二五"期间，西部生态环境总体呈现出退步态势，下滑幅度为0.91%。具体到每个年度来看，2011—2012年，西部生态环境进步指数为0.60%，进步幅度较小；2012—2013年西部生态环境指数出现了下滑，下滑幅度达4.59%；在2013—2014年、2014—2015年加快发展追赶上来，但进步依然不太明显。可以看出，2012—2013年生态环境的下滑导致了西部生态环境的退步。西部整体生态环境进步指数分析可以看出，"十二五"期间西部生态环境建设进步比较缓慢，西部还需要加强生态环境保护。西部整体生态环境进步态势和进步指数如图8-4所示。

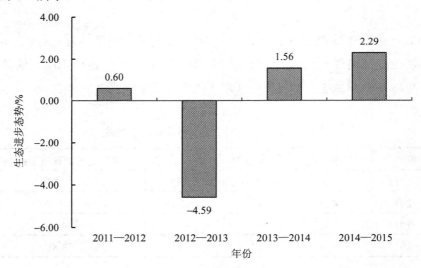

图8-4　各年度西部生态环境进步态势

西部整体的生态环境主要从自然保护区的有效保护、建成区绿化覆盖率、地表水体质量、重点城市环境空气质量、水土流失率、化肥施用超标量和农药施用强度7个方面来进行考察。但是，关于重点城市环境空气质量进步指数，数据统计口径不一致①，关于水土流失率进步指数，由于数据缺失，难以计算其进步指数。所以，本书从其余5个方面来考察西部生态环境进步指数发生变化的具体影响因素。

西部地区水资源现状是西南地区水资源丰富，而西北地区缺水。水资源条件决定了地区的生态承载能力和植被容量，是西部地区生态环境脆弱的主要原因之一。近几年西部地区缺水问题有所缓和，但部分地区水资源短缺问题依然较为突出。

"十二五"期间，地表水体质量逐年变好。优于Ⅲ类水河长度比例是衡量水体质量状况的重要指标。数据显示，优于Ⅲ类水河长度比例从2011年的77.38%上升到2015年的87.13%，提高幅度为9.75%，已成为推动西部整体生态环境进步的重要力量。

表8-2　2011—2015年西部生态环境状况

年份	自然保护区的有效保护/%	建成区绿化覆盖率/%	地表水体质量/%	化肥施用超标量/（kg/hm²）	农药施用强度/%
2011	18.18	36.46	77.38	74.63	6.43
2012	18.14	37.52	81.17	85.08	6.66
2013	17.84	37.28	81.68	88.50	6.66
2014	17.84	37.83	83.49	96.61	6.84
2015	17.83	37.80	87.13	97.34	6.79

西部整体生态环境仍然进步缓慢，主要影响因素包括：自然保护区占辖区面积比重不增反降，建成区绿化覆盖率虽然有进步但是发展速度也很低；长期的滥垦、滥采、滥牧和滥用水源造成西部地区干旱缺水、植被稀少、水土流失和沙尘暴加剧等问题，使得西部的生态环境变得很脆弱。造成西部生态环境进步放缓的重要原因是，西部化肥施用超标量逐年递升和农药施用强度的上升，化肥和农药的大量施用直接造成了土壤污染。数据分析显示，2011—2015年，西部化肥施用超标量逐年增加，从2011年的74.63 kg/hm²上升到2015年的97.34 kg/hm²，

① 2011—2015年《中国环境统计年鉴》每年统计重点城市数目不一样，如2012年和2013年《中国环境统计年鉴》统计重点城市为31个省会城市环境空气质量，2014年《中国环境统计年鉴》统计城市为74个，到2015年和2016年《中国环境统计年鉴》则增加到113个重点城市，这就造成了统计口径的不一致，所以无法计算进步指数。

增加幅度达 30.44%，农药施用强度从 6.43% 上升到 6.79%。多年来我国土壤污染加剧的原因主要在于化肥施用过量、农药使用过量和使用方式不科学造成的农残超标，农药和化肥施用过量直接导致生态环境恶化。总体上看，重金属和难降解的有机污染物长期累积，化肥、农药、农膜等投入品仍在增加，土壤污染防治任务艰巨。因此，要改善西部生态环境，就必须采取有力措施控制好农药和化肥的施用量，在制定防治土壤污染的措施时，必须考虑因地制宜、切实可行的方法，加强对土壤污染区的监测和管理，合理施用化肥和农药。

2017 年 6 月 22 日，十二届全国人大常委会第二十八次会议对《中华人民共和国土壤污染防治法（草案）》进行审议，这是我国国家层面制定的第一部土壤污染防治领域的单行法，我国的土壤污染防治领域有望取得较大突破。《中华人民共和国土壤污染防治法（草案）》（以下简称《草案》）提出化肥和农药使用的具体指导意见，要求使用符合标准的有机肥、高效肥；使用低毒、低残留农药、兽药和测土配方施肥技术、生物防治等病虫害绿色防控技术；《草案》还提出防治土壤污染应当以预防为主、保护优先、分类管理、风险管控、污染担责、公众参与，成为土壤污染防治的重要法规。

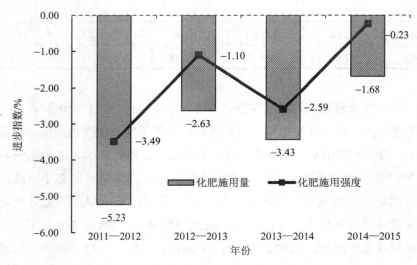

图 8-5　西部化肥施用超标量进步指数

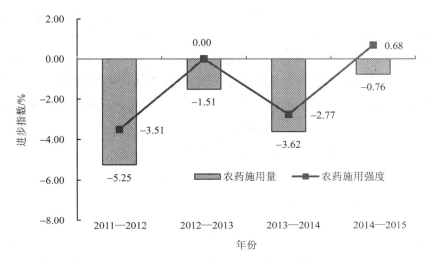

图 8-6　西部农药施用强度进步指数

　　西部地区生态环境的治理与保护，既关系到西部地区的可持续发展，也直接影响着东部、中部地区的发展环境。西部一定要实施生态环境工程，创造优美的环境，促进改变投资环境，避免西部地区走先污染后治理的老路子，有利于创建可持续发展机制。

　　西部在发展的过程中既要保证物质生产资料的顺利生产，也要协调好环境的建设，最终实现可持续发展。要改善西部生态环境，必须要加大环境污染综合治理，把解决大气、水、土壤污染等突出问题作为治理重点，全面加强环境污染防治，持续实施大气污染防治行动计划；加强水污染防治，开展土壤污染治理和修复，加强农业面源污染治理；加大城乡环境综合整治力度，大力开展退耕还林，多植树种草，继续推进天然林保护、京津风沙源治理、石漠化综合治理和防护林体系建设，努力保护好西部的生态环境。

8.1.3　社会发展进步显著

　　西部社会发展是推动我国生态文明建设进步的重要因素。"十二五"期间，西部地区社会发展取得瞩目的成就，人均收入有所提高，生活水平有所改善，企业发展状况良好。西部整体社会发展进步指数显示，"十二五"期间西部社会发展进步显著，各项社会事业取得了全面进展，西部整体的社会发展水平提高幅度达41.86%，是西部生态文明 3 个核心考察领域中进步幅度最大的一个。

虽然西部社会发展进步显著，但与东部地区相比，西部的社会发展水平依然比较落后，西部地区内部发展也不平衡，面临着巨大的经济发展任务，所以要把西部经济社会发展同全国的经济社会发展结合起来考虑，通过开发西部促进西部地区的经济振兴，从而促进全国的经济协调发展。

西部各年度的社会发展水平保持了较快的增长态势。2011—2012 年和2013—2014 年西部的社会发展进步指数都在 8%左右，其中 2012—2013 年，西部整体社会发展指数发生了下滑，降到了 4.63%。

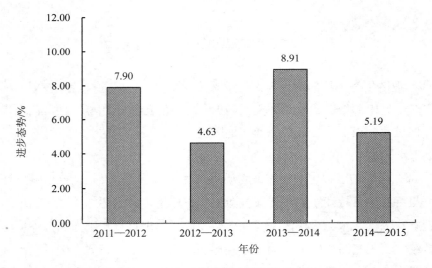

图 8-7　各年度西部社会发展进步态势

西部社会发展水平主要从人均 GDP、人均可支配收入、城镇化率、人均教育经费投入、每千人口医疗机构床位和农村改水率 6 个领域进行考察，但在近 5 年的统计数据中，人均可支配收入、人均教育经费投入和农村改水率缺失部分数据①，

---

① 人均可支配收入缺失 2011 年和 2012 年数据，所以只计算了 2013—2015 年的进步指数；人均教育经费投入缺失 2012 年数据，所以也只计算了 2011—2015 年"十二五"期间进步指数，没有进行年度进步指数的计算；农村改水率缺失 2015 年的数据，所以计算了 2011—2014 年四年的进步指数。

因而本书重点从人均 GDP、城镇化率和每千人口医疗机构床位 3 个领域来考察西部社会发展进步水平。

2011—2015 年，人均 GDP 由 27 672.40 元增加到 39 053.92 元，提升幅度最大，达到 41.13%，说明人均 GDP 增长依然是推动社会发展水平提升的重要力量，但是人均 GDP 年度增幅呈逐年放缓趋势，需要加以重视；人均可支配收入从 2013 年的 13 889.51 元增加到 2015 年的 16 832.93 元，上涨了近 3 000 元，说明西部的经济发展在持续提高，虽然西部整体的人均 GDP 和人均可支配收入与东部和全国相比还有一定的差距，但是发展速度超过东部和全国；城镇化率由 42.99% 提升到 48.74%，5 年内提升明显，表明西部的城镇化水平呈现出逐年进步的态势，城镇化率提高也推动西部的整体社会发展水平提高；每千人口医疗机构床位数由 3.94 张增加到 5.44 张，医疗卫生条件得以明显改善。

表 8-3　2011—2015 年西部社会发展状况

年份	人均 GDP/元	城镇化率/%	每千人口医疗机构床位/张
2011	27 672.40	42.99	3.94
2012	31 268.47	44.74	4.42
2013	34 392.22	45.98	4.83
2014	37 487.39	47.37	5.16
2015	39 053.92	48.74	5.44

为了促进西部地区经济的发展，缩小西部地区和东中部地区的发展差距，首先，国家要不断对西部加大财政投入，坚持要给西部以优惠的政策，要加大政府转移支付的力度，在基础设施和生态环境建设方面给予更多支持，改善困难地区的发展环境，进一步提高西部的教育、卫生、文化、社会保障等公共服务水平；其次，还应该通过改革和完善经济体制，扩大对内和对外开放，促进经济比较发达地区的资源、国内和境外的资源，能够在市场的驱动下更多地流向西部，从而缩小西部与东部和全国的差距；再次，促进西部社会发展，必须坚持社会经济和生态环境协调发展，坚持绿色生产方式和绿色生活方式，加快

转变经济发展方式，重点发展环保型的产业，多依靠科技进步大力推广资源利用率高、污染排放量少的设备和清洁生产技术，发展先进、实用、经济、节能、洁净的环保产品和设备，改变过多依赖增加物质资源消耗、过多依赖规模粗放扩张、过多依赖高能耗高排放产业的发展模式，把发展的基点放到创新上来，塑造更多依靠创新驱动、更多发挥先发优势的引领型发展，在促进社会发展的同时保护好生态环境。

8.1.4　协调发展尚存短板

深入推进西部地区生态环境保护与社会发展协调进步是我国实现全面建成小康社会和区域协调发展的重要内容。西部的协调发展关系到国家的根本利益，是实现全国共同发展和共同繁荣的需要。

西部整体协调程度进步指数分析显示，"十二五"期间，西部整体协调程度有所提高，进步幅度为 5.94%，整体上保持了进步态势。但从各年度进步指数来看，2011—2012 年西部地区协调程度进步指数为 2.59%；但 2012—2013 年却出现了下滑，下滑幅度达到了 11.16%，在 2013—2014 年和 2014—2015 年两个年度又保持 6%左右的上升幅度。

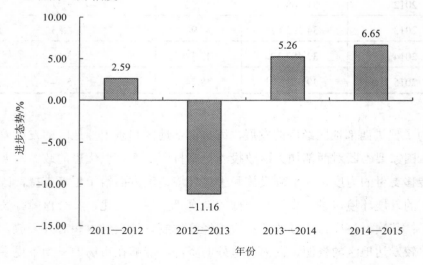

图 8-8　各年度西部协调程度进步态势

　　西部整体协调程度进步指数主要从工业固体废物综合利用率、城市生活垃圾无害化率、水体污染物排放变化效应和大气污染物排放变化效应 4 个方面的进步指数来进行考察。从图 8-9 中可以看出，除 2013—2014 年工业固体废物产生量进步指数和综合利用率进步指数都出现上升外，其他各年度相关数据都呈现出相反的趋势。因此，促进西部各省整体协调程度进步指数的上升，不仅要严格控制工业固体废物产生量，还要提高工业固体废物综合利用率。

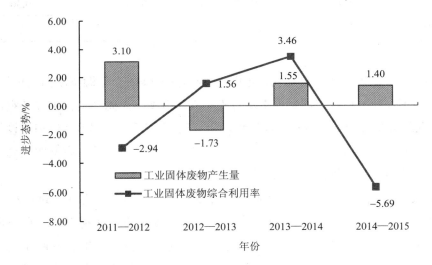

图 8-9　各年度西部工业固体废物综合利用率进步态势

　　西部自然资源优势分布不平衡，只有合理配置和利用资源，才能促进西部地区经济协调发展。西部整体协调程度原始数据分析显示，2011—2015 年，西部各省工业固体废物综合利用率水平一直不高，大部分都在 50% 以上；西部城市生活垃圾无害化率逐年提高，从 2011 年的 82.36% 提升到 2015 年的 91.75%，是西部整体协调程度发展的重要推动因素；西部地区的水体污染物和大气污染物排放量增幅明显，空气质量恶化趋势明显，是影响西部协调程度发展的短板。

表 8-4　2011—2015 年西部整体协调程度发展状况

年份	工业固体废物综合利用率/%	城市生活垃圾无害化率/%	水体污染物排放变化效应/（t/km）	大气污染物排放效应
2011	55.05	82.36	缺失	缺失
2012	53.44	84.40	10.42	0.17
2013	54.27	88.00	10.13	0.15
2014	56.15	91.02	6.70	−0.36
2015	52.95	91.75	12.19	2.26

　　西部地区生态环境十分脆弱，资源优势转化程度较低，能源资源消耗也很大，产业结构不合理，粗放型的发展格局也没有太大改变，生态环境保护任务艰巨。面对日趋紧张的生态、资源、环境形势，"十三五"期间，西部地区生态建设与环境保护要继续牢固树立"尊重自然、顺应自然、保护自然"的生态文明理念，把生态建设与环境保护放在经济社会建设的突出地位。

　　要实现西部的协调发展，首先，就必须对西部当前的生态环境进行科学评估，把生态环境的保护和建设放在第一位，注意资源的合理利用，特别是那些不可再生的资源，如能源、矿产、生物资源等的开发；要从生态条件和全局观念出发，坚持可持续发展战略，在充分论证、规划和坚持生态保护与建设的前提下，依法合理有效开发，决不能以牺牲生态环境为代价来谋得一时的经济利益。其次，西部地区要树立全面协调与可持续的发展观，要处理好产业发展和生态环境保护的关系，优化产业布局，坚决淘汰浪费资源、污染环境的落后产能，还要改善落后地区投资环境，为落后地区创造更多的发展机会，缓解地区差距扩大的趋势，逐步缩小地区居民生活福利差距，尽快补齐西部地区发展短板。最后，西部要不断巩固和推进重点生态功能区及重点生态建设工程，严守产业转移过程的产业准入制度，加大对科技创新能力的投资力度，实行严格的水资源、土地资源、用能量、排污量等总量控制制度，推进自然资源和环境资源产权制度改革，探索西部地区区域内水资源调配机制，使西部地区生态功能继续加强，资源效率显著提高，环境质量不断改善，建设一批生态园林城市和美丽乡村，使西部地区生态环境基础设施更加完善，为建设美丽西部和美丽中国奠定基础。

8.2 西部地区省域生态文明建设的特点

西部各省份生态文明建设进步指数显示，其发展态势与西部整体生态文明建设进步指数发展态势一致。从各省生态文明建设进步指数排名来看，2011—2015年，宁夏是西部各省份中生态文明建设水平进步最大的省份，主要得益于其生态环境、社会发展和协调程度3个核心领域的共同进步；其次为贵州，虽然其进步幅度不如宁夏，但其整体发展比较一致，生态文明建设进步指数排名第二。西藏的社会发展进步虽然较大，但是其协调程度拖了后腿，导致整体排名居中，新疆排名最后的原因则是由于其生态环境出现退步，社会发展和协调程度进步不大，导致整体生态文明建设水平进步最小。

8.2.1 各省域生态环境进步差距较大

"十二五"期间，西部地区12个省份生态文明进步指数总体呈现不同程度的进步，其中进步最大的省份是宁夏，达83.82%，主要得益于其生态环境的持续转好和协调发展能力的提升；贵州和甘肃也紧随其后，进步指数都达到了20%以上；进步最小的省份是新疆，进步指数为3.25%，主要是由于新疆的生态环境领域的短板制约着整体生态文明建设的发展速度。"十二五"期间各省生态文明进步态势和进步指数如图8-10所示。

总体来说，除2012—2013年有较多省份下滑外，大部分西部省份生态文明建设进步指数都出现不同幅度的进步。从各省份的发展进步指数来看，2011—2015年，宁夏和贵州在各年度进步最大，这得益于宁夏的生态环境和协调能力大幅度提升，以及贵州的社会发展提升幅度较大。

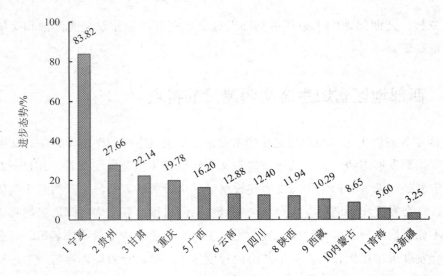

图 8-10 "十二五"期间西部各省份生态文明建设进步态势

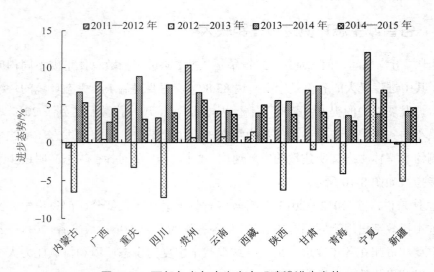

图 8-11 西部各省年度生态文明建设进步态势

"十二五"期间，西部各省份生态环境进步指数差距较大，西部有 6 个省份的生态环境呈现出进步态势，其他省份还面临挑战。纵观西部各省中只有宁夏一个省份在保持高速的增长速度，其进步幅度达 189.02%，远超过了其他各省份；

甘肃生态环境进步幅度次之，进步幅度为 12.84%；生态环境下滑幅度最大的为新疆，下滑幅度为 8.17%。

宁夏的生态环境的进步主要得益于其地表水体质量的大幅度提升。宁夏的水资源短缺和污染严重一直是影响其生态文明建设水平的重要因素，虽然目前宁夏依然存在水资源短缺的问题，但近年来，宁夏严格控制用水总量，优化用水格局，提高用水效率，加紧进行水污染治理，加强水土流失治理，已经取得了很大的成就。宁夏的生态环境在取得进步的同时，自然保护区的有效保护和重点城市环境空气质量进步指数下滑，成为影响其生态环境进步的短板。

甘肃生态环境进步主要得益于其自然保护区的大幅度增加和地表水体质量的持续变好，推动了整体生态环境的进步，但其大气污染物和水体污染物的排放还需要加以限制，水土流失问题需要治理；新疆生态环境进步指数垫底的主要原因是除其绿化覆盖率和地表水体质量有微弱进步外，其他各领域都出现一定程度的退步，如近年来新疆的城市空气质量出现了下降趋势，空气污染严重导致了新疆整体生态环境进步变慢。

2011—2015 年西部各省份生态环境进步指数及排名如图 8-12 所示。

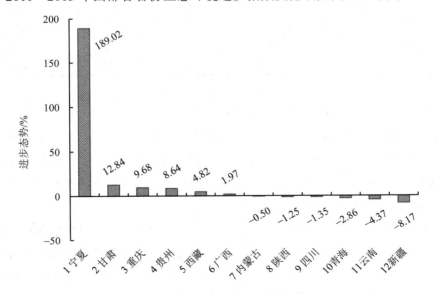

图 8-12　西部各省份生态环境进步态势

各年度生态环境进步指数来看，2011—2012年西部8个省份生态环境进步指数得到改善，其中宁夏进步幅度最大，达到13.25%，主要得益于其水体质量的变好；陕西进步幅度最小，仅为1.01%，主要是受到其化肥施用超标量较大影响；生态环境进步指数出现下滑幅度最大的省份为内蒙古，下滑幅度达到4.78%。各省份具体生态环境进步态势及进步指数见表8-5。

表8-5　各年度西部各省份生态环境进步指数　　　　　　单位：%

地区	2011—2012年	2012—2013年	2013—2014年	2014—2015年
内蒙古	−4.78	−11.60	8.86	11.06
广　西	4.49	−2.50	−0.92	1.18
重　庆	2.56	−4.76	14.49	−0.26
四　川	−0.59	−6.70	9.19	2.15
贵　州	5.05	−0.06	1.84	1.85
云　南	−0.74	−3.32	−0.07	0.04
西　藏	4.87	−9.75	19.74	−3.17
陕　西	1.01	−5.82	5.54	1.42
甘　肃	2.72	−2.38	8.67	4.02
青　海	1.05	−6.91	3.51	0.66
宁　夏	13.25	18.12	1.63	34.64
新　疆	−1.36	−7.67	−4.76	6.14

2012—2013年，西部各省份生态环境进步指数中只有宁夏一个省份保持快速的增长，其他各省份生态环境进步指数都出现了不同程度的下滑，其中内蒙古的下降幅度最大，达到11.60%，主要是受到其地表水体质量和重点城市空气质量下滑幅度较大影响；2012—2013年西部整体生态环境进步指数的下滑从整体上拉慢了整个2012—2013年生态文明建设进步速度。

2013—2014年，有9个省份生态环境进步指数出现进步，其中西藏进步幅度最大，进步幅度为19.74%，这主要得益于西藏建成区绿化覆盖率增长幅度的快速提升。但广西、云南、新疆3个省份生态环境进步指数出现下滑；2014—2015年，有10个省份生态环境进步指数出现进步，其中宁夏进步指数为这5年中进步幅度最大的一个省份，进步幅度达34.64%，重庆和西藏两省份生态文明建设进步指数出现轻微的下滑。

8.2.2 各省域社会发展全面推进

西部各省份社会发展不但得益于自身的努力，也与国家对西部发展的支持有重要关系。西部各省份社会发展进步指数分析显示，"十二五"期间，西部各省份社会发展水平均有显著提高，各项事业都取得较大进步。社会发展进步最大的省份是贵州，达 54.33%；其次为西藏，进步幅度达 39.47%；内蒙古社会发展进步指数垫底。

贵州和西藏社会发展水平进步大的原因是其各项核心领域的全面发展，贵州和西藏的人均 GDP、城镇化率、每千人口医疗机构床位都取得了巨大的进步，从整体上使得贵州和西藏社会发展进步指数排名前两名。内蒙古垫底的主要原因是其城镇化率进步较慢，并且其他各领域进步也不明显。总的来看，"十二五"期间各省社会发展趋势放缓，但是仍然在保持上升趋势。

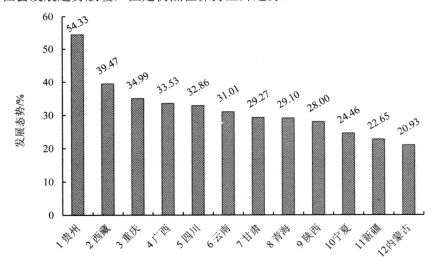

图 8-13 "十二五"西部各省份社会发展态势

2011—2012 年，在西部 12 个省份中，四川、贵州社会发展指数提升幅度最大，分别为 10.28% 和 14.75%，是因为其人均 GDP、城镇化率和每千人口医疗机构床位进步指数都有显著提高。西藏进步幅度最小，仅为 2.95%，主要是由于其城镇化率进步较小，并且每千人口医疗机构床位进步指数下滑严重导致西藏社会发展进步指数进步幅度最小。

2012—2013 年，虽然西部各省社会发展指数均有进步，但进步指数除西藏社会发展进步指数比上年度有所提高外，其他 11 个省份的社会发展指数均有一定程度的下滑，下滑的主要原因是人均 GDP、城镇化率和每千人口医疗机构床位进步指数下滑较多，西藏社会发展进步指数比上年度有所提高的主要原因是城镇化率和每千人口医疗机构床位进步指数的大幅度提升。

2013—2014 年，西部各省社会发展进步指数较上年度进步指数都有较大幅度提升，其中贵州和西藏社会发展进步指数提升幅度最大，分别为 12.72%和 11.33%，主要原因是其人均 GDP、城镇化率和每千人口医疗机构床位进步指数都有显著提高，带动其整体社会发展进步指数的提高。

2014—2015 年，西藏社会发展进步最大，进步幅度达 11.48%，主要得益于西藏的城镇化进步指数和每千人口医疗机构床位进步指数增强幅度大。内蒙古进步指数最小仅 3.15%，这源于内蒙古的城镇化率进步指数和每千人口医疗机构床位进步指数一直进步缓慢。各省社会发展进步态势和进步指数见表 8-6。

表 8-6　各年度西部各省份社会发展进步指数　　　单位：%

地区	2011—2012 年	2012—2013 年	2013—2014 年	2014—2015 年
内蒙古	6.74	2.46	7.11	3.15
广　西	9.92	5.36	8.96	5.50
重　庆	9.81	4.70	9.14	6.69
四　川	10.28	4.80	9.15	5.13
贵　州	14.75	8.48	12.72	8.73
云　南	8.56	5.03	8.65	5.51
西　藏	2.95	8.71	11.33	11.48
陕　西	9.49	2.46	8.63	4.24
甘　肃	9.21	4.07	9.27	4.21
青　海	8.55	4.65	6.97	5.96
宁　夏	6.62	4.65	6.30	4.80
新　疆	5.96	2.91	8.32	3.64

8.2.3　各省域协调程度升幅较小

西部各省份协调程度进步指数是影响西部生态文明建设进步指数的重要因素。西部各省份协调程度进步指数分析显示，"十二五"期间，西部地区有9个省份出现了不同程度的进步，其中排名前三的分别是宁夏、甘肃和贵州；新疆、青海和陕西3个省份出现退步，排名最后的是西藏。

4个年度中，只有2014—2015年西部各省的协调程度都保持了不同幅度的进步，宁夏是12个省份中唯一在5年中一直在保持不同幅度增长的省份，并且2012—2013年只有宁夏一个省份协调程度保持了增长。这主要得益于宁夏在加快工业经济发展进程中，大力推进循环经济发展，促进工业固体废弃物转化利用，积极培育新的经济增长点，并且在水体质量改善方面做出很大成绩。总之，宁夏协调程度进步指数能一直稳定发展的主要原因是其工业固体废物综合利用率、农村改水率和水体污染物排放变化效应进步指数在各年度都保持较高的增长。

"十二五"期间西部各省协调程度进步指数及排名如图8-14所示。

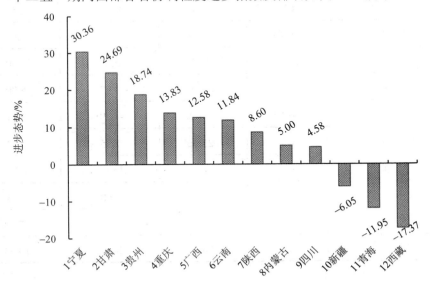

图8-14　"十二五"西部各省份协调程度进步态势

2011—2012 年，西部 12 个省份中，有 7 个省份协调程度进步指数出现上升，内蒙古、四川、西藏、青海和新疆 5 个省份出现不同程度的下滑；2012—2013 年，除宁夏协调程度进步指数上升外，其他 11 个省份都出现严重的下滑，其中内蒙古、四川、陕西和新疆下滑幅度甚至达到 20% 以上，其主要是由于大气污染物排放变化效应的严重下滑导致协调程度进步指数的下降。2013—2014 年，协调程度进步指数出现较大的进步，除广西和西藏有微弱的退步外，其他各省份都出现协调程度进步指数的上升。2014—2015 年，协调程度进步指数全面提升，没有出现下滑的省份，内蒙古、宁夏和新疆 3 个省份还出现 10% 以上的进步。各省协调程度进步指数见表 8-7。

表 8-7 "十二五"西部各省份协调程度进步指数   单位：%

地区	2011—2012 年	2012—2013 年	2013—2014 年	2014—2015 年
内蒙古	−4.72	−24.58	13.89	13.84
广 西	10.11	−4.90	−1.47	8.47
重 庆	4.35	−16.44	18.61	2.51
四 川	−0.45	−29.68	14.77	7.07
贵 州	11.31	−7.72	7.07	8.40
云 南	4.63	−3.28	3.97	6.00
西 藏	−6.67	−5.49	−0.30	3.07
陕 西	6.12	−23.66	7.95	7.43
甘 肃	9.05	−8.03	14.08	8.33
青 海	−1.22	−19.10	3.68	2.53
宁 夏	16.70	13.73	5.15	17.44
新 疆	−6.05	−20.32	3.88	10.94

8.3　西部与东部及全国生态文明建设进步指数比较

8.3.1　西部的生态文明建设进步幅度高于东部和全国

"十二五"期间，西部虽然与东部和全国一样都保持进步的态势，但西部的生态文明建设进步幅度明显高于东部和全国，从图 8-15 可以看出，西部领先的主要原因是西部社会发展进步的提升幅度超过东部和全国。如何看待东部地区和西部地区的社会发展增速差异？在当前国内外经济形势下，西部地区为何会保持较快增长？是否会重走东部"粗放发展"的老路？当前，西部社会发展进步的提升幅度超过东部和全国是源于西部赶超东部的意识强烈，且西部地区能源资源丰富，具备粗放发展的条件。尽管当前西部地区的发展有利于缓解我国稳增长压力，但西部地区经济总量仍然远低于东部，西部走粗放式发展老路的苗头值得警惕。西部地区必须坚持深化改革，特别是要切实转变观念，更加注重经济发展质量，而非数量上的扩张。

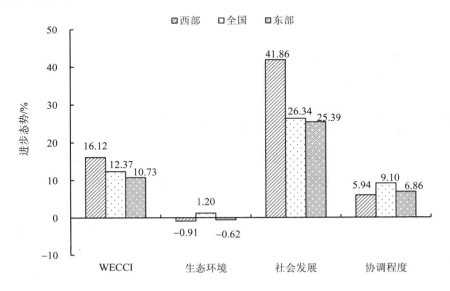

图 8-15　"十二五"西部、东部与全国生态文明建设进步态势比较

2011—2012 年，西部、东部与全国生态文明建设进步指数都保持 4%左右的进步态势，但 2012—2013 年，西部、东部与全国生态文明建设生态文明建设进步指数都出现了一定的下滑，下滑幅度都在 1%以上；2013—2014 年和 2014—2015 年又快速赶上，增长幅度都保持在 4%左右。西部、东部、全国整体生态文明进步态势与进步指数如图 8-16 所示。

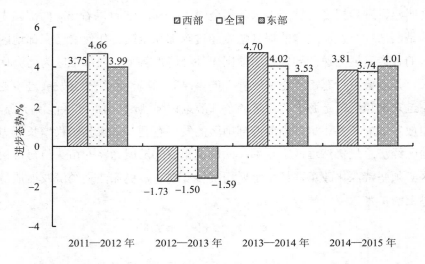

图 8-16 各年度西部、东部与全国生态文明进步态势比较

8.3.2 西部生态环境建设进步指数落后于东部和全国

"十二五"期间，西部的生态环境建设水平出现微弱的下滑，下滑幅度为 0.91%。整体上生态环境进步幅度落后于东部和全国，其中主要原因是西部对于农药和化肥的施用强度大于东部和全国。西部与东部、全国的生态环境进步指数基本上与生态文明建设进步指数一致，都是在 2012—2013 年出现了大幅下滑后，又在后面两年出现了 2%左右的进步，其中 2013—2014 年增强幅度最大。

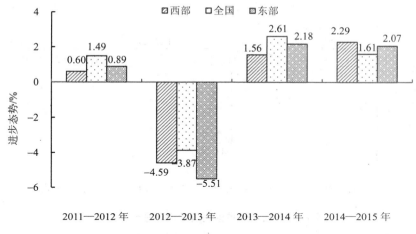

图 8-17　西部、东部与全国生态环境进步态势比较

　　造成 2012—2013 年西部生态环境进步放缓的主要原因，是自然保护区的有效保护进步指数、建成区绿化覆盖率进步指数、化肥施用超标量进步指数和农药施用强度进步指数发展速度都出现下滑。

　　自然保护区对于维护生物多样性、保障生态安全发挥了重要作用。2011—2015 年，西部整体自然保护区的有效保护进步指数与全国自然保护区的有效保护进步指数发展态势基本保持一致，但略低于全国平均水平。2012—2013 年西部整体与全国的自然保护区占陆地面积比例都发生了下降的趋势，也是导致 2012—2013 年整体生态环境退步的一个主要原因。自然保护区的有效保护进步态势如图 8-18 所示。

　　建成区绿化覆盖率是重要的表现城市生态系统健康程度的人居环境指标，建成区绿化覆盖率进步指数越高，说明城市生态环境也越来越好。2011—2015 年，西部整体和全国建成区绿化覆盖率进步指数变化趋势一致，其中西部整体绿化覆盖率进步指数变化幅度最大，在 2012—2013 年出现大幅度下滑，这也是导致西部整体生态环境进步指数在 2012—2013 年出现大幅度下滑的重要原因。建成区绿化覆盖率进步态势如图 8-19 所示。

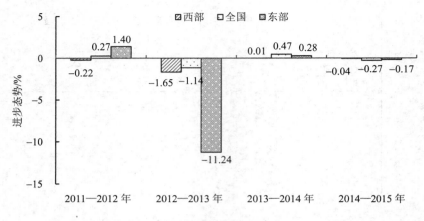

图 8-18 自然保护区的有效保护进步态势

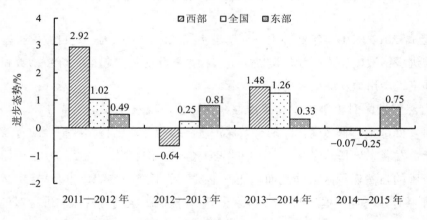

图 8-19 建成区绿化覆盖率进步态势

　　水资源与水环境是影响生存环境的重要因素,因而要考察地表水体质量的变化趋势。从表 8-8 可以看出,西部、东部与全国整体地表水体质量都在越变越好,优于Ⅲ类水河长比例在逐年上升,西部的地表水体质量从 2011 年的 77.38%上升到 87.13%,全国的地表水体质量从 64.2%上升到 74.2%,东部的地表水体质量从 53.10%上升到 62.89%,上升比例都在 10%左右。虽然增长幅度差不多,但是从地表水体质量的原始数据可以看出西部的地表水体质量总体上是优于东部和全国的,西部要在发展经济的同时保护好水资源。

表 8-8　2011—2015 年西部、东部与全国地表水体质量比较　　　　单位：%

地区	2011 年	2012 年	2013 年	2014 年	2015 年
西　部	77.38	81.17	81.68	83.49	87.13
全　国	64.2	67.0	68.6	72.8	74.2
东　部	53.10	54.60	56.53	61.38	62.89

　　水体质量进步指数的变化分析显示，2013 年前西部与全国的进步指数变化比较一致，增长幅度都是呈现下滑趋势；2013 年后西部进步指数直线上升，这说明政府越来越重视水体环境污染防治工作，加大了污水处理基础设施的建设，水体质量得到了改善，成为生态环境总体进步的重要推动力量。在水体污染有效治理方面，2013 年，浙江省丽水市试点河权改革，包河到户，以河养河，从而达到治污水、防洪水、排涝水、保供水、抓节水的目的，使得水体污染得到了有效治理，西部各省也可以根据实际情况推行这一创新手段，提高地表水体质量。

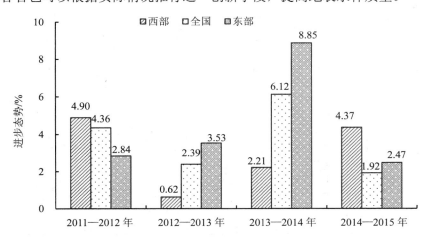

图 8-20　地表水体质量进步态势

　　农业污染是影响生态环境质量的重要因素，目前农村对于化肥、农药的过量施用造成严重污染，导致生态环境的退化。化肥施用超标量和农药施用强度作为反映土壤环境质量的重要指标，影响西部整体生态环境质量的好坏。化肥施用超标量数据分析发现，2011—2015 年，西部整体化肥施用超标量低于东部整体和全国，但是也发现西部化肥施用超标量增长幅度却超过东部和全国。从西部农药施用强度来看，虽然西部与东部和全国相比，农药施用强度不算高，但是西部整体趋势是逐年增加，如果不加以引导，农村化肥农药的污染必将影响整体的生态环境质量。因此，必须要引起重视，严格控制农村化肥和农药的施用量。

8.3.3 西部社会发展进步幅度领先东部和全国水平

"十二五"期间，西部社会发展进步指数为 41.86%，全国社会发展进步指数为 26.34%，东部社会发展进步指数为 25.39%，可以看出，虽然西部、东部与全国社会发展程度都持续平稳提升，但西部社会发展进步幅度领先东部和全国水平。

各年度西部社会发展进步指数与生态文明建设进步指数发展态势也比较一致，但西部的发展进步幅度要大于东部和全国水平，主要得益于西部地区具备较好的资源条件，又是承接东部产业转移的主要地区，能够很好地发挥后发优势，加上国家西部大开发战略的实施，西部地区迎来更多政策机遇，其发展步伐加快也在情理之中，这既有利于统筹区域经济发展，也有利于西部地区进一步缩小与东部地区的差距。西部、东部与全国社会发展进步态势如图 8-21 所示。

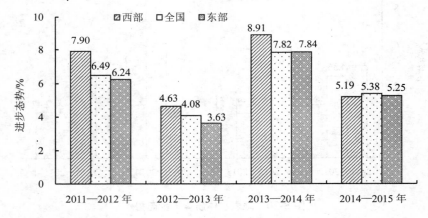

图 8-21 西部、东部与全国社会发展进步态势比较

"十二五"期间，西部经济社会发展取得巨大成就，人均 GDP 和城镇化率进步是推动社会发展的重要因素。2011—2015 年，西部人均 GDP 由 27 672.40 元增长到 39 054 元，增长幅度远超过东部和全国的水平，除 2014—2015 年，西部人

均 GDP 进步幅度都超过东部和全国的进步幅度；西部城镇化率由 42.99%进步到
48.74%，也是西部与东部、全国比较中进步幅度最大的；"十二五"期间，西部每
千人口医疗机构床位数与东部和全国相比也是一直领先的，说明西部的卫生医疗
水平也有所提高，西部居民的生活质量得到明显改善；农村改水率虽然缺失 2015
年的数据，但从 2011—2014 年的数据看，西部的农村改水率进步幅度也是大于东
部和全国的。

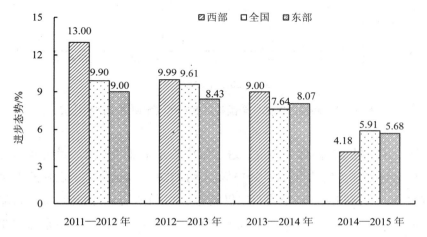

图 8-22　西部、东部与全国各年度人均 GDP 进步态势比较

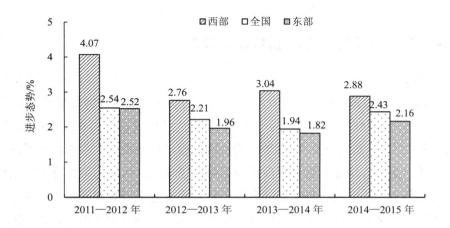

图 8-23　西部、东部与全国各年度城镇化率进步态势比较

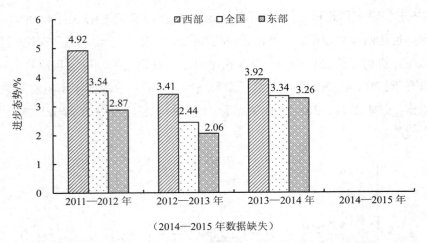

图 8-24　西部、东部、全国各年度农村改水率进步态势比较

"十二五"期间，西部社会发展进步幅度领先东部和全国，说明西部的整个社会发展态势良好。但从 2011—2015 年人均 GDP、城镇化率、农村改水率的原始数据来看，西部与东部和全国相比仍然有一定差距，虽然西部承接了东部产业转移并取得长足进展，但是还未形成大规模转移的局面，还需加快东部产业向西部转移，缩小东西部差异。西部的社会发展不仅要靠国家的重点扶持，也要靠西部各省自身努力，发挥积极主动性，不但要发挥好西部自身生态环境的良好优势，还要全面提升社会发展水平。

8.3.4　西部协调程度进步幅度波动较大

东西部发展的进程需要通过协调发展、统筹兼顾，抓好全局与局部，最终达到东部地区和西部地区共同进步。"十二五"期间，西部协调程度进步指数为5.94%，全国协调程度进步指数为 9.10%，东部协调程度进步指数为 6.86%，数据分析显示，"十二五"期间，西部地区的协调程度进步指数低于东部和全国进步指数。西部、东部、全国的协调程度进步态势比较来看，西部协调程度进步指数波动大于东部和全国。西部与东部、全国的协调程度进步指数发展态势与生态文明建设进步态势基本一致，2012—2013 年出现 10%左右幅度的下滑后，又在随后两年出现了 7%左右的增长，这说明协调程度进步指数对生态文明建设进步指数的提升具有重要的意义。各年度协调程度进步态势如图 8-25 所示。

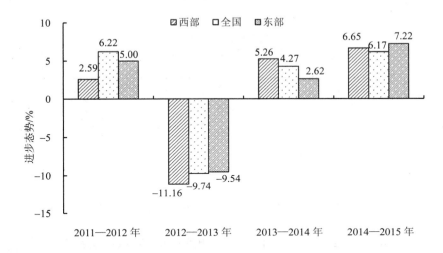

图 8-25 西部、东部与全国协调程度进步态势比较

　　西部协调程度整体进步指数不高的原因，主要是由于其工业固体废物综合利用方面进步缓慢。工业固体废物的危害主要有污染空气、土壤和地下水，并且影响人的身体健康。工业固体废物综合利用率原始数据分析显示，2011—2015 年，西部整体的工业固体废物综合利用率都小于东部和全国，西部在工业固体废物综合利用方面还要加大力度，加强资源综合利用与环境治理能力。

　　控制工业固体废物对环境污染和人体健康的危害，首先，要实行对固体废物的资源化、无害化和减量化处理，固体废物的无害化处置是指经过适当的处理或处置，使固体废物或其中的有害成分无法危害环境，或转化为对环境无害的物质，常用的方法包括土地填埋、焚烧法和堆肥法。其次，还要利用对固体废物的再循环利用，回收能源和资源。对工业固体废物的回收，必须根据具体的行业生产特点而定，还应注意技术可行、产品具有竞争力及能获得经济效益等因素。工业固体废物综合利用率进步指数分析显示，除 2013—2014 年西部工业固体废物综合利用率进步指数超过东部和全国外，其他年度西部进步幅度都小于东部和全国，说明西部的工业固体废物综合利用率还需要加快步伐。

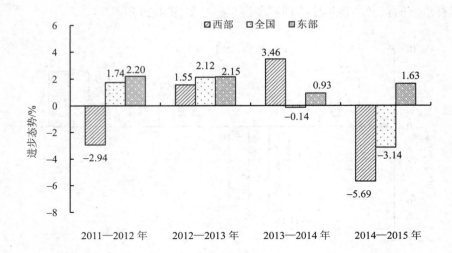

图 8-26　西部、东部与全国工业固体废物综合利用率进步态势比较

　　城市生活垃圾无害化率数据分析显示，2011—2015 年，西部城市生活垃圾处理率由 82.36%增加至 91.75%，西部整体的城市生活垃圾无害化率在逐年上升，但微弱落后于东部和全国水平。表明西部在城市生活垃圾无害化处理方面虽然取得较大进步，但还需要加倍努力，政府要加快生活垃圾处理设施建设，完善收运系统，健全再生资源回收利用网络，加强生活垃圾分类回收与再生资源回收的衔接，提高城市生活垃圾无害化处理率。还要指导一批西部城市创建国家生态文明建设示范区和国家环保模范城市，建设诗意的栖居城市。城市生活垃圾无害化率见表 8-9。

表 8-9　2011—2015 年西部、东部与全国城市生活垃圾无害化率比较　　单位：%

区　　域	2011 年	2012 年	2013 年	2014 年	2015 年
西　　部	82.36	84.40	88.00	91.02	91.75
全　　国	79.8	84.8	89.3	91.8	94.1
东　　部	83.05	88.82	92.76	94.81	95.72

从水体污染物排放来看,"十二五"期间,西部、东部与全国的化学需氧量排放量和氨氮排放量都呈现出逐年下降的趋势,但是从水体污染物排放量进步态势来看,西部的化学需氧量排放量进步幅度和氨氮排放量进步幅度低于东部和全国。

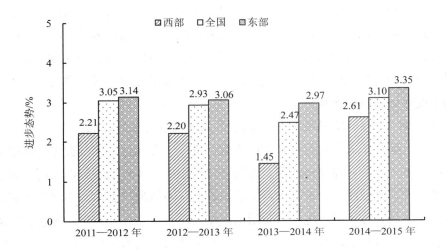

图 8-27 西部、东部与全国化学需氧量排放量进步态势比较

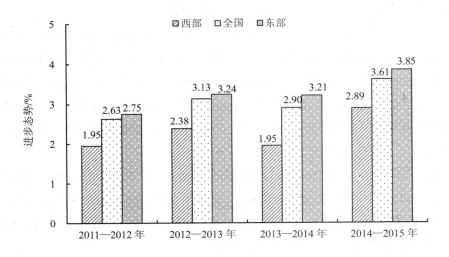

图 8-28 西部、东部与全国氨氮排放量进步态势比较

　　"十二五"期间,西部的化学需氧量排放量从2011年的6 319 073 t下降到2015年的5 800 745 t,下降了618 328 t,下降幅度达8.20%;西部的氨氮排放量从2011年的619 392 t下降到2015年的564 534 t,下降了54 858 t,下降幅度达8.86%,说明西部在水体污染防治和水环境治理方面做出了很大努力,努力减少了水体污染物排放。防治水污染、保护水环境,是西部地区乃至全国环境保护工作的当务之急。在水环境保护方面,西部面临的主要挑战在于,水环境质量改善工作没有有效统筹水资源开发、水污染治理和水生态保护,流域环境综合管理薄弱。与治污减排方面的工作相比,西部在生态活力、环境容量方面的保障举措,与污染减排的力度相比,有待加强。

　　十二届全国人大常委会第二十八次会议对《水污染防治法修正案(草案)》进行二审,新增了关于实行河长制的规定,进一步强化地方政府责任。该草案指出,省、市、县、乡建立河长制,分级分段组织领导本行政区域内江河、湖泊的水资源保护、水域岸线管理、水污染防治、水环境治理等工作。西部各省防治水体污染,应从整体出发,走综合防治的道路,综合运用行政管理、法制、经济和工程技术等多种措施进行防治,使其恢复和保持良好的水质及正常使用价值。另外,还要推行清洁生产、回收有用物资、发展节水型工业,通过调整工业结构和改善工业布局等调控措施,提高资源利用率和生产效率,减少污染源的排放,不仅提高经济效益,而且更有效达到环境治理的目标。

　　"十二五"期间,西部、东部和全国的二氧化硫排放总量都呈现出下降的趋势,西部的二氧化硫排放总量从2011年的8 089 831 t下降到2015年的6 899 937 t,下降了1 189 894 t,下降幅度达14.71%;除2012年西部的氮氧化物排放总量增长外,其他年份的西部、东部和全国的氮氧化物排放总量总体上也呈现下降趋势,其中西部的氮氧化物排放总量从2011年的6 785 686 t下降到2015年的5 516 907 t,下降幅度达18.70%。

　　从二氧化硫和氮氧化物排放总量进步态势来看,西部在2014年之前进步幅度是低于东部和全国的,但2014—2015年有追平并超过东部和全国的态势。西部、东部和全国的烟粉尘排放总量一直处在波动的状态,但总体上排放总量是增长的,说明全国都存在烟粉尘排放控制不力的问题。

　　西部要治理大气污染,首先,政府发挥自身的行政力量,严格控制大气污染物排放，使其在生态环境承载力范围内；其次，要调整能源战略，采用清洁能源，大力开发利用水能、核能、生物质能和其他清洁能源。

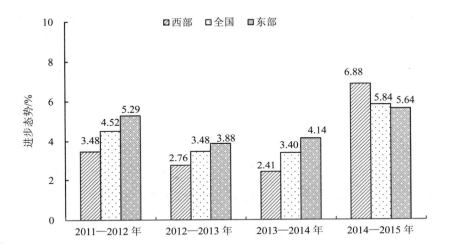

图 8-29　二氧化硫排放总量进步态势比较

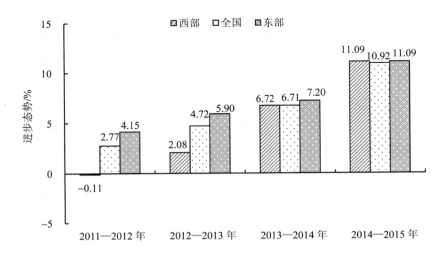

图 8-30　氮氧化物排放总量排放量进步态势比较

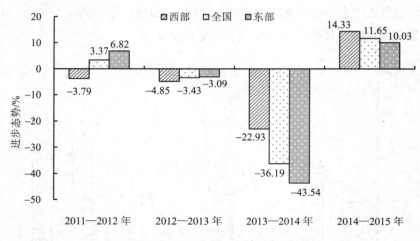

图 8-31　烟（粉）尘排放总量进步态势比较

党的十九大报告指出："我们要建设的现代化是人与自然和谐共生的现代化，既要创造更多物质财富和精神财富以满足人民日益增长的美好生活需要，也要提供更多优质生态产品以满足人民日益增长的优美生态环境需要。"[①]西部地区要实现人与自然和谐双赢的文明，就必须要坚持经济社会发展与生态环境建设的协调统一与可持续。当前，西部地区的生态环境面临严峻的形势，发展状况不容乐观，生态环境的破坏在一定程度上阻碍了西部地区的经济发展，也给当代以及后代西部人造成了巨大的损失。西部作为我国提升经济和生态协调发展的战略性要地，要制定长期发展战略，逐步推进生态环境与社会经济的协调发展。我们既要保护好西部的生态环境，也要在生态承载力范围内实现西部社会发展，要坚持和贯彻新发展理念，正确处理经济发展和生态环境保护的关系，像保护眼睛一样保护生态环境，像对待生命一样对待生态环境，坚决摒弃损害甚至破坏生态环境的发展模式，坚决摒弃以牺牲生态环境换取一时一地经济增长的做法，让良好生态环境成为西部人民生活的增长点、西部经济社会持续健康发展的支撑点，让西部大地天更蓝、山更绿、水更清、环境更优美。

---

① 决胜全面建成小康社会 夺取新时代中国特色社会主义伟大胜利[EB/OL]. http://www.qstheory.cn/dukan/qs/2017-11/01/c_1121886256.htm，2017-11-05.

第9章 西部地区各省域生态文明建设

9.1 内蒙古自治区

9.1.1 内蒙古概况

内蒙古自治区的面积 118.3 万 km^2，地跨"三北"，是横亘在祖国北疆的重要生态屏障。由于特殊的地理位置，形成了稀疏的植被、大面积的沙质地面、强劲的风力和少而集中的降雨等脆弱自然生态环境特征。全国风蚀沙漠化土地中，每年增加的荒漠化土地约有一半以上发生在内蒙古。全区荒漠化土地总面积约占全区土地总面积的 55%。自治区 101 个旗（县、市、区）有 60 个存在水土流失灾害，其中黄河流域最为严重。黄河流域地区每年向黄河输送泥沙 1.8 亿 t。近年来，在国家专项资金的支持下，自治区政府部署并实施了多个生态治理专项，包括防护林建设、沙漠化治理、工业园区土壤治理、河流整治、饮水工程修建、水源地保护等，取得较好的社会效益和生态效益。内蒙古有"东林西矿、南农北牧"之称，地域辽阔，地层发育齐全，岩浆活动频繁，成矿条件好，矿产资源丰富同时也是中国最大的草原牧区。

内蒙古作为传统的经济大省在经济发展、人民生活水平等方面，在西部省份中有巨大优势。作为传统资源型经济强省，内蒙古在经济社会发展进程中依托矿产资源等优势取得经济高速增长。在城镇化水平较高的背景下，内蒙古社会经济发展重点在于加快完善公共基础设施建设，推进公共服务体系均等化，统筹兼顾城乡、统筹兼顾新兴城市与传统工矿区，提高经济发展的质量，让群众共享改革发展成果。2015 年，内蒙古人均 GDP 为 71 101 元、人均可支配收入为 22 310.1 元、城镇化率 60.3%，在西部地区中排名分别为第 1 位、第 1 位、第 2 位。同年，内蒙古人均教育经费投入 2 552.41 元、每千人口医疗机构床位数 5.33 张，居西部中上游水平，位列西部地区第 5 位、第 7 位，农村改水率位列第 9 位（西藏缺项）。

9.1.2　内蒙古生态文明建设的基本特征

《中国省域生态文明状况评价报告・2017》[①]对内蒙古自治区生态文明六大分领域的分析结果是：生态制度分领域得分高居全国第 2 位；生态环境、生态生活分领域得分也高于全国总体水平；而其他 3 个领域得分则低于全国总体水平，尤其是生态空间、生态经济分领域，分别居全国第 29 位、第 25 位。由此来看，内蒙古自治区生态文明六大领域发展水平较低且不均衡，有待通过加强自然生态保护、促进产业转型升级等措施，提升生态文明建设水平。如图 9-2 所示。

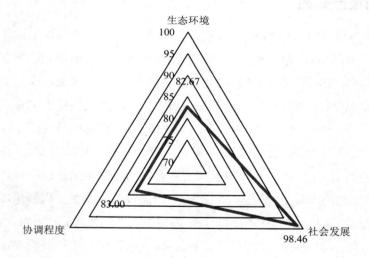

图 9-1　内蒙古生态文明建设评价雷达图

---

① 近年来，中国生态文明研究与促进会围绕党和国家生态文明建设的总体要求、目标和任务，坚持导向性、系统性、科学性、动态性等基本原则，以生态空间、生态经济、生态环境、生态生活、生态文化、生态制度六大领域为重点，探索建立省域生态文明状况评价体系，并组织开展全国除港澳台外 31 个省（区、市）生态文明状况评价工作。目前，《中国省域生态文明状况评价报告》已连续发布 3 年，评价体系及方法日趋成熟，并得到了各省及社会各界的广泛好评、支持及认可。后同。

表 9-1　内蒙古 2015 年生态文明建设评价结果

一级指标	二级指标	三级指标	指标性质	指标数据	西部排名
生态文明指数（WECI）	生态环境	自然保护区的有效保护	正指标	73.49%	6
		建成区绿化覆盖率	正指标	39.2%	4
		地表水体质量	正指标	74.9%	9
		重点城市环境空气质量	正指标	73.49%	7
		水土流失率	逆指标	67.20%	11
		化肥施用超标量	逆指标	78.12 kg/hm^2	7
		农药施用强度	逆指标	4.36 kg/hm^2	6
	社会发展	人均 GDP	正指标	71 101 元	1
		人均可支配收入	正指标	22 310.1 元	1
		城镇化率	正指标	60.3%	2
		人均教育经费投入	正指标	2 552.41 元	5
		每千人口医疗机构床位	正指标	5.33 张	7
		农村改水率	正指标	65.98%	9
	协调程度	工业固体废物综合利用率	正指标	46.14%	10
		城市生活垃圾无害化率	正指标	97.7%	4
		水体污染物排放变化效应	正指标	8.28	4
		大气污染物排放变化效应	正指标	2.20	8

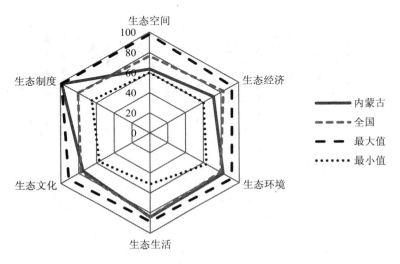

图 9-2　内蒙古生态文明建设分领域状况

从具体指标来看，在生态空间领域，内蒙古自治区"植被覆盖指数（E1）""水网密度指数（E2）""自然保护区面积占辖区面积比重（E3）"得分均明显低于全国总体水平。生态经济领域，内蒙古自治区"能源节约（E5）""主要污染物排放强度（E8）"两项指标得分明显低于全国总体水平，分别列第28位、第27位，"工业资源节约（E6）"得分较全国总体水平略低，"化肥、农药施用强度（E9）"得分则处于较高的水平，居全国第5位。生态环境领域，内蒙古自治区"大气环境质量（E10）"得分高于全国总体水平，"水环境质量（E11）"得分较全国总体水平低，"水土流失及治理（E12）"得分则处于较低水平，居全国第29位，"生态足迹/生物承载力（E13）"满分。2015年内蒙古自治区无"突发环境事件（E14）"发生，得满分。"公众对生态环境的满意率（E15）"居全国第3位。生态生活领域，内蒙古自治区"城镇人居环境（E16）"得分与全国总体水平大致相当，"农村人居环境（E17）"得分较全国总体水平略低，"居民生活行为（E18）"得分则高于全国平均值，居第10位。生态文化领域，内蒙古自治区"公众生态文明知识知晓度（E19）"及"国家级生态文明建设县（市、区）相关创建比例（E21）"两项指标得分在全国处于下游水平，"环境信息公开（E20）"得分则较高，排第7位。生态制度领域，内蒙古自治区"生态文明制度建设（E22）"得分满分，"生态保护与治理投资（E23）"得分居全国第3位。如图9-3所示。

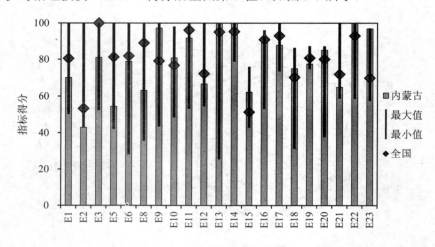

图9-3　内蒙古生态文明状况评价指标分析

9.1.3 内蒙古生态文明建设的重点领域

（1）国土空间格局优化

内蒙古着力构建国土空间的"三大战略格局"：构建"沿线、沿河"为主体的城市化战略格局，推进形成呼包鄂城镇群和沿交通干线、沿黄河产业带，推进形成海拉尔、乌兰浩特、赤峰（红山、松山、元宝山）、锡林浩特等区域性中心城市和沿交通干线、沿主要河流产业带，推进形成满洲里、二连浩特重点开发开放试验区。构建以河套—土默川平原农业主产区、西辽河平原农业主产区、大兴安岭沿麓农业产业带、呼伦贝尔—锡林郭勒草原畜牧业产业带为主体的"两区两带"农业战略格局；构建以大兴安岭和阴山为生态屏障，以沙地防治区、沙漠防治区和黄土高原丘陵沟壑水土保持区为主体，以点状分布的禁止开发区域为重要组成的生态安全战略格局。

（2）生态文明体制改革

①自然资源资产产权制度建设。内蒙古启动了对水流、森林、草原、滩涂等自然生态空间的调查工作，完成集体林地确权面积 3.26 亿亩；制定了自然资源资产负债核算试点方案和编制自然资源资产负债表总体方案。

②国土空间开发保护制度建设。内蒙古编制了本辖区的主体功能区规划，健全了基于主体功能区的区域政策。同时扎实推进红线管理制度，加快全区基本草原红线、基本农田红线、水资源管理"三条红线"（开发利用控制、用水效率控制、水功能区限制纳污）、林业"四条红线"（林地和森林、湿地、沙区植被、物种）划定工作。

③资源总量管理和全面节约制度建设。内蒙古印发了《内蒙古自治区实行最严格水资源管理制度考核办法》。

④资源有偿使用和生态补偿制度建设。内蒙古完成了 26 个半农半牧区和草原面积较大的城市郊区的基本草原划定工作，制定了草原生态保护监测评估制度、草畜平衡制度和新一轮草原生态保护奖补实施方案。

⑤环境治理体系建设。内蒙古加快淘汰落后产能步伐，深入推进大气污染防治，与北京、天津、河北、山西、山东 5 省（市）建立了跨区域大气污染防治协作机制，内蒙古 16 个部门建立了会商联动机制，重污染天气预警平台已上线运行。

⑥环境治理和生态保护市场体系建设。内蒙古推进排污权交易、水权跨盟市交易试点和跨区域碳排放权交易体系建设，541 家企业开展主要污染物排污权交易，26 家重点企业已纳入京蒙碳排放权交易体系；设立内蒙古环保基金，打造环保基金、技术服务、环保产业、排污交易 4 个平台。

⑦生态文明绩效评价考核和责任追究制度建设。内蒙古探索生态文明建设责任追究制，在 7 个盟市、旗县开展领导干部自然资源资产责任审计试点。

（3）生态环境质量改善

"十二五"期间，内蒙古的生态环境持续改善。内蒙古加快建设我国北方重要生态安全屏障，生态环境状况实现总体遏制、局部好转，美丽内蒙古建设取得明显成效。累计投入 546 亿元，实施五大生态工程和六大区域性绿化工程。争取国家出台草原生态补奖政策，将 10.1 亿亩可利用草原全部纳入保护范围，投入草原生态补奖资金 300 亿元，惠及 146 万户、534 万农牧民。森林面积由 3.6 亿亩增加到 3.8 亿亩，草原植被盖度由 37%提高到 44%。环境保护工作力度明显加大，全面完成了国家下达的节能减排目标任务。

（4）生态经济体系构建

①产业结构不断优化。近年来，随着西部大开发战略深化和"一带一路"战略的实施，内蒙古经济发展水平明显提高，主要表现为经济总量稳定增长、产业结构不断优化。2015 年内蒙古生产总值 17 831.51 亿元，比 2010 年的 11 672.00 亿元增长了 52.77%，其中第一产业、第二产业、第三产业的产业结构从 2010 年的 9.4∶56.5∶36.1 调整为 9.1∶50.5∶40.4，第三产业占比不断上升。

②对外开放格局不断优化。内蒙古全面扩大对内对外开放。深入落实国家"一带一路"战略，积极推进中蒙俄经济走廊建设，创新与俄罗斯、蒙古合作机制。大力推进基础设施互联互通。在国家的统筹推动下，加快建设连接俄罗斯、蒙古的重点铁路、公路项目，积极推进海拉尔—满洲里高速公路、满都拉—白云鄂博、乌里雅斯太—珠恩嘎达布其等口岸公路项目，力争年内开放鄂尔多斯国际航空口岸。加强开放平台载体建设。加快满洲里和二连浩特开发开放试验区、呼伦贝尔中俄蒙合作先导区建设，争取二连浩特—扎门乌德跨境经济合作区获得批复，实现满洲里综合保税区封关运营。加快推行"三个一"联合监管模式，深化大通关改革。全方位加强交流往来。积极开展与俄罗斯、蒙古在教育、文化、医疗、体育、科技、旅游

等方面的人文交流，加强与俄罗斯、蒙古地方政府及部门间的定期协商会晤。推动外贸向"优进优出"转变。优化对俄罗斯、蒙古贸易结构，支持先进技术设备、关键零部件进口，扩大国内短缺资源性商品进口，为企业在境外开展承包工程和劳务合作创造条件。支持产能过剩企业"走出去"，开展国际产能合作。大力发展新兴贸易方式，支持企业开展跨境电子商务。全面提升区域经济协作水平。借助清洁能源基地平台，推动与京津冀、环渤海、长江经济带的合作。加快建设呼包银榆等经济合作区，深化京蒙区域合作，加强与港澳台地区的交流合作。发挥内蒙古自治区土地、电力优势，通过园区共建等方式，加快承接高水平产业转移。

（5）生态文化宣传教育

内蒙古印发《〈内蒙古自治区生态环境保护"十三五"规划〉的通知》，强调加强宣传教育，培育生态理念，要求准确把握宣传教育在环境保护工作的核心定位，全面加大生态环保宣传教育力度，提高全社会生态环境保护意识。建立新闻发布机制，建设新媒体矩阵，充分发挥传统媒体和新媒体作用，营造公众参与氛围。加强生态文化理论研究，鼓励生态文化作品创作。组织环保公益活动，丰富环保宣传产品。抓好生态环境教育等各类培训，推进环境友好学校、环境教育基地等示范创建活动。加强环保社会组织、环保志愿者的能力培训，引导培育环保社会组织专业化成长。加强宣教能力建设，整合宣教资源、加强队伍建设，提高宣教工作专业化水平。地方各级人民政府、教育主管部门和新闻媒体要依法履行环境保护宣传教育责任，把环境保护和生态文明建设作为践行社会主义核心价值观的重要内容，实施全民环境保护宣传教育行动计划。引导抵制和谴责过度消费、奢侈消费、浪费资源能源等行为，倡导勤俭节约、绿色低碳、文明健康的生活方式和消费模式，形成崇尚生态文明、共促绿色发展的社会风尚。

（6）宜居生活体系建设

①基础设施建设迈上新台阶。内蒙古围绕基础设施建设，提高投资的有效性和精准性，加快构建适应发展、适度超前的基础设施保障体系，同时推进城乡规划、基础设施、基本公共服务一体化发展，增强城镇对农村牧区的反哺和带动能力。

②精准扶贫得到有效推进。内蒙古大力实施扶贫开发、百姓安居和创业就业工程，192万农牧民摆脱贫困，为220万户城乡困难家庭改善了居住条件，"三个一"民生实事惠及336.7万农牧户、4.15万名贫困家庭大学生和4 800个就业家庭，

全区贫困发生率下降到 6%，国家标准下的贫困人口下降到 80 万人左右。

9.2 广西壮族自治区

9.2.1 广西概况

广西壮族自治区面积 23.67 万 km²。近年来，广西的环境保护工作虽然取得积极成效，但发展与保护的矛盾仍较突出，局部地区生态破坏和环境风险问题不容忽视。存在的主要问题有：一是全区环保基础设施建设滞后，部分环境保护工作推进落实不够，对环境保护工作的艰巨性和敏感性认识不足。历史遗留废渣、尾矿库治理工作推进缓慢，环境风险依然较大。二是环保为发展建设让步的案例时有发生。城市建设规划存在侵占自然保护区现象。北部湾在开发建设中未充分考虑战略环评要求，北部湾优良生态环境已经受到威胁。三是生态环境破坏问题比较突出。在山口国家级红树林生态自然保护区违规进行抽砂围填海及海砂销售，自治区各级海洋部门存在违规审批或监管不力等问题。桂林漓江流域非法采石问题突出，有关部门违规批准施工。四是部分河流湖库水质恶化。五是广西尾矿库环境风险较高。全区在册尾矿库发生过多起泥浆泄漏污染环境事件。

广西在努力发展经济过程中，坚持以协调促发展。广西重视较大尺度的生态系统和自然环境，强调生态好转与环境改善、资源利用之间实现协调发展和良性互动，重视生态、环境、资源、经济发展之间的协调可持续。广西城市生活垃圾无害化率、水体污染物排放变化效应分别为 98.7%、121.07 t/km，在西部省份中列第 1 位；工业固体废物综合利用率 62.89%，列第 3 位；大气污染物排放变化效应为 5.98 分，列西部地区第 5 位。

9.2.2 广西生态文明建设的基本特征

《中国省域生态文明状况评价·2017》对广西壮族自治区生态文明六大分领域的分析结果是：生态环境、生态文化、生态制度分领域得分分别居全国第 8 位、第 10 位、第 9 位；生态空间分领域得分与全国总体水平相差不大；生态经济、生态生活分领域则低于全国总体水平如图 9-5 所示。

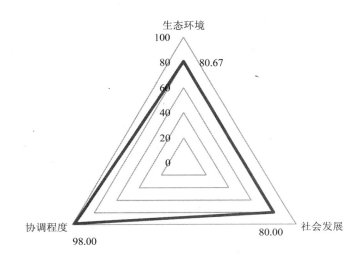

图 9-4　广西生态文明建设评价雷达图

表 9-2　广西 2015 年生态文明建设评价结果

一级指标	二级指标	三级指标	指标性质	指标数据	西部排名
生态文明指数（WECI）	生态环境	自然保护区的有效保护	正指标	5.80%	10
		建成区绿化覆盖率	正指标	37.6%	7
		地表水体质量	正指标	96.1%	5
		重点城市环境空气质量	正指标	88.03%	3
		水土流失率	逆指标	4.39%	1
		化肥施用超标量	逆指标	198.66 kg/hm^2	10
		农药施用强度	逆指标	12.21 kg/hm^2	11
	社会发展	人均 GDP	正指标	35 190 元	8
		人均可支配收入	正指标	16 873.4 元	6
		城镇化率	正指标	47.06%	8
		人均教育经费投入	正指标	1 806.11 元	11
		每千人口医疗机构床位	正指标	4.47 张	11
		农村改水率	正指标	74.94%	5
	协调程度	工业固体废物综合利用率	正指标	62.89%	3
		城市生活垃圾无害化率	正指标	98.7%	1
		水体污染物排放变化效应	正指标	121.07	1
		大气污染物排放变化效应	正指标	5.98	5

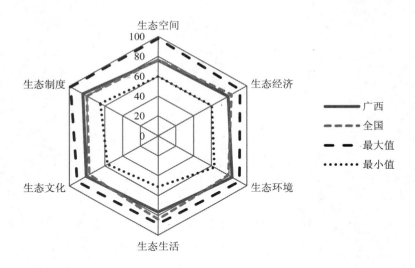

图 9-5　广西生态文明建设分领域状况

从具体指标来看，在生态空间领域，广西壮族自治区"植被覆盖指数（E1）"满分，"水网密度指数（E2）"高于全国总体水平，"自然保护区面积占辖区面积比重（E3）"则处于较低水平。生态经济领域，广西壮族自治区"能源节约（E5）"得分列全国第 6 位，"工业资源节约（E6）""主要污染物排放强度（E8）""化肥、农药施用强度（E9）"均居全国中下游水平。生态环境领域，广西壮族自治区"大气环境质量（E10）"好于全国总体水平，居第 8 位，"水环境质量（E11）"得分满分，"水土流失及治理（E12）"也高于全国总体水平，其"生态足迹/生物承载力（E13）"指标得分也明显处于偏低水平。2015 年广西壮族自治区"突发环境事件（E14）"很少，得分接近满分。"公众对生态环境的满意率（E15）"略高于全国总体水平。生态生活领域，广西壮族自治区"城镇人居环境（E16）"得分较全国总体水平略低，"农村人居环境（E17）"居全国第 3 位，"居民生活行为（E18）"得分则明显处于低水平，在全国排第 30 位。生态文化领域，广西壮族自治区"公众生态文明知识知晓度（E19）"与全国总体水平相差不大，"环境信息公开（E20）""国家级生态文明建设县（市、区）相关创建比例（E21）"两项指标得分则高于全国总体水平，分别居全国第 5 位、第 8 位。生态制度领域，广西壮族自治区"生态文明制度建设（E22）"得分为满分，"生态保护与治理投资（E23）"则与全国总体水平相差不大。如图 9-6 所示。

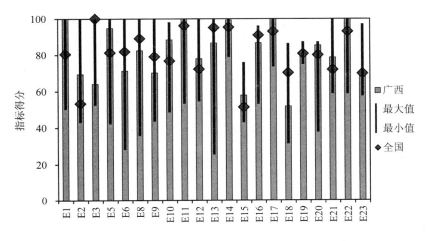

图 9-6　广西生态文明状况评价指标分析

9.2.3　广西生态文明建设的重点领域

（1）国土空间格局优化

广西从现代化建设全局和国土空间永续发展的战略需要出发，按照"两区一带"战略布局部署要求，着力构建全区国土空间的三大战略格局：构建以北部湾城市群和桂中、桂北、桂东南城镇群、右江河谷走廊、黔桂走廊、桂西南和桂东北城镇带为主体的"四群四带"城市化战略格局；构建以桂西生态屏障、北部湾沿海生态屏障、四桂东北生态功能区、桂西南生态功能区、桂中生态功能区、十万大山生态保护区、西江千里绿色走廊为主体的"两屏四区一走廊"生态安全战略格局；构建以桂北地区、桂东南地区、桂中地区、桂西地区和沿海地区等农产品主产区为主体"五区十五带"农业发展战略格局。

（2）生态文明体制改革

①国土空间开发保护制度建设。广西制定了本辖区的主体功能区规划，健全了基于主体功能区的区域政策。目前正在建立重点生态功能区和生态保护红线区产业准入负面清单。

②空间规划体系建设。广西全面铺开"多规合一"工作，印发《广西开展省

级空间性规划"多规合一"试点工作方案》。

（3）生态环境质量改善

"十二五"期间，广西通过各项减排措施，全面完成国家下达的节能减排目标任务。全部县城建成污水垃圾处理设施，城镇生活垃圾无害化处理率超过 92%、污水处理率突破 85%。设区城市空气质量优良天数比例 88.5%，主要河流监测断面水质达标率 93.1%，城市集中式饮用水水源地水质达标率 97.2%，近岸海域水质总体良好，森林覆盖率达 62.2%。美丽广西乡村建设成效显著，农村人居环境极大改善。

（4）生态经济体系构建

①产业结构不断优化。近年来，随着西部大开发战略深化和"一带一路"战略的实施，广西经济发展水平有了明显的提高，主要表现为经济总量稳定增长、产业结构不断优化：2015 年广西生产总值 16 514.11 亿元，其中第一产业比上年增加 2 538.73 亿元，第二产业比上年增加 7 605.74 亿元，第三产业比上年增加 6 369.64 亿元。

②对外开放格局不断优化。积极参与"一带一路"建设。加快实施广西"一带一路"重点突破工程，建设"一廊两港"。大力推进中马钦州产业园区新能源光电产业发展平台、中国—东盟技术转移中心等纳入国家"一带一路"在线重大项目库的 28 个项目，以及中越跨境经济合作区、中国—东盟跨境国际陆缆扩容等纳入国家"一带一路"重大标志性工程清单的 5 个项目，加快建立"一带一路"项目电子化管理平台。增强开放平台带动作用。整合各类平台，提升辐射带动功能。延伸中国—东盟博览会、中国—东盟商务与投资峰会等展会价值链。建设中马"两国双园"、东兴和凭祥国家重点开发开放试验区等重点园区。合作建设中国·印尼经贸合作区、中国·文莱玉林健康产业园、中泰崇左产业园等园区。争取国家支持建设进口贸易促进创新示范区，推动北海出口加工区升格为综合保税区和梧州综合保税区申报工作。大力推进防城港市开放型经济新体制综合试点试验，加快跨境劳务合作、跨境旅游合作、互市贸易转型升级等改革措施落地。加强钦州保税港区与马来西亚关丹港通关便利化合作，积极推动中越、中马"两国一检"通关新模式。建立健全与东盟地方层面合作机制，推进友城网络和平台建设。继续深化泛北部湾经济合作，加大对发达国家开放力度。强化桂港澳台重点领域合作，

打造 CEPA 先行先试示范基地。

③特色农业建设效果显著。广西通过转变农业发展方式，着力构建现代农业产业体系、生产体系、经营体系，推动粮经饲统筹、农林牧渔结合、种养加一体、一、二、三产业融合发展，不断提升农业质量效益和竞争力。实施粮食产能提升工程，建成高标准农田 2 725 万亩。开展特色农业产业提升行动，大力发展肉蛋奶鱼、果菜菌茶等优势农产品，建成 100 万亩"南菜北运"蔬菜基地，继续创建一批现代特色农业（核心）示范区。

（5）生态文化宣传教育

"十二五"期间，广西积极推进生态文化宣传教育，已获得初步成效。

①创建国家公共文化服务体系示范区和项目取得重大进展。玉林市圆满完成第二批国家公共文化服务体系示范区创建任务，综合成绩在西部 13 个创建城市中排名第 5。来宾市公共文化服务体系建设进一步提升，成为国家级 10 个基层综合性文化服务中心建设试点之一。

②文化产业和文化市场管理工作得到上级部门充分肯定。文化部《情况通报》曾在头版刊载了信息《广西顺势而治 300 家上网服务场所转型升级》，对广西推进互联网上网服务行业转型升级成绩予以了充分肯定和积极推广。中央领导对广西报送的文化产业发展工作信息也作出过重要批示，高度肯定广西在挖掘民族文化资源、发展特色文化产业方面做了大量卓有成效的工作，提供了有益的经验。

③文化基础设施建设取得新突破。广西图书馆地方民族文献中心、广西艺术学校民族文化艺术教学综合大楼已顺利封顶，自治区直属文化系统幼儿园改扩建项目开工建设，广西群众艺术馆改扩建项目已经完成立项、可研批复等工作，广西博物馆改扩建项目、广西民族剧院建设项目已经得到了自治区发改委立项批复，目前已进入可研阶段。2016 年全区共有 11 个市级公共图书馆、文化馆、博物馆项目在建。

（6）宜居生活体系建设

①基础设施建设迈上新台阶。广西着力构建设施配套、功能完备的城镇基础设施网络，加强城市地下综合管廊建设，基本完成现有棚户区、城中村和危房改造，棚户区改造政策覆盖全部重点镇；加强城市生态设施、防灾减灾设施建设，

打造海绵城市；推动城镇市政设施向农村延伸、公共服务向农村覆盖，促进城乡基础设施互联互通、共建共享。

②精准扶贫得到有效推进。广西基本形成覆盖城乡的社会保障体系、城乡医疗服务体系和公共文化服务网络，职工、城镇居民和新农合三项基本医保参保率均在97%以上，保障性住房和棚户区改造超额完成任务，农村危房改造81.4万户，累计脱贫559万人。

9.3　重庆市

9.3.1　重庆概况

重庆市面积 8.24 万 km^2。但由于其主城属于老工业基地，生态环境问题比较突出，在一定程度上阻碍了经济的发展速度与生态环境的保护，不仅影响着人民群众的健康安全，同时对于城市形象也有极大的破坏，尽管近年来重工业企业不断搬离主城，但生态环境的破坏仍未终止。经过直辖后多年的发展，工业废水的排放量下降明显。从森林植被覆盖情况来看，在 10 多年的时间里增长了一倍多，水土流失面积也有所改善。

重庆保有良好的城市生态活力和优质水源。2015 年，重庆在建成区绿化覆盖率（40.3%），尤其是地表水体质量方面优势显著，优于III类水质河长比例达到100%。

重庆生态脆弱、生态建设与恢复任务也比较严峻。重庆地貌以丘陵、山地为主，其中山地占 76%，坡地面积较大，有"山城"之称，由于地质构造特殊、水力侵蚀活跃、陡坡砍伐开荒等因素导致其水土流失较严重。重庆水土流失面积45 855 km^2，水土流失率达 55.74%。尤其是三峡库区已经成为全国水土流失最严重的地区。对此，重庆在保持地表水体质量优势的同时，进一步增加自然保护区的数量，辅以生态环境立法，注重园林绿化、生态环境保护。与此同时，注重脆弱地区的改善与维护，在构建长江、嘉陵江、乌江生态屏障的同时，采取有效措施做好水土流失防治工作，加大空气污染防治力度，提高空气质量。

重庆是西部地区唯一的直辖市，不仅生态活力强，环境质量高，而且社会发展水平相对均衡。2015 年，重庆人均 GDP 为 52 321 元、人均可支配收入 20 110.1 元、农村改水率 91.08%，均列西部地区第 2 位，城镇化率 60.94% 列西部地区第 1 位。这都反映出重庆在促进经济社会发展的同时，统筹城乡发展，民生得到改善，社会保障全面进步。但重庆人均教育经费投入、每千人口医疗机构床位数稍低，要加大对教育、文化的重视程度和扶持力度，并不断完善公共卫生医疗服务体系。

重庆在协调经济社会发展与生态环境保护方面，已经取得一定成绩。工业固体废物综合利用率为 85.71%，列西部地区第 1 位；城市生活垃圾无害化率为 98.6%，列西部地区第 2 位；大气污染物排放变化效应为 8.02 kg/hm²，列西部地区第 3 位；水体污染物排放变化效应缺项。说明重庆在能源循环利用方面，在生产生活领域废物无害化、循环化、资源化处理方面程度高，既体现重庆生态、资源、环境与经济发展之间协调度高，又体现政府的关注度、扶持度大。

9.3.2　重庆生态文明建设的基本特征

《中国省域生态文明状况评价·2017》对重庆市生态文明六大分领域的分析结果是：生态经济、生态生活分领域得分在全国位居前列；生态空间、生态文化分领域得分较全国总体水平略高；生态环境、生态制度分领域得分则略低于全国总体水平。要提高其生态文明建设水平，生态环境建设需引起足够的关注，生态制度领域也有待进一步的重视和提高。如图 9-8 所示。

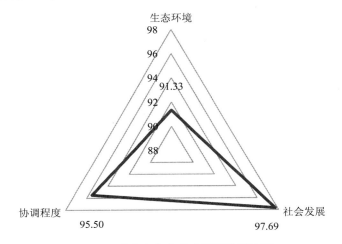

图 9-7　重庆生态文明建设评价雷达图

表 9-3　重庆 2015 年生态文明建设评价结果

一级指标	二级指标	三级指标	指标性质	指标数据	西部排名
生态文明指数（WECI）	生态环境	自然保护区的有效保护	正指标	10.00%	7
		建成区绿化覆盖率	正指标	40.3%	3
		地表水体质量	正指标	100%	1
		重点城市环境空气质量	正指标	80.00%	6
		水土流失率	逆指标	55.74%	7
		化肥施用超标量	逆指标	48.23 kg/hm^2	6
		农药施用强度	逆指标	5.09 kg/hm^2	8
	社会发展	人均 GDP	正指标	52 321 元	2
		人均可支配收入	正指标	20 110.1 元	2
		城镇化率	正指标	60.94%	1
		人均教育经费投入	正指标	2 333.66 元	7
		每千人口医疗机构床位	正指标	5.85 张	4
		农村改水率	正指标	91.08%	2
	协调程度	工业固体废物综合利用率	正指标	85.71%	1
		城市生活垃圾无害化率	正指标	98.6%	2
		水体污染物排放变化效应	正指标		
		大气污染物排放变化效应	正指标	8.02	3

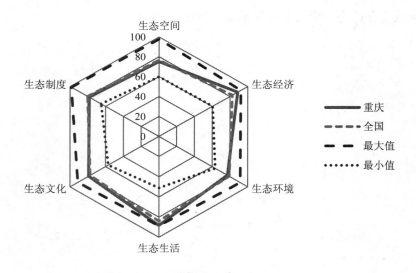

图 9-8　重庆生态文明建设分领域状况

从具体指标来看，在生态空间领域，重庆市"植被覆盖指数（E1）"满分，"水网密度指数（E2）"略高于全国总体水平，"自然保护区面积占辖区面积比重（E3）"得分则明显低于全国总体水平，可能与我国禁止开发的自然保护区主要集中在东北三省及中西部生态保护难度较大的地区，植被覆盖指数、水网密度指数较大的区域则设置自然保护区较少有关。生态经济领域，重庆市"能源节约（E5）""工业资源节约（E6）""化肥、农药施用强度（E9）"三项指标均高于全国总体水平，但"主要污染物排放强度（E8）"较全国总体水平略低。生态环境领域，重庆市"大气环境质量（E10）"得分略高于全国总体水平，"水环境质量（E11）"满分，"水土流失及治理（E12）"得分则较全国总体水平略低。重庆市经济社会发展水平相对较高，"生态足迹/生物承载力（E13）"得分明显处于偏低水平。2014年重庆市"突发环境事件（E14）"不多，得分较高。"公众对生态环境的满意率（E15）"高于全国总体水平。生态生活领域，重庆市"城镇人居环境（E16）""农村人居环境（E17）""居民生活行为（E18）"三项指标得分均处于全国前10位。生态文化领域，重庆市"公众生态文明知识知晓度（E19）"得分居全国第2位，"环境信息公开（E20）"得分较全国总体水平略高，"国家级生态文明建设县（市、区）相关创建比例（E21）"得分相对较低，略微低于全国总体水平。生态制度领域，重庆市"生态文明制度建设（E22）"得分明显低于全国平均水平，而"生态保护与治理投资（E23）"较全国总体水平略高。如图9-9所示。

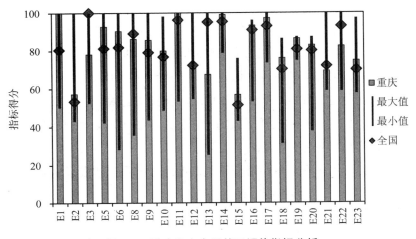

图9-9　重庆生态文明状况评价指标分析

9.3.3　重庆生态文明建设的重点领域

（1）国土空间格局优化

重庆着力构建三大战略格局：构建以"一小时经济圈"为主要载体，以万州为渝东北核心，黔江为渝东南核心，沿长江及渝宜高速、乌江及渝湘高速带状绵延的"一圈双核，带状绵延"全市城镇化格局；构建以长江、嘉陵江、乌江三大水域生态带和大巴山、大娄山、华蓥山、七曜山四大山地生态屏障为主体，以交通廊道、城市绿地为补充，山水相间、带状环绕的生态战略格局；构建以基本农田为支撑，以北方丘陵优质粮油生产区和平等岭谷优质粮油生产区和武陵山特色种植带为重要组成的"两区两带，主辅结合"农特产品战略格局。

（2）生态文明体制改革

①自然资源资产产权制度建设。重庆开展了对自然生态空间进行确权登记，探索自然资源所有权实现形式，推动城乡自然资本加快增值。

②国土空间开发保护制度建设。重庆编制了本辖区的主体功能区规划，健全了基于主体功能区的区域政策，并正式印发《生态保护红线划定方案》，共划定生态保护红线区域 30 790.9 km²，占全市面积的 37.3%。

③空间规划体系建设。重庆编制了《重庆市主城区"多规合一"方案》。

④环境治理体系建设。重庆印发了《重庆市生态环境损害赔偿制度改革试点实施方案》，计划进一步扩大追究生态环境损害赔偿责任的情形；建立市政府统一领导、多部门分工协作的生态环境损害赔偿工作机制；扶持培育多种类别的生态环境损害赔偿技术队伍；细化生态环境损害赔偿工作程序。

⑤环境治理和生态保护市场体系建设。重庆市通过引入市场机制，实行政府机制与市场机制的双重调节，重庆立了重庆环保投资有限公司；整合了国家、市级和区级（自治县）、经开区投资形成的 112 亿元乡镇污水处理设施资产；成立全国第一只环保产业股权投资基金。

⑥生态文明绩效评价考核和责任追究制度建设。重庆印发了《党政领导干部生态环境损害责任追究实施细则（试行）》。

（3）生态环境质量改善

重庆市在"十二五"期间累计完成生态环保投入 1 411 亿元，扎实推进蓝天、碧水、宁静、绿地、田园环保行动，生态保护和环境治理不断加强，节能减排降碳目标任务超额完成。优化能源结构、搬迁污染企业、控制各类扬尘和汽车尾气，都市区空气质量优良天数达到 292 天。开展重点流域水污染防治，城市生活污水集中处理率、垃圾无害化处理率分别达到 91% 和 99%，长江、嘉陵江、乌江干流水质总体保持 II 类。排污权有偿使用和交易改革有序开展。退耕还林还草、植被恢复、天然林保护、水土保持、石漠化治理扎实推进，全市森林覆盖率、建成区绿化覆盖率分别达到 45% 和 42%。

（4）生态经济体系构建

①产业转型升级步伐加快。产业结构不断优化。近年来，随着西部大开发战略深化和"一带一路"战略的实施，西部地区经济发展水平明显提高，主要表现为经济总量稳定增长、产业结构不断优化：2015 年重庆市的地区生产总值达 15 717.27 亿元，比 2010 年的 7 925.58 亿元同比增长了 98.31%，其中五年间第一产业、第二产业、第三产业生产总值增长率分别为 26.65%、100.2% 和 70.92%，三大产业结构从 2010 年的 3.2∶68.6∶28.2 调整为 2015 年的 2.7∶49.4∶47.9，第一、第二产业占比不断下降，第三产业比重明显增加，并有赶超第二产业的趋势。

②绿色发展水平不断提高。新能源产业体系逐步建立。重庆大力发展新能源汽车和智能汽车，加强电池、电机、电控等核心部件创新研发和项目引进，构建完整的生产体系。

③对外开放格局不断优化。重庆全面融入国家"一带一路"建设和长江经济带发展，发挥战略枢纽功能的辐射带动作用，加强国际产能合作，服务西部开发开放。依托渝新欧铁路、长江黄金水道、渝昆泛亚铁路和江北国际机场，构建多式联运跨境走廊，建设国际物流枢纽。高起点、高水平、高标准打造中新战略性互联互通示范项目。紧扣现代互联互通和现代服务经济，聚焦金融服务、航空、交通物流、信息通信技术等重点领域，发展各种新技术、新产业、新业务、新业态、新模式，构建以重庆为运营中心、辐射内陆、连通欧亚的国际贸易辐射圈。提升内陆开放平台和口岸功能，充分发挥两江新区的开放引领、创新示范、技术集成和带动辐射作用。深入推进高新区、经开区以及特色工业园区建设，加快战略性新兴产业发展和高端要素集聚，完善功能性要件，服务全市开放发展。加快对外贸易优化升级，推动加工贸易向产业链、价值链和创新链等高端延伸，提升

一般贸易中优质产品出口比重。

④特色农业建设效果显著。因地制宜发展特色农业，推进农业现代化。重庆着力构建良种繁育、标准种养、加工储藏、冷链物流、品牌增值等农业全产业链。发展多种形式适度规模经营，培育专业大户、家庭农场和农民专业合作社，培养新型职业农民。

（5）生态文化宣传教育

重庆市政府印发了《重庆市生态文明建设"十三五"规划》，重视生态文化宣传教育。

①深入挖掘生态文化资源。开展生态文化战略研究，鼓励将绿色生活方式植入各类文化产品。注重挖掘重庆特色的山水文化、森林文化、传统农耕文化、茶文化、竹文化、石文化以及三峡生态移民文化、渝东南生态民俗文化等文化中的生态思想，挖掘名胜遗迹、古代建筑、文化遗址、诗词歌赋、民风民俗等蕴藏的生态文化内涵，构建重庆特色的生态文化体系。加强历史文化名镇、名村、街区和文化生态的整体保护，不断强化"山城""江城""绿城"特色，厚植城市生态文化底蕴。建设武陵山区（渝东南）土家族苗族文化生态保护实验区，保护一批非遗项目、重点文化遗产，建设一批非遗保护展示场所、特色文化研究宣传展示项目，打造一批特色文化生态景区，2020年基本形成文化环境、社会环境、自然环境协调发展的文化生态保护体系。

②建设生态文化基础设施。把生态文化作为公共文化服务体系建设重要内容，增加公益性生态文化事业投入，发挥图书馆、博物馆、科技馆、体育文化设施以及自然保护区、森林公园、湿地公园、地质公园传播生态文化的作用，提高生态文化基础设施的服务能力和水平。加强市级和区县级自然教育体验中心、生态科普教育中心等自然教育基地建设，到2020年，打造100个生态文化保护、生态环保科普教育和生态文明宣传教育基地。加强生态文化村、生态文化示范基地等生态文化展示、体验、教育平台建设，到2020年，全市累计评选命名市级生态文化村35个、生态文化示范基地5个，国家级生态文化村26个、生态文化示范基地2个。加强绿色新村、纪念林基地建设，积极开展古树名木挂牌保护及绿地认建认养活动。

③大力发展生态文化产业。大力推进生态文化作品创作和生态文化产业发

展,打造一批体现巴渝自然与人文特色的生态文化品牌。加快生态文化旅游业、休闲娱乐业、会展和节庆生态文化产业的发展,大力发展以生态移民文化和历史文化名人为题材的影视、音乐、书画、文学艺术等精神文化产业,发展培训、咨询、论坛、传媒、网络等信息文化产业。鼓励投资生态文化产业,从衣、食、住、游、购、娱等方面开发具有地域特色、民族特色、生态内涵和市场潜力的文化产品和服务项目,提高生态文化产品生产的规模化、专业化和市场化水平。

（6）宜居生活体系建设

①基础设施建设迈上新台阶。重庆推进基础设施互联互通,建成"一枢纽八干线二支线"铁路网、运营里程达到 1 929 km,高速公路通车里程突破 2 500 km、对外出口通道增至 13 个,"4 小时重庆"全面实现;同时完善农村公路、电力、水利、邮政、信息网络等基础设施,加快农村危房改造,改善农村人居环境。

②精准扶贫得到有效推进。重庆构建起完备的政策支撑体系,808 个贫困村、95.3 万贫困人口越线脱贫,城乡常住居民人均可支配收入分别增长 8.3%和 10.7%。

9.4 四川省

9.4.1 四川概况

四川省面积 48.6 万 km²。水土流失面积超过 10%,土地沙化形势严峻,全省现有 85 个县存在土地沙化,石漠化是四川当前面临的严重生态问题之一。近年来,经过全省努力,生态形势好转。一是天然林保护工程取得良好效果,相当于少采伐天然林面积 300 多万亩,保住了长江上游这片极其重要的水源涵养林和生物基因库。二是全省 5 万多 km² 水土流失面积得到有效控制,水土流失减少,输入江河及三峡库区的泥沙量也大幅度下降。三是退耕还林工程建设取得了显著成效。四是自然保护区建设与野生动植物保护成效明显。五是川西北沙化治理工程项目的实施,有效地遏制住了局部区域土地沙化发展势头,改善了生态环境和群众的生产生活条件。

四川是我国的资源大省、人口大省、经济大省,生态环境发展水平,生态活力总体较好,生物资源十分丰富,保存有许多珍稀、古老的动植物种类,是中国乃至世界重要的生物基因宝库。自然保护区面积较大，生物多样性保护，城市建成区绿化等方面都做得较好，相关方面的建设在西部地区处于领先地位。但四川的环境质量问题突出，全省近 1/3 的土地出现水土流失现象，水土流失率 30.56%。城市环境空气质量较差，环保重点城市空气质量达到及好于二级的平均天数占全年比例为 72.43%，加之化肥农药施用强度大，企业排污等环境威胁较为严重。对此要划定生态红线、保障生态安全，控制水土流失，关注水体安全，立足东部绿色盆地和西部生态高原，努力打造美丽四川新格局，但在实施过程中也要综合考虑不同区域的自然条件、生态区位、资源禀赋等实际问题，避免林木树种盲目引种、不重视森林结构的问题再次发生。

9.4.2 四川生态文明建设的基本特征

《中国省域生态文明状况评价·2017》对四川省生态文明六大分领域的分析结果是：生态空间、生态经济分领域得分均居全国第 5 位；生态环境、生态文化分领域得分较全国总体水平略低；生态生活、生态制度分领域得分则居全国下游水平，分别居全国第 28 位和第 27 位。因此，四川省生态文明发展属于空间及环境优势型，生态生活及生态制度方面有待进一步提高。如图 9-11 所示。

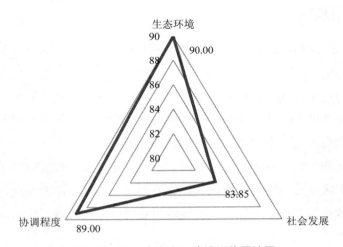

图 9-10 四川生态文明建设评价雷达图

表9-4　四川2015年生态文明建设评价结果

一级指标	二级指标	三级指标	指标性质	指标数据	西部排名
生态文明指数（WECI）	生态环境	自然保护区的有效保护	正指标	17.00%	4
		建成区绿化覆盖率	正指标	38.7%	5
		地表水体质量	正指标	88.6%	6
		重点城市环境空气质量	正指标	72.43%	8
		水土流失率	逆指标	30.56%	4
		化肥施用超标量	逆指标	32.79 kg/hm^2	5
		农药施用强度	逆指标	6.08 kg/hm^2	9
	社会发展	人均GDP	正指标	36 775 元	7
		人均可支配收入	正指标	17 221 元	5
		城镇化率	正指标	47.69%	6
		人均教育经费投入	正指标	1 782.37 元	12
		每千人口医疗机构床位	正指标	5.96 张	2
		农村改水率	正指标	65.61%	10
	协调程度	工业固体废物综合利用率	正指标	44.71%	11
		城市生活垃圾无害化率	正指标	96.8%	5
		水体污染物排放变化效应	正指标	28.72	2
		大气污染物排放变化效应	正指标	2.31	7

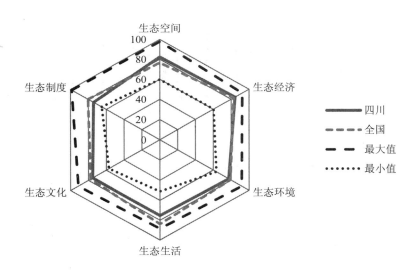

图9-11　四川生态文明建设分领域状况

　　从具体指标来看，在生态空间领域，四川省"植被覆盖指数（E1）""自然保护区面积占辖区面积比重（E3）"满分，"水网密度指数（E2）"得分高于全国总体水平。生态经济领域，四川省"能源节约（E5）""化肥、农药施用强度（E9）"得分较高，在全国处上游水平，"工业资源节约（E6）""主要污染物排放强度（E8）"得分则低于全国总体水平。生态环境领域，四川省"大气环境质量（E10）""水土流失及治理（E12）"得分高于全国总体水平，"水环境质量（E11）""生态足迹/生物承载力（E13）"得分显著低于全国总体水平。2015 年，四川省"突发环境事件（E14）"发生较多，得分居全国末位。"公众对生态环境的满意率（E15）"与全国总体水平相差不大。生态生活领域，四川省"城镇人居环境（E16）""居民生活行为（E18）"得分均低于全国总体水平，"农村人居环境（E17）"与全国总体水平大致相当。生态文化领域，四川省"公众生态文明知识知晓度（E19）""环境信息公开（E20）"得分与全国总体水平大致相当，"国家级生态文明建设县（市、区）相关创建比例（E21）"则低于全国总体水平。生态制度领域，四川省"生态文明制度建设（E22）"与全国总体水平大致相当，"生态保护与治理投资（E23）"明显处于较低水平，居全国第 29 位。如图 9-12 所示。

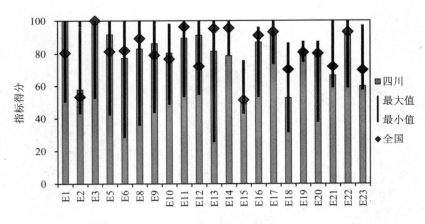

图 9-12　四川生态文明状况评价指标分析

9.4.3　四川生态文明建设的重点领域

（1）国土空间格局优化

四川按照国家构建城市化、农业、生态安全三大战略格局的要求，结合全面建成小康社会的战略目标，推进形成全省主体功能区三大战略格局：构建以成都都市圈、成都、川南、川东北、攀西四大城市群以及成德绵广（元）、成眉乐宜泸、成资内（自）、成遂南广（安）达与成雅西攀五条各具特色的城镇发展带为主体的"一核、四群、五带"城镇化战略格局；构建以盆地中部平原浅丘区、川南低中山区、盆地东部丘陵低山区、盆地西缘山区和安宁河流农产品主产区为主体的农业战略格局；构建以若尔盖草原湿地、川滇森林及生物多样性、秦巴生物多样性、大小凉山水土保持及生物多样性生态功能区等四类重点生态功能区为主体的生态安全战略格局。

（2）生态文明体制改革

①空间规划体系建设。四川推动了绵竹市、中江县、南江县、宜宾市南溪区等地的"多规合一"试点工作。

②环境治理体系建设。四川出台《四川省大气污染防治行动计划实施细则》，完善了成都市及周边、川南、川东北区域大气污染防治联防联控协作机制。

（3）生态环境质量改善

"十二五"期间四川认真实施新环保法，惩治环境违法犯罪行为。推进盆地雾霾污染联防联控，可吸入颗粒物平均浓度比考核基准年（2013 年）降低 10%。单位地区生产总值能耗下降 7%左右，超额完成国家下达的节能减排任务。出台差别化排污收费政策，推动土壤污染风险调查评估，加强农村面源污染防治，率先通过国家农村生活垃圾治理验收。出台生态补偿等 20 项改革措施，启动生态保护红线划定工作。实施生态保护治理重点工程，地质灾害防治成效明显。大力营林造林，开展市、县全域湿地保护试点。实施饮用水水源保护和重点流域水环境综合治理，出川断面水质全部达标。

（4）生态经济体系构建

①产业转型升级步伐加快。产业结构不断优化。2015 年四川省的地区生产总值达 30 053.10 亿元，比 2010 年的 17 185.48 亿元同比增长了 74.87%，三大产业结构从 2010 年的 14.2∶46.0∶39.8 调整为 2015 年的 12.2∶44.1∶43.7，第一、第

二产业占比不断下降，第三产业比重明显增加，并有赶超第二产业的趋势。

②对外开放格局不断优化。四川主动融入"一带一路"和长江经济带战略。全面拓展与沿线国家经贸、文化、旅游等合作，鼓励企业参与境外铁路、水电、港口等开发建设。启动实施国际产能合作"111"工程，组建省属国有海外投资公司，推动优势产业、富余产能向境外转移。坚持生态优先，推进与沿江省市联动，共同加强长江沿线生态建设和环境保护。以贯通长江干、支线航道为重点，共建长江经济带综合立体交通走廊。加强省内沿江产业统筹规划，逐步形成集聚度高、竞争力强、布局合理的现代产业走廊。推进出川大通道建设，围绕国家"六廊六路多国多港"建设布局，加快构建现代综合交通运输体系；突出抓好"十大铁路大通道"规划建设，提升"蓉欧快铁""中亚班列"国际通道运营水平；加快成都天府国际机场和支线机场建设，打造"空中丝绸之路"。打造开放合作平台。加快推进中韩创新创业产业园、中德创新产业合作平台和中法成都生态园等建设。精心办好中外知名企业四川行、西博会、科博会、海科会、酒博会、农博会等重大投资促进活动，开展电子信息、汽车制造等重点产业专题招商，针对性开展境外招商活动。务实推进与港澳台地区和珠三角、长三角、京津冀等合作，深化与重庆、云南、贵州等周边省份合作发展。

（5）生态文化宣传教育

"十二五"期间，四川省大力实施繁荣生态文化战略，推进生态文明和生态文化教育示范基地建设，充分发挥森林公园、自然保护区、湿地公园、野生动（植）物园在森林生态保护和观光休闲、健身疗养等方面的作用；实施生态城市、环境优美乡镇，生态文明村及绿色学校等生态文明建设的绿色创建活动，启动"生态文明细胞工程"。此外，四川省的山水文化、森林文化、竹文化、湿地文化、大熊猫文化、茶文化、花文化等生态文化资源有待充分挖掘，生态文化产业还有待发展。

（6）宜居生活体系建设

①基础设施建设迈上新台阶。四川高速公路、铁路通车里程分别达 6 000 km、4 600 km，成渝高铁建成通车；支线机场达 12 个，成都天府国际机场项目进展顺利；"四江六港"建设加快，港口吞吐能力突破 1 亿 t；亭子口水利枢纽等 20 处大中型水利工程基本建成，新增有效灌溉面积 44 万 hm^2；电力总装机容量达 8 673 万 kW，其中水电装机占 80%，全国最大清洁能源基地地位更加巩固。

②精准扶贫得到有效推进。"十二五"期间，特别是党的十八大以来，四川省扶贫开发工作取得了阶段性成效。五年来共投入中央和省级财政专项扶贫资金208亿元。全省农村贫困人口从2010年底的1 356万人减少到2015年底的380万人，共减贫976万人，贫困发生率从2010年底的20.41%下降到2015年底的5.88%。"四大片区"区域发展和脱贫攻坚实施规划累计完成总投资达到9 400多亿元，共减贫437万人。贫困地区面貌明显改善，内生动力持续增强，人民生活水平不断提高。"四大片区"88个县2015年农民人均可支配收入为9 834元、占全省人均可支配收入10 247元的95.9%。与2010年相比，88个县农民人均可支配收入与全省的差距缩小了6.2个百分点。

9.5　贵州省

9.5.1　贵州概况

贵州省面积17.62万 km²。最突出的生态环境问题是石漠化问题，石漠化成为制约贵州经济社会发展的重要环境因素。1998年以来，贵州省开展了一系列生态工程建设项目，以及石漠化治理的专项工程，特别是2008年开展了国家石漠化综合治理专项工程，贵州石漠化的状况开始发生变化，石漠化面积开始减少，石漠化等级开始降低，石漠化发展的趋势基本得到遏制。但贵州石漠化面积未实现大面积迅速减少，加上区域经济不发达，石漠化治理的难度仍然很大。根据2016年的遥感监测数据，贵州省石漠化总面积达到4万 km²，约占全省总面积的18%，石漠化治理仍然是贵州一项长期而艰巨的任务。

贵州省作为我国重要的水源涵养、土壤保持及生物多样性保护的生态功能区，协调程度较好，生态环境整体水平相对落后，社会发展提升空间大。贵州大气污染物排放变化效应得分为12.43，列西部地区第1位；工业固体废物综合利用率为60.79%、水体污染物排放变化效应得分为7.17，列西部地区第5位；城市生活垃圾无害化率为93.8%，列西部地区第6位。

从大气污染物排放变化效应指标来看，贵州的经济社会发展应当充分考虑生态承载能力，在生态环境阈值内，实现生态、环境、资源、经济发展之间的良性互动与协调，巩固建设优势。贵州是典型的喀斯特地形，石漠化、水土流失较严重，滑坡、崩塌、泥石流等地质灾害发生频繁，生态脆弱，土地资源短缺，一定程度上限制了工农业的发展。对此，贵州应根据自身的国土空间及国家主体功能区划确立发展目标，在黔中重点开发区，发挥承接东部产业转移"高地"作用，通过产业升级，重点发展新兴、高端、绿色产业，带动全省经济持续健康发展。同时，作为国家级的重点生态功能区，贵州应通过限制超载过牧，划定禁牧区，加快植被恢复，将生态修复、治理水土流失与促进经济发展三者结合起来，走低碳经济、协调发展之路，达到生态、社会、经济多赢的局面。

贵州正处于后发超越、推动跨越发展的重要战略机遇期，应加快经济发展，加强生态建设，在绿色化引领下，实现工业化、信息化、城镇化、农村现代化，是贵州省相当长时期内生态文明建设的核心任务。

9.5.2　贵州生态文明建设的基本特征

《中国省域生态文明状况评价·2017》对贵州省生态文明六大分领域的分析结果是：六大领域得分均相对较低，其中，生态环境分领域得分较高，居全国第7位；生态制度分领域得分也略高于全国总体水平；其他4个分领域得分则居全国下游水平。如图9-14所示。

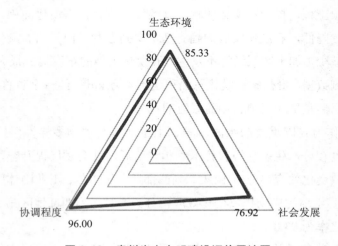

图 9-13　贵州生态文明建设评价雷达图

表 9-5 贵州 2015 年生态文明建设评价结果

一级指标	二级指标	三级指标	指标性质	指标数据	西部排名
生态文明指数（WECI）	生态环境	自然保护区的有效保护	正指标	5.10%	12
		建成区绿化覆盖率	正指标	35.9%	10
		地表水体质量	正指标	81.4%	8
		重点城市环境空气质量	正指标	92.36%	2
		水土流失率	逆指标	41.39%	6
		化肥施用超标量	逆指标	−37.89 kg/hm^2	2
		农药施用强度	逆指标	2.48 kg/hm^2	2
	社会发展	人均 GDP	正指标	29 847 元	10
		人均可支配收入	正指标	13 696.6 元	10
		城镇化率	正指标	42.01%	11
		人均教育经费投入	正指标	2 195 元	8
		每千人口医疗机构床位	正指标	5.57 张	6
		农村改水率	正指标	73.24%	6
	协调程度	工业固体废物综合利用率	正指标	60.79%	5
		城市生活垃圾无害化率	正指标	93.8%	6
		水体污染物排放变化效应	正指标	7.17	5
		大气污染物排放变化效应	正指标	12.43	1

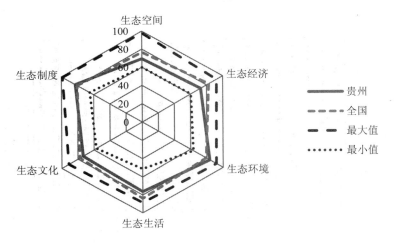

图 9-14 贵州生态文明建设分领域状况

从具体指标来看，在生态空间领域，贵州省"植被覆盖指数（E1）"满分，"水网密度指数（E2）"略高于全国总体水平，"自然保护区面积占辖区面积比重（E3）"得分则明显偏低。生态经济领域，贵州省"能源节约（E5）""工业资源节约（E6）""主要污染物排放强度（E8）"三项指标得分明显低于全国总体水平，分别列第27位、第25位、第25位，"化肥、农药施用强度（E9）"则接近满分，居全国第3位。生态环境领域，贵州省"大气环境质量（E10）"较好，得分位居第4位，"水环境质量（E11）"满分，"水土流失及治理（E12）"得分也高于全国总体水平，"生态足迹/生物承载力（E13）"得分较低，居全国第26位。2015年贵州省"突发环境事件（E14）"不多，得分接近满分。"公众对生态环境的满意率（E15）"较高，得分居全国第 2 位。生态生活领域，贵州省"城镇人居环境（E16）""农村人居环境（E17）"得分较全国总体水平略低，"居民生活行为（E18）"得分则明显偏低，居全国第28位。生态文化领域，贵州省"公众生态文明知识知晓度（E19）"得分居全国第28位，"环境信息公开（E20）"高于全国总体水平，居第9位，"国家级生态文明建设县（市、区）相关创建比例（E21）"得分则居全国下游水平。生态制度领域，与青海省类似，贵州省高度重视相关制度的执行、试行，"生态文明制度建设（E22）"在国内处于较高水平，达到满分值要求；"生态保护与治理投资（E23）"则较全国总体水平低。如图 9-15 所示。

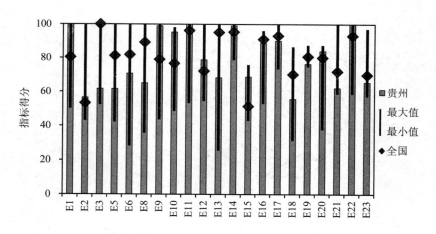

图 9-15 贵州生态文明状况评价指标分析

9.5.3　贵州生态文明建设的重点领域

（1）国土空间格局优化

贵州重点构建全省城市化地区、农产品主产区、生态安全地区三大战略格局：构建以黔中地区、贵阳—安顺及遵义两个都市圈，以六盘水、毕节、都匀、凯里、兴义、铜仁等区域性中心城市和盘县、德江、榕江等一些新培育的区域次中心城市为主体的"一群、两圈、九组"城市化战略格局；构建以黔中丘原盆地都市农业区、黔北山原中山农—林—牧区、黔东低山丘陵林—农区、黔南丘原中山低山农—牧区、黔西高原山地农—牧区等农业生产区为主体的"五区十九带"农业战略格局；构建以乌蒙山—苗岭、大娄山—武陵山生态屏障和乌江、南北盘江及红水河、赤水河及綦江、沅江、都柳江等河流生态带为骨架，以重要河流上游水源涵养—水土保持区、石漠化综合防治—水土保持区、生物多样性保护—水土保持区等生态功能区为支撑的"两屏五带三区"生态安全战略格局。

（2）生态文明体制改革

①自然资源资产产权制度建设。贵州落实水流、森林、山岭、草场、荒地、滩涂、湿地等自然资源的产权，划清自然资源全民所有、集体所有、省级及省级以下不同层级所有权的边界；明确国有农场、林场和牧场土地所有者与使用者权能。

②空间规划体系建设。贵州印发了《贵州省省级空间性规划"多规合一"试点工作方案》。

③资源有偿使用和生态补偿制度建设。贵州 2015 年制定深化自然资源及其产品价格改革实施方案，建立乌江流域水环境保护补偿机制，以县（市、区）行政区域为保护单元，逐步在全省其他水系实施生态补偿制度。

④环境治理体系建设。贵州编制了改善农村人居环境规划和农村生活垃圾治理规划，研究制定秸秆综合利用制度实施方案。

（3）生态环境质量改善

贵州加快生态文明先行示范区和绿色贵州建设，发挥生态环保"两把利剑""两个问责"作用，发出"多彩贵州拒绝污染"强音。完成营造林 2 161 万亩，治理石漠化 8 270 km²、水土流失 1.1 万 km²。淘汰落后产能 3 080 万 t，单位生产总值能耗下降 19%，市州中心城市集中式饮用水源水质达标率 100%、空气质量指数优良率高于 90%。县级以上城市污水处理率、生活垃圾无害化处理率分别达到89.3%和 82.7%。草海生态保护和综合治理规划获国家批复。八大河流实行"河长制"。赤水河、乌江、清水江流域生态文明制度改革取得实质性突破。

（4）生态经济体系构建

①产业转型升级步伐加快。近年来，贵州省经济取得长足进步，产业结构转型升级步伐也逐渐加快。2015 年贵州省的地区生产总值达 10 502.56 亿元，比 2010年的 4 206.16 亿元增长了 149.69%，三大产业结构从 2010 年的 13.58∶39.11∶47.31调整为 2014 年的 15.62∶39.49∶44.89，相对来说变化不大，但第三产业占据主导地位。

②绿色发展水平不断提高。贵州实施了一批节能环保、园区循环化改造工程，创建了赤水河流域生态经济示范区。

③对外开放格局不断优化。贵州省深度融入"一带一路"、长江经济带和珠江—西江经济带，加快"两高"经济带建设。全面提升"1+7"开放创新平台，充分利用生态文明贵阳国际论坛、中国—东盟教育交流周、酒博会、数博会、茶博会、民博会、国际山地旅游大会、旅发大会等重大活动平台。培育壮大开放经营主体，扩大对外开放领域，加快推进与各省（区、市）通关一体化。

④特色农业建设效果显著。贵州贯彻因地制宜原则，大力发展现代山地特色高效农业：下大力气扩大经济作物种植和草地畜牧业养殖规模，引进一批农业产业化龙头企业，加强品种、品质、品牌建设，省级以上龙头企业超过 600 家，"三品一标"认证面积超过 500 万亩，省级农业示范园区发展到 400 个。

（5）生态文化宣传教育

①实施民族生态文化工程。民族生态文化是民族传统文化的有机组成部分，西部地区在实施民族传统生态文化保护工程的基础上，发掘特色生态文化名片，建设了一批生态文化标志工程项目，促进生态文化氛围营造和生态文化熏陶，努力加强民族传统生态文化的保护与传承。

②发展贵州生态文化旅游。把自然生态旅游和丰富的民族文化旅游融于一体，以自然景观为形式，以古朴的民族文化为魂，打造符合贵州实际和具有贵州特色的贵州旅游形式。完整展示天、人、社会共生共存、水乳交融的和谐之美。充分满足

旅游者感受自然、体验文化的需要。贵州各个少数民族因地理空间上的隔离，在不同的自然生态环境中形成各具特色的民族文化，自然生态的多样性与民族文化的多样性、异质性会对旅游者产生极大的吸引力，满足旅游者回归自然的心灵享受。

（6）宜居生活体系建设

①基础设施建设迈上新台阶。贵州建成沪昆客专贵阳—昆明段，开工贵阳—南宁客专、贵阳—兴义等铁路；开工建设高速公路 618 km，改造普通国省道 828 km；新增高等级航道 50 km 以上；仁怀机场和兴义机场改扩建工程竣工。开工黄家湾等 50 个骨干水源工程，中型水库建成投运的县达到 63 个，新增解决 249 万农村人口饮水安全问题，新增有效灌溉面积 30 万亩。加快城乡配电网改造，30 个县建成天然气支线管网。

②精准扶贫得到有效推进。贵州在"十二五"期间投入财政扶贫资金 305 亿元，易地扶贫搬迁 66 万人，35 个贫困县、744 个贫困乡镇摘帽，贫困发生率下降到 14.3%。

9.6　云南省

9.6.1　云南概况

云南省面积 38.33 万 km^2。生态环境所面临的主要问题是：一是森林、草地生态功能衰退、水土流失严重。天然林及生态效益较为明显的成熟林仍在不断减少，森林资源总体质量仍呈下降趋势，森林的生态功能严重退化。草原石漠化、退化现象日趋严重，草原生态恶化的现状和趋势还没有得到有效遏制。水土流失面积达 14 万 km^2，占全省面积的 37%。二是生物多样性面临危机。云南由于人口的增加、资源的滥用和环境的急剧变化，生物多样性面临着其自身演化和人为干扰的双重压力，正迅速下降或灭绝。三是高原湖泊污染严重。由于近年来湖区工农业生产的迅速发展，人口的高速增长，加上长期以来对湖泊资源的不合理开发利用，引起湖泊水位下降、湖面减小、水体污染严重、生物资源锐减等一系列生态环境问题。四是矿业污染日趋严重。矿产资源开发过程中存在严重的资源浪费和环境污染问题。五是工业污染物排放量增长加快，破坏生态环境、影响生态平衡。近年来，云南省把保护好生态环境作为生存之基、发展之本，坚持"生态立省、环境优先"，着力转变发展方式，促进了经济社会可持续发展。

云南地处西南边陲，是我国少数民族最多的省份。近年来，云南省着力构建城镇化、农业生产、生态安全、对外开放四大战略格局，打造滇中城市圈、沿边对外开放经济带、滇中、滇西、滇东南、滇西北、滇西南和滇东北六大城市群，成为我国面向西南开放的重要桥头堡。

重点城市环境空气质量指标结果为 95.76%，空气质量具有明显优势。然而，化肥施用超标量高达 97.73 kg/hm^2，存在因过量使用化肥导致土壤污染等问题。

云南地处长江、珠江、金沙江、澜沧江、怒江、伊洛瓦底江等大江大河的上游，是中国生物多样性的天然宝库和资源基地，是东南亚国家和我国南方大部分省份的生态安全屏障。作为生态环境较脆弱敏感的区域，保护生态环境的任务艰巨。云南的绿色发展之路，面临着产业结构调整、转型、升级的重任。

9.6.2 云南生态文明建设的基本特征

《中国省域生态文明状况评价·2017》对云南省生态文明六大分领域的分析结果是：生态环境分领域得分居全国第 3 位；生态制度分领域得分也略高于全国总体水平；生态空间、生态经济、生态生活、生态文化分领域得分较全国总体水平略低。据此有针对性地开展工作，补足短板，有利于全面提升其生态文明建设水平。如图 9-17 所示。

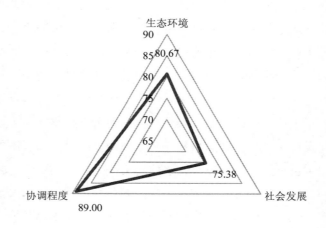

图 9-16　云南生态文明建设评价雷达图

表 9-6　云南 2015 年生态文明建设评价结果

一级指标	二级指标	三级指标	指标性质	指标数据	西部排名
生态文明指数（WECI）	生态环境	自然保护区的有效保护	正指标	7.30%	9
		建成区绿化覆盖率	正指标	37.3%	9
		地表水体质量	正指标	86.7%	7
		重点城市环境空气质量	正指标	95.76%	1
		水土流失率	逆指标	36.15%	5
		化肥施用超标量	逆指标	97.73 kg/hm^2	9
		农药施用强度	逆指标	8.16 kg/hm^2	10
	社会发展	人均 GDP	正指标	28 806 元	11
		人均可支配收入	正指标	15 222.6 元	9
		城镇化率	正指标	43.33%	9
		人均教育经费投入	正指标	1 951.51 元	10
		每千人口医疗机构床位	正指标	5.01 张	9
		农村改水率	正指标	70.27%	7
	协调程度	工业固体废物综合利用率	正指标	51.02%	8
		城市生活垃圾无害化率	正指标	90%	7
		水体污染物排放变化效应	正指标	9.05	3
		大气污染物排放变化效应	正指标	3.92	6

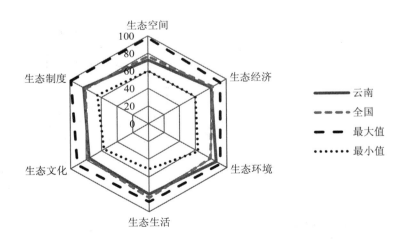

图 9-17　云南生态文明建设分领域状况

　　从具体指标来看，在生态空间领域，云南省"植被覆盖指数（E1）"满分，"水网密度指数（E2）"均略高于全国总体水平，"自然保护区面积占辖区面积比重（E3）"则处于偏低水平。生态经济领域，云南省"能源节约（E5）"高于全国总体水平，"工业资源节约（E6）""主要污染物排放强度（E8）"得分处于偏低水平，"化肥、农药施用强度（E9）"得分则高于全国总体水平。生态环境领域，云南省"大气环境质量（E10）"较好，得分居全国第3位，"水环境质量（E11）"则较差，居26位，"水土流失及治理（E12）"得分高于全国总体水平，"生态足迹/生物承载力（E13）"得分仅次于内蒙古、西藏、青海，接近满分。2014年云南省"突发环境事件（E14）"不多，得分接近满分。"公众对生态环境的满意率（E15）"得分略高于全国平均水平。生态生活领域，云南省"城镇人居环境（E16）""农村人居环境（E17）"得分与全国总体水平相差不大，"居民生活行为（E18）"则略低于全国总体水平。生态文化领域，云南省"公众生态文明知识知晓度（E19）""环境信息公开（E20）"略高于全国总体水平，"国家级生态文明建设县（市、区）相关创建比例（E21）"则较全国总体水平低。生态制度领域，云南省"生态文明制度建设（E22）"得分较高，而"生态保护与治理投资（E23）"得分则低于全国总体水平。如图9-18所示。

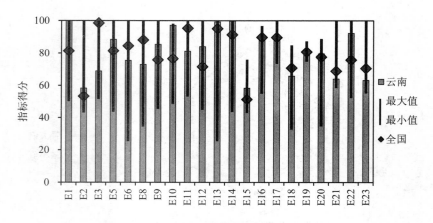

图9-18　云南生态文明状况评价指标分析

9.6.3　云南生态文明建设的重点领域

（1）国土空间格局优化

云南着力构建全省城镇化、农业生产、生态安全、对外开放四大战略格局：打造滇中城市圈、沿边对外开放经济带及滇中、滇西、滇东南、滇西北、滇西南和滇东北六大城市群，昆明—瑞丽、昆明—磨憨、昆明—河口、昆明—腾冲、昆明—昭通—成渝和长三角、昆明—文山—北部湾和珠三角、昆明—丽江—迪庆—滇川藏大香格里拉7条经济走廊，构建"一圈一带六群七廊"的城市化战略格局；构建以青藏高原南缘生态屏障、哀牢山—无量山生态屏障、南部边境生态屏障、金沙江干热河谷地带、珠江上游喀斯特地带为主体的"三屏两带"生态安全战略格局；构建滇中、滇东北、滇东南、滇西、滇西北、滇西南六大区域板块高原特色农业战略格局；构建我国面向西南开放重要桥头堡的开放战略格局。

（2）生态文明体制改革

①自然资源资产产权制度建设。云南开展水流产权确权试点工作，拟制《推进水务一体化管理体制改革落实方案》，全省11个州（市），105个县（市、区）进行了水务改革。

②空间规划体系建设。云南省级空间体系规划成果及《云南空间体系规划管理办法》《云南省空间体系规划统一技术措施》即将完成，并制定《云南省县（市）域"多规合一"试点工作技术导则》。

③生态文明绩效评价考核和责任追究制度建设。云南制定了《开展领导干部自然资源资产离任审计试点实施方案》。

（3）生态环境质量改善

"十二五"期间云南深入推进七彩云南保护行动、生物多样性保护行动计划和森林云南建设，森林覆盖率达到55.7%，提高2.8个百分点。九大高原湖泊保护治理得到加强，水质稳定好转。城乡人居环境质量不断提高，县级及县级以上城市污水集中处理率和生活垃圾无害化处理率达到85%，农业农村面源污染治理力度加大。单位GDP能耗累计下降19.8%，超额完成国家下达的节能减排任务。退耕还林还草、生态修复、水土保持、地质灾害防治持续加强。土地、矿产资源节约利用水平明显提高。

（4）生态经济体系构建

①产业转型升级步伐加快。产业结构不断优化。近年来，随着西部大开发战略深化和"一带一路"战略的实施，云南省经济发展水平有了明显的提高，主要表现为经济总量稳定增长、产业结构不断优化：2015 年云南省的地区生产总值达 13 619.17 亿元，比 2010 年 7 224.18 亿元增长了 88.52%。

②对外开放格局不断优化。云南主动服务和融入国家"一带一路"、长江经济带等重大发展战略，积极建设孟中印缅、中国—中南半岛经济走廊，开展了多层次多边、双边对外交流合作。各类重点开发开放试验区、经济合作区、综合保税区建设不断推进。区域通关一体化改革不断深化。构建与长三角、泛珠三角、京津冀及周边省（区、市）的常态化合作交流机制。积极承接东部产业转移，大力培育外向型企业，累计完成外贸进出口总额 1 170 亿美元。成功举办 3 届南博会，为推进我国与南亚东南亚国家的合作交流搭建了战略性平台。

③特色农业建设效果显著。云南着力推进高原特色农业现代化，建设了一批高原特色现代农业重点县，积极发展多样性农业，拓展生态涵养、观光休闲、文化传承等功能，提高农业附加值和综合效益。

（5）生态文化宣传教育

云南省委常委会议审议并同意《中共云南省委 云南省人民政府关于加快推进生态文明建设排头兵的实施意见》，要求各级各地各部门要紧紧围绕全国生态文明建设排头兵的战略定位，以生态文明先行示范区建设为抓手，以健全生态文明制度体系为重点，优化国土空间开发格局，全面促进资源节约利用，加大自然生态系统和环境保护力度，大力推进绿色循环低碳发展，弘扬民族生态文化，倡导绿色生活，加快建设美丽云南，使云南的天更蓝、水更清、山更绿、空气更清新。

云南省持续推进全省藏羌彝等民族聚居地区文化与生态、旅游的融合发展，迪庆州德钦梅里雪山传统古村落传承保护及文化旅游建设项目、丽江中国纳西文化传承基地、丽江宋城旅游区被列为 2015 年国家藏羌彝走廊文化产业重点项目。丽江玉龙雪山印象旅游文化产业有限公司、云南汇通古镇文化旅游开发集团有限公司入选第六批国家文化产业示范基地，全省国家文化产业示范基地达到 10 家。

（6）宜居生活体系建设

①基础设施建设迈上新台阶。云南基础设施建设取得重大进展，综合交通 3

年攻坚战圆满收官，"五网"建设 5 年大会战全面启动。玉磨、大临、弥蒙铁路开工建设。保泸、玉临等高速公路开工建设，富宁—水富南北大通道全线通车，新改建农村公路 2.19 万 km，181 座"溜索改桥"项目基本完成。泸沽湖机场建成通航，沧源、澜沧机场等在建项目快速推进。澜沧江—湄公河国际四级航道二期工程、金沙江中游库区航运设施等项目进展顺利。加强省内骨干电网、石油天然气管道和城市燃气管网建设。滇中引水工程获批，勘察试验性工程开工。新开工建设 43 件重点水源工程，建成 50 万件"五小水利"工程。推进昆明区域性国际通信出入口、呈贡信息产业园等项目建设，保山市、大理市成为国家第二批促进信息消费试点城市。开展城市地下综合管廊和建制镇"一水两污"项目建设。

②精准扶贫得到有效推进。云南构建扶贫攻坚体制机制，走出了整村、整乡、整县、整州和整族扶贫的新路子，年均减少贫困人口 100 万人以上。

9.7　西藏自治区

9.7.1　西藏概况

西藏自治区面积 122.8 万 km^2。其面临的主要生态问题包括：一是受高原特殊的自然条件限制，西藏资源环境承载能力极为有限，其资源与生态环境本底情况有待于进一步调查、评估；二是以高寒草地为主体的高原生态系统深受气候变化和人类活动的双重影响，屏障功能正面临日益严峻的威胁；三是以高寒草地为支撑的畜牧业仍沿袭传统模式。经过多年的发展，西藏高原生态系统整体稳定，植被覆盖度呈增加趋势，生态系统结构改善。沙化面积减少，工程区风沙治理成效显著。天然林与自然生态区保护初见成效，野生动植物种群恢复性增长。生态系统服务功能逐步提升，生态安全屏障功能稳定向好。

西藏素有"世界屋脊"和"地球第三极"之称，是世界上海拔最高的地方。西藏是南亚、东南亚地区的"江河源"和"生态源"，是中国乃至东半球气候的"启动器"和"调节区"，也是重要的生物物种基因库。

西藏生态环境优良，生态资源基础雄厚，自然生态活力与城市生态活力水平高，涵养水源、净化空气、固化土壤、维持生物多样性的基本生态功能水平较高。

2015 年西藏自然保护区占辖区面积达 33.70%；建成区绿化覆盖率 42.6%；优于Ⅲ类水质河长比例达到 99.9%，均高于全国平均水平。西藏的水土流失率为 9.37%，在全国范围内都具有突出优势。但数据也显示，西藏存在着化肥施用量超标等情况。

西藏通过编制实施《2013—2030 年西藏生态安全屏障保护与建设规划》，制定实施《西藏自治区环境保护监督管理办法》《环境保护考核办法》，加强环境影响评价和监管，抓好江河源头区、草原、湿地、天然林以及生物多样性保护。坚持把各级各类自然保护区作为特区，实施最严格的保护措施。全区已建立 22 个生态功能保护区、8 个国家森林公园、5 个国家湿地公园、4 个地质公园、3 个国家级风景名胜区、47 个自然保护区，全区自然保护区面积达到 4 136.9 万 hm²，占辖区面积的 33.7%，居全国第一。

9.7.2 西藏生态文明建设的基本特征

《中国省域生态文明状况评价·2017》对西藏自治区生态文明六大分领域的分析结果是：各分领域发展极度不均衡，生态环境分领域得分居全国第 1 位；其他 5 个领域得分均低于全国总体水平，其中，生态经济、生态生活、生态文化、生态制度分领域得分极低，分别居全国第 29 位、第 31 位、第 31 位、第 29 位。如图 9-20 所示。

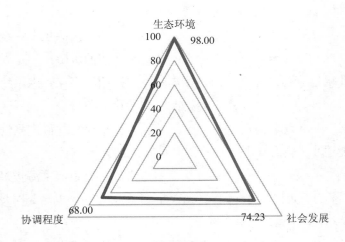

图 9-19　西藏生态文明建设评价雷达图

表 9-7 西藏 2015 年生态文明建设评价结果

一级指标	二级指标	三级指标	指标性质	指标数据	西部排名
生态文明指数（WECI）	生态环境	自然保护区的有效保护	正指标	33.70%	1
		建成区绿化覆盖率	正指标	42.6%	1
		地表水体质量	正指标	99.9%	3
		重点城市环境空气质量	正指标	85.75%	4
		水土流失率	逆指标	9.37%	2
		化肥施用超标量	逆指标	12.34 kg/hm^2	4
		农药施用强度	逆指标	4.25 kg/hm^2	5
	社会发展	人均 GDP	正指标	31 999 元	9
		人均可支配收入	正指标	12 254.3 元	12
		城镇化率	正指标	27.74%	12
		人均教育经费投入	正指标	4 809.76 元	1
		每千人口医疗机构床位	正指标	4.33 张	12
		农村改水率	正指标		
	协调程度	工业固体废物综合利用率	正指标	3.00%	12
		城市生活垃圾无害化率	正指标		
		水体污染物排放变化效应	正指标	−105.35	10
		大气污染物排放变化效应	正指标	−0.06	12

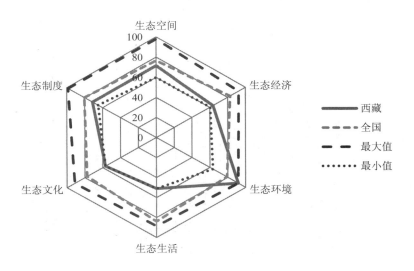

图 9-20 西藏生态文明建设分领域状况

从具体指标来看，在生态空间领域，西藏自治区"植被覆盖指数（E1）"得分较低，居全国第 31 位，"水网密度指数（E2）"得分较全国总体水平略高，"自然保护区面积占辖区面积比重（E3）"满分。生态经济领域，西藏自治区"能源节约（E5）""工业资源节约（E6）""主要污染物排放强度（E8）"得分均低于全国总体水平，其中，"能源节约（E5）""工业资源节约（E6）"两项指标尤其低，分别居全国第 26 位、第 31 位，"化肥、农药施用强度（E9）"则得满分，高居全国第 1 位。生态环境领域，西藏自治区"大气环境质量（E10）""水环境质量（E11）""水土流失及治理（E12）""生态足迹/生物承载力（E13）""突发环境事件（E14）"及"公众对生态环境的满意率（E15）"五项指标得分均高于全国总体水平，其中，"大气环境质量（E10）"得分居全国第 5 位，"水环境质量（E11）""生态足迹/生物承载力（E13）""突发环境事件（E14）"满分，"公众对生态环境的满意率（E15）"高居全国第 1 位。生态生活领域，西藏自治区"城镇人居环境（E16）""农村人居环境（E17）""居民生活行为（E18）"三项指标得分均居全国末位。生态文化领域，西藏自治区"公众生态文明知识知晓度（E19）"得分略低于全国总体水平，"环境信息公开（E20）"及"国家级生态文明建设县（市、区）相关创建比例（E21）"分别居全国第 31 位、第 30 位。生态制度领域，西藏自治区"生态文明制度建设（E22）"在全国处末位，"生态保护与治理投资（E23）"得分则高居全国第 6 位。如图 9-21 所示。

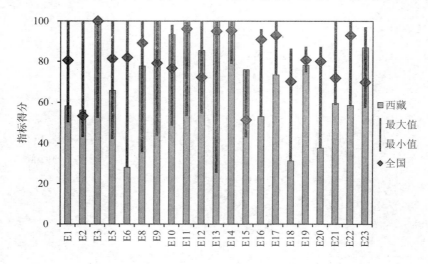

图 9-21　西藏生态文明状况评价指标分析

9.7.3　西藏生态文明建设的重点领域

（1）国土空间格局优化

西藏坚持走有中国特色、西藏特点的发展路子，着力构建全区国土空间的"三大战略格局"：构建以"拉萨—泽当城镇圈"为核心圈，以雅鲁藏布江中上游城镇、尼洋河中下游城镇为东西两翼，以藏东昌都镇、藏北那曲镇和藏西狮泉河镇为3个节点，形成"一圈两翼三点两线"为主体的城镇化战略格局；构建以藏西北、羌塘高原南部、藏东北、雅鲁藏布江中上游区、雅鲁藏布江中游—拉萨河区域、尼洋河中下游、藏东南七大农林牧业生产区为主体的"七区七带"农业战略格局；构建以藏西北羌塘高原荒漠生态屏障区、藏东南高原边缘森林生态屏障区、喜马拉雅中段生态屏障区、念青唐古拉山南翼水源涵养和生物多样性保护区、昌都地区北部河流上游水源涵养区、羌塘高原西南部土地沙漠化预防区、阿里地区西部土地荒漠化预防区、拉萨河上游水源涵养与生物多样性保护区为主体的"三屏五区"生态安全战略格局。

（2）生态文明体制改革

西藏以维护优良环境质量为核心，以保护和修复自然生态系统为主线，着力构建系统完整的生态文明制度体系，严守生态保护底线，实施分区分类管理，严格环境准入，全面推进生态保护和污染防治，加大产业结构调整力度，深化环境监测、监察体制改革，强化环境法治，完善环境信息公开，着力为各族群众提供健康安全的环境和优质的环境公共服务。力求在2020年完成生态文明体制改革阶段性目标任务，初步建立严格监管所有污染物和生态破坏的生态环境保护组织制度体系，初步建成环境在线监测、在线监管、环评审批、信息发布为一体的智能化平台系统，逐步形成尊重自然、顺应自然、保护自然的社会风尚。

（3）生态环境质量改善

"十二五"期间西藏生态环境保护与建设取得新进展。全面实施西藏生态安全屏障保护与建设规划，投入71亿元，"十大工程"扎实推进。加强资源开发和生态环境保护监督管理，严格实行矿产资源勘查开发自治区政府"一支笔"审批和环境保护"一票否决"制，严把准入关，实现"三高"企业和项目零审批、零引进。环境执法监管能力明显提高。建立环境保护与财政转移支付挂钩的奖惩机制。累计兑现草原生态保护补助奖励、森林和湿地生态效益补偿资金 147 亿元。在全国率先建设江河源生态功能保护区。纳木错和羊卓雍错纳入国家良好湖泊保护试点。拉萨市成为国家环境保护模范城市，山南、林芝列入国家首批生态文明先行示范区。自治区危废处置中心、七地市医废处置中心和 56 个县城垃圾填埋场建成使用，8 个污水处理厂建设扎实推进。公益林、自然保护区管护体制改革初见成效。"两江四河"流域造林绿化工程全面推进，植树造林 516.6 万亩，林业带动群众增收 42.8 亿元。全区水、大气、土壤质量优良。

（4）生态经济体系构建

①产业转型升级步伐加快。产业结构不断优化。2015 年西藏的地区生产总值达 1 026.39 亿元，比 2005 年的 248.8 亿元增长了 312.54%，三大产业结构从 2005 年的 19.31∶25.53∶55.16 调整为 2015 年的 9.55∶36.65∶53.80，第一产业占比不断下降，第二产业占比有所上升从而提升全区经济发展速度，第三产业比重占据主导地位。

②绿色发展水平不断提高。新能源产业体系逐步建立。西藏重点开发藏东南"三江"流域、雅江流域水电资源，集中建设光伏发电产业区，实现清洁能源规模外送。

③对外开放格局不断优化。西藏扩大对内对外开放。把中国西藏旅游文化国际博览会培育成开放发展新引擎，打造具有国际影响力、全国辐射力、区域带动力的交流合作高端平台。推进基础设施互联互通，促进周边省区一体化。积极参与孟中印缅经济走廊建设。积极推进环喜马拉雅经济合作带、吉隆跨境经济合作区建设。优化对外开放口岸布局，重点建设吉隆口岸，加快发展普兰口岸，恢复开放亚东口岸，推动建设陈塘、日屋口岸。支持喜马拉雅航空公司拓展国际航线。制定优惠政策，积极引进大企业、大集团进藏兴办实体、投资创业。

（5）生态文化宣传教育

西藏广泛开展环保志愿者行动、义务植树造林等环保公益活动。积极开展了生态农业、清洁生产、生态旅游、垃圾分类等生产生活实践活动。加强了各类生态公园、生态示范区、生态破坏区实地参观和考察等生态认知和感受教育。

西藏通过举办雅鲁藏布江生态文化旅游节，不断传承弘扬西藏特有的民俗文化，丰富人民群众精神文化生活，提升林芝对外知名度和美誉度，使林芝逐步成为雪域高原经济社会发展最具活力的地市，逐步成为西藏对外开放的形象窗口、重要窗口。

（6）宜居生活体系建设

①基础设施建设迈上新台阶。西藏基础设施迈入互联互通新阶段，公路总里程达 7.8 万 km，比"十一五"末增加 33.7%，川藏公路西藏段、新藏公路全线黑色化。拉林高等级公路开工路段、林芝米林机场快速通道、嘎拉山隧道和雅江特大桥建成通车，高等级公路实现零的突破，达到 300 km。墨脱公路全线通车，结束了全国唯一一个县不通公路的历史。拉日铁路建成运营，拉林铁路全面开工建设。贡嘎、米林、邦达机场改扩建工程进展顺利，国内外航线增至 63 条，通航城市 40 个。立体化交通体系互联互通水平和综合保障能力大幅提升。金沙江上游、澜沧江上游和雅江中游水电规划获得国家批复，青藏、川藏电网实现联网，主电网覆盖 58 个县。新型城镇化扎实推进，城镇化率达到 26%。昌都旧城改造、那曲"三项工程"基本完成，拉萨城市供暖工程建成，惠及千家万户。

②精准扶贫得到有效推进。"十二五"期间，西藏累计投入扶贫资金 91.9 亿元，发放扶贫贴息贷款 417.4 亿元，减少贫困人口 58 万人。

9.8　陕西省

9.8.1　陕西概况

陕西省面积 20.58 万 km^2。生态环境问题主要表现在：水土流失较为严重；土地荒漠化加剧；水资源环境恶化，水资源危机；森林分布不均，破坏严重；草原（场）生态环境不堪重负；生物多样性遭到严重破坏；工业、农业和日常生活受到污染，污染治理缓慢等。一是陕西省是全国水土流失最严重的省份之一，全省水土流失面积约占土地总面积的 66.8%，全省年输入黄河、长江的泥沙量高达 9.12×10^8 t，占到全国江河输沙总量的 1/5。大量的水土流失还导致河道淤积、水库损坏，酿成灾害。经济贫困和水土流失互为因果，形成恶性循环。二是沙漠化继续扩张，由于自然地形破碎，干旱、少雨、多风，土壤疏松易蚀，加上水资源匮乏和植被矮小稀疏，土地沙化问题需引起重视。三是水资源环境恶化以及水危机加重。水资源开发利用程度低，浪费严重，引起生态环境变化，陕西境内的主要河流，上中游用水过度，造成频繁断流，不能保证下游农业、生活和生态用水，致使植被退化，自然植被大面积死亡，土地资源退化和生态环境恶化。四是工农业污染治理缓慢。工业结构是以矿产资源开发和初级产品加工为主，近年来随着工农业的发展，环境污染日趋严重。随着陕北能源和重化工建设，城市化进程的加快使得氮氧化物的污染也呈不断加重的趋势。乡镇企业"三废"排放量不断增加。近年来，陕西坚持"多补旧账、不欠新账"，在水系治理、植树造林方面取得了很大成就。

陕西城市生活垃圾无害化率、水体污染物排放变化效应分别为 98%、121.07 t/km；工业固体废物综合利用率 65.4%；大气污染物排放变化效应为 7.9。化肥施用超标量和农药施用强度分别为 316.25 kg/hm^2 和 3.06 kg/hm^2。

陕西依托"一带一路"发展战略为支撑，凭借悠久的人文历史、秀美的自然风光以及厚重的文化底蕴，充分发挥资源、区位、产业、交通等优势，牢牢把握新发展机遇，加快产业结构调整与升级，淘汰落后产能，发挥生态文明建设的区域引领作用，构筑西部区域乃至全国范围内的生态屏障。

9.8.2 陕西生态文明建设的基本特征

《中国省域生态文明状况评价·2017》对陕西省生态文明六大分领域的分析结果是：生态生活、生态文化、生态制度分领域得分高于全国总体水平；而生态空间、生态经济、生态环境分领域得分则居全国中下游水平。总体来看，陕西省生态文明六大领域发展也不均衡，生态空间、生态环境方面有待进一步提高，生态经济领域也应引起重视，加快产业绿色转型发展。如图 9-23 所示。

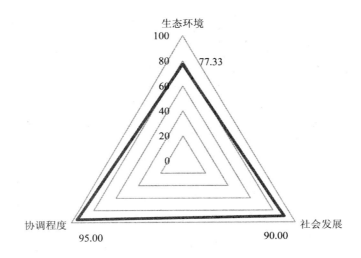

图 9-22　陕西生态文明建设评价雷达图

表 9-8　陕西 2015 年生态文明建设评价结果

一级指标	二级指标	三级指标	指标性质	指标数据	西部排名
生态文明指数（WECI）	生态环境	自然保护区的有效保护	正指标	5.50%	11
		建成区绿化覆盖率	正指标	40.6%	2
		地表水体质量	正指标	68%	11
		重点城市环境空气质量	正指标	70.72%	10
		水土流失率	逆指标	61.44%	8
		化肥施用超标量	逆指标	316.25 kg/hm^2	12
		农药施用强度	逆指标	3.06 kg/hm^2	3
	社会发展	人均 GDP	正指标	47 626 元	3
		人均可支配收入	正指标	17 395 元	3
		城镇化率	正指标	53.92%	4
		人均教育经费投入	正指标	2 411.04 元	6
		每千人口医疗机构床位	正指标	5.59 张	5
		农村改水率	正指标	40.22%	11
	协调程度	工业固体废物综合利用率	正指标	65.40%	2
		城市生活垃圾无害化率	正指标	98%	3
		水体污染物排放变化效应	正指标	6.90	6
		大气污染物排放变化效应	正指标	7.90	4

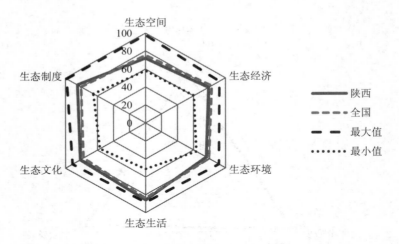

图 9-23　陕西生态文明建设分领域状况

　　从具体指标来看，在生态空间领域，陕西省"植被覆盖指数（E1）"满分，"水网密度指数（E2）"得分高于全国总体水平，"自然保护区面积占辖区面积比重（E3）"则明显较低，在全国处下游水平。生态经济领域，陕西省"能源节约（E5）""主要污染物排放强度（E8）"指标得分显著低于全国总体水平，"工业资源节约（E6）"指标得分则高于全国总体水平，居第 8 位，"化肥、农药施用强度（E9）"得分略高于全国总体水平。生态环境领域，陕西省"大气环境质量（E10）"与全国总体水平相差不大，"水环境质量（E11）""水土流失及治理（E12）"得分均高于全国总体水平，"生态足迹/生物承载力（E13）"得分显著低于全国总体水平，"公众对生态环境的满意率（E15）"也较全国总体水平略低。2015 年，陕西省"突发环境事件（E14）"发生较多，得分居全国第 27 位。生态生活领域，陕西省"城镇人居环境（E16）""农村人居环境（E17）"得分与全国总体水平相差不大，"居民生活行为（E18）"得分则高于全国总体水平，居全国第 7 位。生态文化领域，陕西省"公众生态文明知识知晓度（E19）"与全国总体水平大致相当，"环境信息公开（E20）"得分居全国第 1 位，"国家级生态文明建设县（市、区）相关创建比例（E21）"得分也高于全国总体水平。生态制度领域，陕西省"生态文明制度建设（E22）"得分与全国总体水平大致相当，"生态保护与治理投资（E23）"则较全国总体水平略高。如图 9-24 所示。

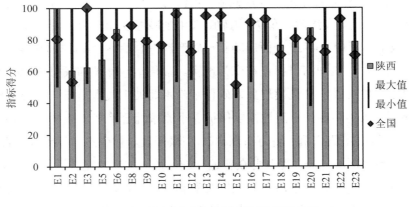

图 9-24 陕西生态文明状况评价指标分析

9.8.3 陕西生态文明建设的重点领域

（1）国土空间格局优化

陕西从建设富裕和谐生态陕西和国土空间永续发展的战略需要出发，遵循不同国土空间自然属性，着力构建全省三大空间战略格局：构建"一核四极两轴"为主体的城市化战略格局（一核：以西安国际化大都市；四极：宝鸡、榆林、汉中、渭南；两轴：以陇海铁路和连霍高速公路为东西向主轴，以西包—西康铁路和包茂高速公路为南北向主轴）；构建以黄土高原生态屏障、秦巴山地生态屏障、长城沿线防风固沙带、渭河沿岸生态带和丹江两岩生态安全带为主体的"两屏三带"生态安全战略格局；构建以关中平原、渭北台塬、汉中盆地、陕北高原、秦巴山地为主体的"五区十八基地"农业战略格局。

（2）生态文明体制改革

①资源有偿使用和生态补偿制度建设。陕西出台了《陕西省渭河流域水污染补偿实施方案（试行）》。

②环境治理和生态保护市场体系建设。陕西制定印发《陕西省排污许可证管理暂行办法》，先后对 675 家国、省控重点污染源企业排污量进行核定。

（3）生态环境质量改善

"十二五"期间，陕西省将环保放在重点位置，坚持山水林田湖一体化治理，生态建设正在向系统化迈进。大力实施"治污降霾·保卫蓝天"行动计划,拆改燃煤锅炉 3 867 台,淘汰黄标车 7.8 万辆,关中削减燃煤 300 万 t,西安收获了 251 个蓝天,较上年新增 40 天。全面启动新一轮渭河综合治理,累计投资 245.5 亿元,安澜河、生态河、景观河目标正在变为现实。强化秦岭保护和汉丹江综合治理,有效遏制了秦岭北麓违法乱建现象,确保了南水北调中线水质安全。统筹推进退耕还林还草、天然林保护、湿地恢复保护、小流域综合治理,造林绿化 490.7 万亩,建成"百万亩湿地"和"百万亩森林"。积极开展农村生态环境连片综合整治,改水改厕,治理面源污染,受到群众普遍欢迎。强力推进节能减排,健全高污染、高排放企业退出机制,加强污水处理厂及配套管网建设,实行垃圾集中处理,城镇污水处理率达 83.2%,垃圾无害化处理率达 85.4%,单位 GDP 能耗下降 3.3%,四项主要污染物减排任务超额完成。

(4)生态经济体系构建

①产业转型升级步伐加快。产业结构不断优化。近年来,随着西部大开发战略深化和"一带一路"战略的实施,经济发展水平明显提高:2015 年陕西的地区生产总值达 18 021.86 亿元,比 2010 年的 10 123.48 亿元增长了 78.02%,其中第一产业、第二产业、第三产业增长率分别为 61.62%、66.76%和 99.03%,三大产业结构从 2010 年的 9.76∶53.80∶36.44 调整为 2015 年的 8.86∶50.40∶40.74,第二产业占比明显下降,第三产业比重明显增加。

②绿色发展水平不断提高。新能源产业体系逐步建立。陕西坚持"三个转化"思路推进能源化工产业高端化,陕西煤化集团继延长集团之后跻身世界 500 强,能源化工产业经受严峻考验继续发挥支柱作用。循环经济建设初见成效。陕西加快建设神华榆林循环经济煤炭综合利用项目。

③对外开放格局不断优化。陕西积极融入"一带一路"战略,陕西已站在对外开放的前沿位置。围绕国家论坛和品牌展会精心搭建高端合作平台,参加欧亚经济论坛的国家、地区和国际组织从首届的 13 个增加到 53 个,丝绸之路经济带城市圆桌会议机制正式建立,西洽会和农高会向丝绸之路经济带国际展会转型。依托海关特殊监管区积极创建陕西自由贸易试验区,围绕大通关加快推进贸易便利化,与国内 13 个口岸城市建立合作关系,铁路航空物流集散中心初具规模,全省海关增加到 6 个,"长安号"纳入国家"中欧快线"年发送 138 列。发挥在国家

外交大局中地位提升的优势，巩固发展与国外的省州友好关系，深化与中亚国家的合作办学机制，积极推进丝绸之路国际电影节、艺术节和旅游博览会常态化。坚持高水平引进来、高标准"走出去"参与国际产业分工。

（5）生态文化宣传教育

陕西地处黄河中下游，是中华民族和中华文明的重要发祥地，拥有极其丰厚的历史文化、特色鲜明的民族文化、雄奇壮美的自然文化和内涵丰富的生态文化。改革开放以来，省级林业部门高度重视，把生态文化体系建设摆上重要议事日程，制定并出台一系列配套措施，有力推动了生态文化发展并取得显著成效。

①生态文化建设基础明显加强。近年来，陕西抓住国家重视林业建设的重要时机，加大生态建设和保护力度，为生态文化建设奠定了坚实基础。一是造林绿化力度加大。陕西省近十年累计完成造林 6 155 万亩，森林覆盖率平均以每年增长近一个百分点的速度递增。二是森林资源显著增长。陕西省森林面积、活立木蓄积比上一次清查分别增加 1 300 万亩、6 300 万 m^3，全省绿色版图向北推进 400 多 km，生态状况实现了由"整体恶化、局部好转"向"总体好转、局部良性循环"的历史性转变。三是基础设施不断完善。陕西建成森林公园 77 处，国家级自然保护区 15 个。四是古树名木保护加强。

②生态文化精品工程持续涌现。在生态文化建设中，陕西坚持以森林旅游、休闲度假、生态观光等产业发展为重点，大力扶持生态文化产业发展，形成一批具有浓郁地方特色的精品生态文化工程。一是华阴华山等国家 5A 级景区为依托，大力发展名山名川游，形成了闻名国内外的自然山水旅游文化工程；二是以国家森林公园、自然保护区、湿地公园等为依托，充分挖掘森林文化、湿地文化的潜力，大力发展森林景观游，形成了一批各具特色的森林生态旅游文化工程；三是以经济林花卉种植园、野生动物园、郊外公园等为依托，大力发展采摘园、观光园，让游客在采摘和观光的同时，感受自然生态的魅力，形成了一批带有浓郁乡村气氛的现代林业生态文化工程；四是以木材和林产品加工等为依托，大力开展生态文化企业创建，指导企业在正常发展的同时，把生态文化建设贯穿在企业管理的各个环节，形成一批既有林业特色，又有文化元素的多元化林业企业文化工程等。

③生态文化宣传形式不断创新。为树立正确的生态价值观，形成推进林业发展的良好氛围，陕西不断创新宣传方式，丰富宣传内容，增强宣传效果。一是突

出新闻媒体宣传。在报纸、电视台、广播电台和网络等新闻媒体，开辟专题专栏、定期定时宣传林业在维护生态安全、弘扬生态文明中的重要地位和作用，大力普及生态和林业知识。二是强化公益广告宣传。三是加强社会活动宣传。陕西省组织开展了全民义务植树、绿地认养认建、摄影、书法、美术大赛和征文活动，尤其是在每年的"植树节""世界湿地日""爱鸟周"等重要节庆日前后，都要组织开展丰富多彩、寓教于乐的各种主题活动，积极倡导生态文明价值观念和行为方式，在社会产生良好效果。四是推进校园教育宣传。陕西省林业厅与教育厅联合，出版了中小学《生态文明教育读本》，让生态文明走进课堂。

④生态文化建设环境显著改善。生态文化是林业发展的血脉，已经融入林业发展的各个方面。特别是中央出台的《关于深化文化体制改革推动社会主义文化大发展大繁荣若干重大问题的决定》，把陕西生态文化建设推向前了所未有的发展阶段。一是建设生态文化的理念普遍增强。陕西各级党委、政府普遍将生态文化建设摆上更加重要位置，加强对生态文化建设组织领导，不断增强责任感和使命感，生态文化建设对促进经济社会发展的重要作用得到重要发挥，实施"生态立省""生态立市""生态立县"战略成为地方各级党政领导的执政理念，林业已经成为展示地区形象的绿色名片。二是社会各界投资林业的动力普遍增强。随着生态文化建设的蓬勃开展，特别是随着陕西林权制度改革的深入，使投资林业的效益更加凸显，更好地展示出"绿色银行"的效能，进一步激发了社会投资林业的积极性，林业投资结构发生重大变化，实现由过去国家投入为主向现在业主等多种经济成分共同投入的多元化格局转变。三是人民群众参与生态建设的意识普遍增强。陕西通过采取强化宣传发动，不断丰富和完善义务植树的形式，建立健全义务植树登记和考核制度等，使全民义务植树的法定性、公益性、义务性家喻户晓，进一步提高了适龄公民依法履行植树义务的责任意识、质量意识，形成全省上下广泛动员、千家万户齐上阵的良好发展环境。

（6）宜居生活体系建设

①基础设施建设迈上新台阶。陕西围绕平衡发展强化以综合立体交通为重点的基础设施保障能力，启动西安咸阳国际机场三期工程，西安地铁运营里程达到200 km，建设铁路 3 500 km、高速公路 1 500 km，新建改建农村公路 6 万 km，实现"市市通高铁、县县通高速、村村通油路"。

②精准扶贫得到有效推进。"十二五"期间，陕西深入实施国家精准扶贫战略，不断完善脱贫工作机制，坚持扶贫工作向基层倾斜、向民生倾斜、向农牧民倾斜，更加聚焦精准扶贫、精准脱贫，瞄准建档立卡贫困人口精准发力，提高扶贫实效。陕西的避灾扶贫生态移民搬迁开创了全国脱贫攻坚的新路径，170 多万人依靠移民搬迁告别深山。

9.9　甘肃省

9.9.1　甘肃概况

甘肃省面积 42.59 万 km²。地处我国西北部，地貌条件复杂多样，省域内黄土高原和陇南山地属东部季风区，河西走廊和阿拉善高原属西北干旱区，甘南和祁连山地属青藏高原区，山地高原丘陵、盆地、沙漠、戈壁相互交织，组成各种生态环境类型区，制约着土地利用和林业生产的发展。这种自然地理特性使甘肃在全国的生态环境建设中占有重要地位。甘肃黄土高原的大量泥沙流入黄河，陇南地区泥石流多发，加大了长江泥沙含量，河西地区的风沙危害十分严重，沙尘暴频发，毁坏农田和建筑，由河西和阿拉善地区刮起的沙尘已影响整个华北甚至江淮地区。这些问题，不仅严重制约全省的经济发展和社会进步，也给黄河、长江的中下游地区留下一系列生态经济隐患。全省存在的生态问题主要有：一是现有土壤侵蚀面积约 40 万 km²，占总土地面积的 89%。近些年在艰苦治理的同时，一些地区仍在陡坡地开荒，掠取燃料，抵消了部分治理成果，生态环境继续恶化的趋势还没有遏止住。二是人为地过度开荒垦种，超载过牧，超采地下水，使荒漠植被遭受破坏，沙漠戈壁和受风沙危害的土地占全省土地总面积的 40%以上。三是草地退化、沙化和碱化面积逐年增加，超载过牧引起了草场的退化和生产能力的下降，每年退化的草场有 6 万 hm² 左右。四是城镇附近的生活垃圾、工矿附近的工业"三废"引起的污染，农药、地膜引起的农业化学污染都给生态环境造成不利的影响。五是生物多样性遭到严重破坏，很多珍贵动物的栖息环境不断恶化，有些国家级保护动物濒临灭绝。六是水土流失、荒漠化等问题引起的不良后果，加剧了社会的贫困和自然灾害的发生，造成群众生活困难。据统计，全省近

300 万贫困人口，90%以上都生活在水土流失和荒漠化严重的地区。甘肃的生态环保问题很多是历史问题，国家和甘肃省政府制定并落实多个专项，开展了卓有成效的工作。但治理的速度滞后于恶化的速度，前景堪忧，需要采取更好的方式和模式快速推进。

甘肃水土流失率达到 64.13%，反映出区域内部多地区均存在着严重的水土流失问题。城镇化率仅为 43.19%，存在城镇化发展明显低于全国平均水平，统筹城乡协调发展仍然任务艰巨。工业固体废物综合利用率为 52.87%，城市生活垃圾无害化率 64.2%，综合反映出在资源节约、循环利用等领域，甘肃仍然处于较低水平，具有提升资源综合使用效率的潜力。

9.9.2 甘肃生态文明建设的基本特征

《中国省域生态文明状况评价·2017》对甘肃省生态文明六大分领域的分析结果是：生态空间、生态经济、生态环境、生态生活、生态文化五大分领域得分均低于全国总体水平，生态制度领域因"生态保护与治理投资"较高，得分相应较高，但祁连山事件属于重大政策制度问题，实际分析过程中将其从排名中剔除。如图 9-26 所示。

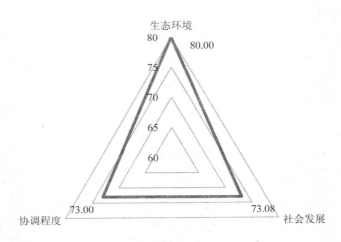

图 9-25　甘肃生态文明建设评价雷达图

表 9-9　甘肃 2015 年生态文明建设评价结果

一级指标	二级指标	三级指标	指标性质	指标数据	西部排名
生态文明指数（WECI）	生态环境	自然保护区的有效保护	正指标	21.50%	3
		建成区绿化覆盖率	正指标	30.2%	11
		地表水体质量	正指标	74.5%	10
		重点城市环境空气质量	正指标	70.87%	9
		水土流失率	逆指标	64.13%	10
		化肥施用超标量	逆指标	6.48 kg/hm^2	3
		农药施用强度	逆指标	18.64 kg/hm^2	12
	社会发展	人均 GDP	正指标	26 165 元	12
		人均可支配收入	正指标	13 466.6 元	11
		城镇化率	正指标	43.19%	10
		人均教育经费投入	正指标	1 999.86 元	9
		每千人口医疗机构床位	正指标	4.91 张	10
		农村改水率	正指标	70.24%	8
	协调程度	工业固体废物综合利用率	正指标	52.87%	7
		城市生活垃圾无害化率	正指标	64.2%	11
		水体污染物排放变化效应	正指标	3.70	8
		大气污染物排放变化效应	正指标	1.52	10

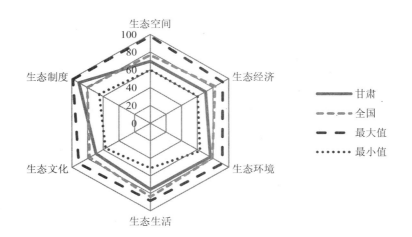

图 9-26　甘肃生态文明建设分领域状况

从具体指标来看，在生态空间领域，甘肃省"植被覆盖指数（E1）""水网密度指数（E2）"得分均明显偏低，在全国处第 27 位，"自然保护区面积占辖区面积比重（E3）"满分。生态经济领域，甘肃省"能源节约（E5）""工业资源节约（E6）""主要污染物排放强度（E8）"三项指标得分均低于全国总体水平，尤其是"主要污染物排放强度（E8）"得分居全国第 29 位，"化肥、农药施用强度（E9）"得分较高，居全国第 8 位。生态环境领域，甘肃省"大气环境质量（E10）"高于全国总体水平，"水环境质量（E11）"满分，"水土流失及治理（E12）"得分较低，在全国处第 26 位，"生态足迹/生物承载力（E13）"得分也低于全国总体水平，但排名居全国第 11 位，2015 年，甘肃省"突发环境事件（E14）"频发，处全国第 30 位，"公众对生态环境的满意率（E15）"得分也较低，在全国排第 26 位。生态生活领域，甘肃省"城镇人居环境（E16）"得分较低，在全国排第 29 位，"农村人居环境（E17）""居民生活行为（E18）"得分也低于全国总体水平。生态文化领域，甘肃省"公众生态文明知识知晓度（E19）""环境信息公开（E20）""国家级生态文明建设县（市、区）相关创建比例（E21）"三项指标得分均明显偏低，在全国分别处第 30 位、第 29 位、第 31 位。生态制度领域，甘肃省"生态文明制度建设（E22）"得分较全国总体水平略低，但"生态保护与治理投资（E23）"得分远高于全国总体水平，居全国第 5 位。如图 9-27 所示。

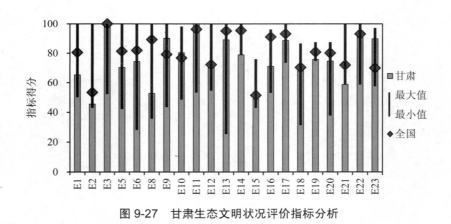

图 9-27　甘肃生态文明状况评价指标分析

9.9.3　甘肃生态文明建设的重点领域

（1）国土空间格局优化

甘肃遵循不同主体功能区的空间自然属性，积极构建省域国土空间开发"三大战略格局"：以西陇海兰新经济带为横贯全省的横轴，以呼包银—兰西拉经济带、庆（阳）—平（凉）—天（水）—成（县）徽（县）—武都经济带为两条纵轴，加速推进形成兰白（兰州—白银）、酒嘉（酒泉—嘉峪关）、张掖（甘州—临泽）、金武（金昌—武威）、天成（天水—陇南成县、徽县）、平庆（平凉—庆阳）等六大组团式城市化发展格局，形成"一横两纵六区"城市化发展战略格局；构建以沿黄农业产业带、河西地区、陇东地区和中部地区为主体的"一带三区"农业发展战略格局；构建以黄河上游生态屏障、长江上游生态屏障、河西内陆河流域生态屏障、敦煌生态环境和文化遗产保护区、石羊河下游生态保护治理区、陇东黄土高原丘陵沟壑水土保持生态功能区、肃北北部荒漠生态保护区为主体的"三屏四区"生态安全战略格局。

（2）生态文明体制改革

空间规划体系建设方面，"多规合一"工作全面铺开；甘肃有序推进新型城镇化15个试点县（市）"多规合一"编制工作。

（3）生态环境质量改善

甘肃坚持绿色发展，累计淘汰落后产能1 327万t，减少能源消费量838万t，工业固废综合利用率达到75%。城市生活污水和垃圾无害化处理率分别达到85%和63%，14个市州政府所在城市空气质量优良天数率平均为80%，兰州市荣获联合国应对气候变化巴黎大会"今日变革进步奖"。主要污染物排放完成国家下达的控制指标，单位生产总值能耗和化学需氧量、二氧化硫、氨氮排放量提前一年完成国家下达的任务，圆满完成国家下达的黄标车和老旧车淘汰任务。争取国家生态建设投资72.5亿元，提前完成石羊河流域重点治理项目，甘南黄河重要水源补给生态功能区生态保护与建设、敦煌水资源合理利用与生态保护等重大生态工程积极推进，张掖黑河湿地列入国际重要湿地名录。实施天然林保护二期、"三北"防护林等工程，完成造林面积1 305万亩，新一轮退耕还林185万亩，治理水土流失面积1万km²，森林覆盖率提高到11.86%。在1 752个行政村实施综合整治项目，创建国家级生态乡镇 71 个、省级生态乡镇 397 个、生态村 462 个。

（4）生态经济体系构建

①产业转型升级步伐加快。产业结构不断优化。近年来，甘肃经济发展水平有了明显的提高：2015 年甘肃省的地区生产总值为 6 790.32 亿元，比 2010 年的 4 135.86 亿元增长了 64.18%，其中第一产业、第二产业、第三产业增长率分别为 59.21%、28.77%和 109.95%，三大产业结构从 2010 年的 14.49：46.84：38.67 调整为 2015 年的 14.05：36.74：49.21，第一产业略微下降，第二产业占比下降明显，第三产业比重明显增加，并已经赶超第二产业。

②绿色发展水平不断提高。循环经济建设初见成效。甘肃基本完成国家循环经济示范区建设任务，建设 7 大循环经济基地，构建 16 条循环经济产业链，实施 35 个省级以上园区循环化改造，培育循环经济示范企业 110 户。

③对外开放格局不断优化。甘肃省围绕丝绸之路经济带甘肃段建设，大力实施"13685"战略，在互联互通、国际产能合作、开放平台建设、经贸技术交流、人文交流合作等方面取得显著成效。通过优化开放型经济发展环境、发挥兰州新区等平台作用、举办好丝绸之路（敦煌）国际文化博览会、提升对外航空和铁路口岸的功能、加强企业"走出去"步伐、推进多层次多领域的合作交流等一系列措施，推动全省开放型经济发展迈上新的台阶。

（5）生态文化宣传教育

甘肃省稳步推进文化体制改革稳步推进，全面完成经营性文化事业单位转企改制、全省广电网络整合、文化行政主体合并等阶段性改革任务；文化市场主体不断壮大，读者出版传媒股份有限公司成功挂牌上市，实现了甘肃文化企业上市零的突破，组建了一批大型国有文化企业集团，培育发展了一批民营文化企业；文化产业发展平台不断增多，丝绸之路（敦煌）国际文化博览会成功获批，成立了甘肃省文化产权交易中心股份有限公司。建成鸿安生态文化创意园，充分体现了甘肃（兰州）独特的丝绸之路文化、黄河文化、敦煌文化、民间民俗文化、美食美酒文化精髓，对恢复西固古城历史文化风貌，弘扬民族文化具有积极作用。

（6）宜居生活体系建设

①基础设施建设迈上新台阶。甘肃建成公路网总里程 14.01 万 km，比 2010 年增加 2.12 万 km，实现省际主要通道和市州所在地通高速公路、县城通二级以上公路、所有乡镇和 82%的建制村通沥青（水泥）路。新增铁路运营里程 133 km，总运营里程达到 4 245 km，兰新高铁、宝兰高铁等铁路开通运营，兰州至中川城际铁路建成投运。通航机场达到 8 个，年客运量突破 900 万人次。全省人民期盼半个多世纪的引洮供水一期工程建成通水、二期工程开工建设。电力装机容量达到 4 643 万 kW，煤炭生产能力达到 6 700 万 t，建成酒泉千万千瓦级风电基地。

②精准扶贫得到有效推进。甘肃投入财政专项扶贫资金 243.8 亿元，贫困人口减少到 317 万人，贫困发生率由 40.5%下降到 15%。

9.10　青海省

9.10.1　青海概况

青海省面积 72.23 万 km^2。青海是三江之源，是阻止西部荒漠向东蔓延的天然屏障，是滋润河西走廊的"天然水库"，具有不可替代、不可复制性。青海的生态环境主要问题是：水土流失日趋严重，土地沙化趋势严重，草原退化，生态环境恶化危害程度深、范围广。近年来，青海加大了生态治理力度，经过全省各族干部群众的不懈努力，青海生态环境持续向好，取得了显著成果。全省 11 个地级以上城镇集中式饮用水水源地水质优良率达 100%，地表水水质优良比例为 94.7%。三江源国家公园体制试点全面展开，生态文明制度体系加快构建，群众绿色获得感不断提升。目前，三江源、祁连山、青海湖流域等重大生态工程已经显现出良好的经济、生态和社会效益，全省湿地面积达 814 万 hm^2，居全国首位，三江源头重现千湖美景，青海湖水位连年上升，国家生态安全屏障地位日益巩固。2016 年全省单位 GDP 能耗同比下降 6%，节能减排任务全面完成。

青海生态环境优良，随着青海经济的发展，大力发展循环绿色低碳高效经济，成为人与自然协调发展的先行区是青海的战略目标。2015 年，青海自然保护区占辖区面积比例 30%，具有全国领先优势。青海地表水体质量佳，优于Ⅲ类水质河长达到 97%。化肥、农药施用强度低，化肥施用量未超标，这一优势地位需要继续保持。但青海的短板也较为突出，例如，建成区绿化覆盖率西部地区最低，为29.8%，水土流失率较高等。

9.10.2　青海生态文明建设的基本特征

《中国省域生态文明状况评价·2017》对青海省生态文明六大分领域的分析结果是：六大领域发展极度不均衡，其中，由于生态制度执行/试行比例高，生态环保投资也大，生态制度分领域得分居全国第 3 位；生态环境分领域得分也略高于全国总体水平；生态空间、生态经济、生态生活、生态文化分领域得分则明显偏低，尤其是生态生活、生态文化分领域，分别居全国第 30 位、第 29 位，需引起更多关注。如图 9-29 所示。

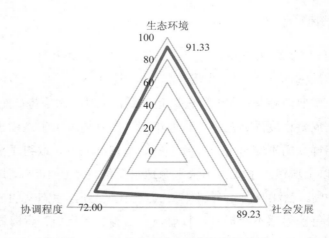

图 9-28　青海生态文明建设评价雷达图

表 9-10　青海 2015 年生态文明建设评价结果

一级指标	二级指标	三级指标	指标性质	指标数据	西部排名
生态文明指数 （WECI）	生态环境	自然保护区的有效保护	正指标	30.00%	3
		建成区绿化覆盖率	正指标	29.8%	11
		地表水体质量	正指标	97%	4
		重点城市环境空气质量	正指标	80.82%	5
		水土流失率	逆指标	28.38%	3
		化肥施用超标量	逆指标	$-44.13\ kg/hm^2$	1
		农药施用强度	逆指标	$3.50\ kg/hm^2$	4
	社会发展	人均 GDP	正指标	41 252 元	5
		人均可支配收入	正指标	15 812.7 元	8
		城镇化率	正指标	50.3%	5
		人均教育经费投入	正指标	3 390.89 元	2
		每千人口医疗机构床位	正指标	5.87 张	3
		农村改水率	正指标	80.88%	4
	协调程度	工业固体废物综合利用率	正指标	48.74%	9
		城市生活垃圾无害化率	正指标	87.2%	9
		水体污染物排放变化效应	正指标	1.50	9
		大气污染物排放变化效应	正指标	0.16	11

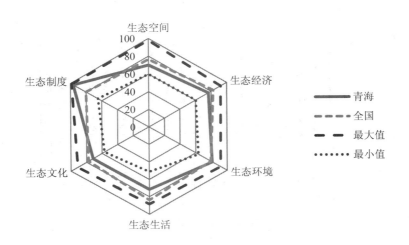

图 9-29　青海生态文明建设分领域状况

从具体指标来看，在生态空间领域，青海省"植被覆盖指数（E1）""水网密度指数（E2）"在全国均处于较低水平，分别居全国第29位、第25位，"自然保护区面积占辖区面积比重（E3）"满分。生态经济领域，青海省"能源节约（E5）""主要污染物排放强度（E8）"得分明显低于全国总体水平，"工业资源节约（E6）"较全国总体水平略低，"化肥、农药施用强度（E9）"得分则较高，居全国第2位。生态环境领域，青海省"大气环境质量（E10）"得分高于全国总体水平，"水环境质量（E11）"接近满分，"水土流失及治理（E12）"得分较低，处全国第30位，"生态足迹/生物承载力（E13）"满分。2015年，青海省"突发环境事件（E14）"不多，得分也接近满分。"公众对生态环境的满意率（E15）"高于全国总体水平。生态生活领域，青海省"城镇人居环境（E16）""农村人居环境（E17）""居民生活行为（E18）"三项指标得分均不高，都处全国下游水平，尤其是"城镇人居环境"和"农村人居环境"，分别居全国第30位、第26位。生态文化领域，青海省"公众生态文明知识知晓度（E19）""环境信息公开（E20）"得分较全国总体水平略低，"国家级生态文明建设县（市、区）相关创建比例（E21）"则明显处于较低水平，处全国第29位，仅好于西藏、甘肃。生态制度领域，青海省高度重视相关制度的执行、试行，"生态文明制度建设（E22）"在国内处于较高水平，达到满分值要求；"生态保护与治理投资（E23）"得分较高，居全国第4位。如图9-30所示。

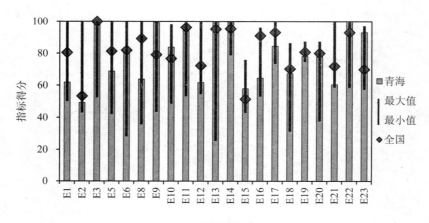

图9-30 青海生态文明状况评价指标分析

9.10.3　青海生态文明建设的重点领域

（1）国土空间格局优化

青海根据不同国土空间的自然状况和资源禀赋，构建"三大战略格局"：构建以三江源草原草甸湿地生态功能区为屏障，以祁连山冰川与水源涵养生态带、青海湖草原湿地生态带为主体的"一屏两带"生态安全战略格局；以兰青铁路线、青藏铁路线为主轴，推进形成以西宁为中心、以海东为重要组成的东部城市群，构建"一轴两群（区）"为主体的城市化工业化战略格局；建设东部农业区麦类、豆类、油菜、马铃薯、果蔬产业带；柴达木绿洲农业区小麦、蔬菜、沙生植物（沙棘、枸杞等）产业带；青海湖周边农业区油菜、青稞产业带，构建"三区十带"农业发展战略格局；稳步发展青南地区生态畜牧业，加快发展环青海湖地区生态畜牧业，大力发展东部现代畜牧业，构建"三大区域"畜牧业战略格局。

（2）生态文明体制改革

在生态文明绩效评价考核和责任追究制度建设方面，青海制定印发了《青海省党政领导干部生态环境损害责任追究实施细则（试行）》和《青海省开展领导干部自然资源资产离任审计试点方案》。

（3）生态环境质量改善

青海生态文明建设跃上新台阶。"十二五"期间青海省全面推进生态文明先行区建设，主体功能、空间布局不断优化，生态战略地位日益凸显。生态保护工程建设扎实推进，三江源一期工程圆满完成、二期工程全面实施，增草增绿增水成效显著，三江源头重现千湖美景。祁连山生态保护、"三北"防护林等重点生态工程有序推进，青海湖水域面积为 15 年来最大，全省森林覆盖率提高 1.07 个百分点，湿地面积跃居全国首位。节能环保成效显著，"十二五"节能减排目标任务全面完成，大气、水、土壤污染防治行动和"家园美化"行动扎实推进，基本实现"县县有污水处理厂"，主要江河湖泊水质持续改善，湟水河出境断面水质达标率达到 83%，取得重大进展。生态文明先行示范区深入实施，生态文明制度改革整体推进，生态环境保护、生态资产价值核算等取得显著进展，生态补偿、草原保护补奖等政策有效落实。

（4）生态经济体系构建

①产业转型升级步伐加快。产业结构不断优化。近年来，青海省经济总量稳定增长、产业结构不断优化：2015 年青海的地区生产总值达 2 417.05 亿元，比 2010 年增长了 78.98%，其中第一产业、第二产业、第三产业增长率分别为 54.85%、62.14%和 112.54%，三大产业结构从 2010 年的 9.99：55.14：34.87 调整为 2015 年的 8.64：49.95：41.41，第一产业、第二产业占比不断下降，第三产业比重明显增加，并有赶超第二产业的趋势。

②绿色发展水平不断提高。新能源产业体系逐步建立。青海能源建设阔步前行，新增发电装机 872 万 kW，总规模达到 2 165 万 kW，清洁能源比重达到 79%，特别是太阳能、风能发电快速崛起，装机容量突破 600 万 kW，成为全国最大的光伏发电基地。循环经济建设初见成效。青海三大园区要素集聚、规模生产和支撑作用显著增强，15 个重大产业集群正在形成，循环工业增加值占工业比重达到 60%以上。

③对外开放格局不断优化。青海省积极构建对外开放新格局。深度融入"一带一路"，在基础设施互联互通、商品贸易、人文交流、合作平台打造等方面取得突破性进展。加大招商引资力度，推行精准招商、以商招商、中介招商、集群招商，吸引更多高端制造业和先进服务业项目落地。支持企业广泛参与国际国内经贸合作交流，创新思路，再接再厉，增强青洽会、藏毯会、清食展等招商活动的针对性和实效性。

④特色农业建设效果显著。青海推进农牧业供给侧结构性改革，大力发展特色、高效、有机和品牌农牧业，形成结构更加合理、保障更加有力的农畜产品供给体系；加快建设现代农业示范区和全国草地生态畜牧业试验区，积极推进适度规模经营，做好原产地和绿色有机、无公害产品认证，打响高原、有机、绿色、富硒等品牌。

（5）生态文化宣传教育

青海省积极推进"非遗"保护工作。落实国家"非遗"保护资金 1 870 万元，省级"非遗"保护资金 400 万元；热贡文化生态保护实验区、格萨尔文化（果洛）生态保护实验区建设顺利推进，积极开展互助土族、循化撒拉族、海西德都蒙古族 3 个省级文化生态保护区建设。部署开展第三批"寻根行动——全省非物质文化遗产资源再调查"工作。

制定了《进一步加快培育和发展文化市场主体工作方案》，培育和发展文化市场主体，全省新增文化新闻出版企业 169 家。以创建全国生态文明先行区为引领，全面推进优秀文化传承体系建设，大力弘扬生态文化，保护、传承、发扬以昆仑文化为主体的多元民族文化。

（6）宜居生活体系建设

①基础设施建设迈上新台阶。青海建成了一批填空白、蓄势能的重大项目。公路建设日新月异，高速公路突破 3 000 km，二级及以上公路突破 1 万 km，总里程达到 7.56 万 km，基本实现市州通高速、区县通二级路、乡镇和村通硬化路。铁路建设再创佳绩，兰新二线和西宁火车新站建成投运，青藏线实现大提速，格敦铁路青海段基本建成，格库铁路开工建设，锡铁山至北霍布逊地方铁路建成运营，铁路运营里程达到 2 386 km。空中走廊加速扩容，西宁机场二期、德令哈、花土沟机场建成，果洛机场校飞，初步形成"一主六辅"民用机场格局。青藏、青新联网、西格输变电相继建成，青南网外六县联网工程开工建设。信息建设提速发展，"宽带青海""4G"网络全面推进，宽带网络实现乡镇全覆盖，高原云计算大数据中心建成。

②精准扶贫得到有效推进。青海投入财政专项扶贫资金 95 亿元，是上个 5 年的 3.3 倍，贫困发生率由 33.6%下降到 13.2%。

9.11　宁夏回族自治区

9.11.1　宁夏概况

宁夏回族自治区面积 6.64 万 km^2。宁夏历史上曾是东西部交通贸易的重要通道，是古丝绸之路上的重镇。作为黄河流经地，宁夏拥有古老悠久且灿烂多彩的黄河文明。近年来，宁夏明确区域发展定位，牢固树立生态保护理念，社会发展水平明显提升，成为向西开放的桥头堡。

近年来生态环境保护工作取得积极进展，但生态、大气、水等方面一些环境问题凸显，形势严峻、任务艰巨。一是在招商引资过程中对产业发展污染控制不力；二是本级财政用于大气和水污染防治资金出现大幅度减少。三是针对腾格里沙漠污染、贺兰山国家级自然保护区生态破坏等重大环境问题，仅对基层监管人员实施问责，未从决策审批等环节追溯责任。四是全区大气环境和局部水体环境质量下降，连续两年未完成国家大气考核任务。全区燃煤小锅炉淘汰缓慢、新建锅炉控制不严。五是宁夏 8 条重点入黄排水沟水质为劣 V 类，其中 5 条水质部分指标仍在恶化。截至 2015 年底，"十二五"国家重点流域水污染防治规划要求建设的项目完成率不到一半。六是全区 30 多个个工业园区中，1/3 未配套建设污水集中处理设施。七是部分国家级自然保护区生态破坏问题突出，国家级自然保护区中，大多数存在新建或续建开发活动。八是有的企业以生态治理之名行资源开采之实，生态破坏问题突出。此外，部分地市饮用水水源一级保护区内仍有养殖、制药、建材以及加油站等企业或设施，给供水安全带来隐患。

地表水体质量的指标数据为 36.8%，水土流失率为 71.37%，表明宁夏在水土流失治理方面需要进一步落实，肩负着经济社会发展与水土保持的重担。城镇化水平达到 55.23%，农村改水率为 86.73%，综合反映出宁夏区域协调发展的良好态势。

9.11.2 宁夏生态文明建设的基本特征

《中国省域生态文明状况评价·2017》对宁夏回族自治区生态文明六大分领域的分析结果是：六大领域发展不均衡，其中，生态环境、生态生活分领域得分较全国总体水平略高；生态文化、生态制度分领域得分较全国总体水平略低；而生态空间、生态经济分领域则分别居全国第 30 位、第 31 位。如图 9-32 所示。

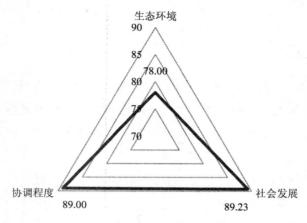

图 9-31 宁夏生态文明建设评价雷达图

表 9-11 宁夏 2015 年生态文明建设评价结果

一级指标	二级指标	三级指标	指标性质	指标数据	西部排名
生态文明指数（WECI）	生态环境	自然保护区的有效保护	正指标	8.00%	7
		建成区绿化覆盖率	正指标	37.9%	6
		地表水体质量	正指标	36.8%	12
		重点城市环境空气质量	正指标	70.36%	11
		水土流失率	逆指标	71.37%	12
		化肥施用超标量	逆指标	92.10 kg/hm^2	8
		农药施用强度	逆指标	2.05 kg/hm^2	1
	社会发展	人均 GDP	正指标	43 805 元	4
		人均可支配收入	正指标	17 329.1 元	4
		城镇化率	正指标	55.23%	3
		人均教育经费投入	正指标	2 564.90 元	4
		每千人口医疗机构床位	正指标	5.06 张	8
		农村改水率	正指标	86.73%	3
	协调程度	工业固体废物综合利用率	正指标	62.13%	4
		城市生活垃圾无害化率	正指标	89.9%	8
		水体污染物排放变化效应	正指标	6.56	7
		大气污染物排放变化效应	正指标	8.82	2

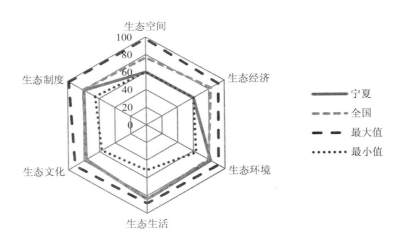

图 9-32 宁夏生态文明建设分领域状况

从具体指标来看，在生态空间领域，宁夏回族自治区"植被覆盖指数（E1）""水网密度指数（E2）""自然保护区面积占辖区面积比重（E3）"三项指标得分均远低于全国总体水平，其中，"植被覆盖指数（E1）""水网密度指数（E2）"均处全国第 28 位。生态经济领域，宁夏回族自治区"能源节约（E5）""主要污染物排放强度（E8）"两项指标得分在全国均处末位，"工业资源节约（E6）""化肥、农药施用强度（E9）"得分则较高，分别居全国第 9 位、第 6 位。生态环境领域，宁夏回族自治区"大气环境质量（E10）"略低于全国总体水平，"水环境质量（E11）"满分，"水土流失及治理（E12）"得分高于全国总体水平，"生态足迹/生物承载力（E13）"得分低于全国总体水平。2015 年，宁夏回族自治区"突发环境事件（E14）"发生较少，得分较高。"公众对生态环境的满意率（E15）"高于全国总体水平。生态生活领域，宁夏回族自治区"城镇人居环境（E16）""居民生活行为（E18）"两项指标得分略低于全国总体水平，"农村人居环境（E17）"得分略高于全国总体水平，相差都不大。生态文化领域，宁夏回族自治区"公众生态文明知识知晓度（E19）""环境信息公开（E20）"均较全国总体水平略低，"国家级生态文明建设县（市、区）相关创建比例（E21）"则高于全国总体水平。生态制度领域，宁夏回族自治区"生态文明制度建设（E22）"得分在全国处第 30 位，"生态保护与治理投资（E23）"得分则高居全国第 2 位。如图9-33 所示。

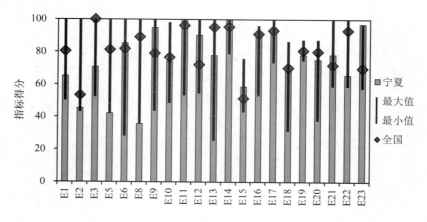

图9-33　宁夏生态文明状况评价指标分析

9.11.3　宁夏生态文明建设的重点领域

（1）国土空间格局优化

宁夏从建成全面小康社会全局和新型工业化、信息化、城镇化和农业现代化的战略需要出发，遵循不同国土空间的自然属性，构建全区"三大战略格局"：构建以沿黄城市带和固原市辖区为主体的"一带一区"城镇化战略格局；构建以北部宁夏平原引黄灌区现代农业示范区、中部干旱带旱作节水农业示范区、南部黄土丘陵生态农业示范区、宁夏平原优质小麦产业带、优质水稻产业带、优质玉米产业带、北中部特色林果产业带和南部山区马铃薯产业带为主体的"三区五带"农业战略格局；构建以六盘山水源涵养、水土流失防治生态屏障、贺兰山防风防沙生态屏障、中部防沙治沙带和宁夏平原绿洲生态带为主体的"两屏两带"生态安全战略格局。

（2）生态文明体制改革

宁夏生态建设体制机制不断健全。全自治区 1 530.8 万亩森林资源纳入天保工程管护范围。755.4 万亩国家级重点公益林纳入国家森林生态效益补偿基金范围。1 444.7 万亩林地集体林权制度改革基本完成。2 600 多万亩草原已承包到户。全区出台有关生态保护地方性法规 30 余部，基本形成了森林、草原、湿地及野生动植物资源的管理体制机制。

宁夏大力推进制度创新、管理创新和技术创新。划定生态保护红线，深入推进林权制度改革，依法明确草原权属，实行最严格的水资源管理制度，加大生态补偿力度，建立健全生态保护和建设的体制机制，建立系统完整的生态文明制度体系。

宁夏在"十三五"规划中提出：健全生态文明制度，用制度保护生态环境。健全生态文明制度，建立依法开展生态保护和建设的体制机制。构建适合民族自治区域特点的生态文明法规体系和政策体系，制定生态保护、种质资源、生物安全、环境损害赔偿等方面的地方法律法规。完善生态红线制度，科学界定生态红线划定的空间范围，明确各类国土空间开发、利用、保护边界，健全生态资源用途管制制度，确保生态安全。建立生态文明标准体系，逐步建立健全生态监测、生态价值核算、生态风险评估、生态文明考核评价等标准体系。进一步建立健全生态保护和建设的体制机制。探索建立多元化的生态补偿机制。建立巩固退耕还林还草、退牧还草长效机制。加快推进国有林场改革。深化集体林权制度改革。稳定和完善草原承包制度。建立、健全节约集约用水机制，促进水资源使用结构调整和优化配置。

（3）生态环境质量改善

宁夏在"十二五"期间超额完成燃煤小锅炉淘汰目标任务，下发《关于限期淘汰城市建成区域燃煤茶浴炉的通知》，深入推进落后产能淘汰工作。在全国率先实现农村环境综合整治全覆盖：累计投入农村环境整治示范资金 19 亿元（其中国家专项资金 12.5 亿元，自治区配套资金 6.5 亿元），对全区 2 362 个行政村及 241个生态移民安置点进行环境综合整治，有效保护农村集中式饮用水水源地 501 处，建设生活污水集中处理设施 160 座，铺设集污管网 1 674 km，建设垃圾中转站（点）与填埋场 285 座，购建垃圾箱（池）20.8 万个，发放垃圾收转运车 10 517 辆。渝河、葫芦河流域综合治理效果显现。先后投入水污染防治专项资金 5 800 万元，实施渝河生态湿地和葫芦河 20 万 m^3 具有拦蓄收集调节功能的氧化塘工程，渝河流域水质由整治前的劣 V 类改善为环保部目标要求的Ⅳ类。

（4）生态经济体系构建

①产业转型升级步伐加快。产业结构不断优化。近年来，随着西部大开发战略深化和"一带一路"战略的实施，西部地区经济发展水平有了明显的提高，主要表现为经济总量稳定增长、产业结构不断优化：2015 年宁夏回族自治区的地区生产总值达 2 911.77 亿元，比 2010 年的 1 689.65 亿元增长了 78.14%，其中第一产业、第二产业、第三产业增长率分别为 56.79%、66.64%和 82.29%，三大产业结构从 2010 年的 8.97∶49.00∶42.03 调整为 2015 年的 8.17∶47.38∶44.45，第三产业比重稍有增加。

②绿色发展水平不断提高。新能源产业体系逐步建立。宁夏改造了宁东等 6个工业园区，推进企业内部小循环、企业间中循环、园区内大循环；宁夏 2015年出台了光伏产业发展配套政策，建设新能源综合示范区，新增风电 100 万 kW、光伏 140 万 kW，带动光伏发电装备、风机制造等上下游产业协同发展。

③对外开放格局不断优化。宁夏构筑 3 个平台。依托中阿博览会，深化中阿共办机制，办好"埃及活动周""沙特中阿高新技术及装备展"等系列活动。打造

三条通道。陆上丝路通道，开工中卫—兰州、银川—呼和浩特高铁，与全国高铁网连通；建设银川—百色、乌海—玛沁宁夏段等高速公路，深化与天津港、乌力吉、霍尔果斯等口岸合作，拓展多式联运。空中丝路通道，开通更多到丝路沿线国家的航线航班，与80%以上的省会城市实现直飞，力争民航旅客吞吐量突破600万人次。网上丝路通道，启动网上丝路宁夏枢纽工程，建成宁夏邮翔国际物流快递中心，建设中阿航空邮件分拨中心、跨境电商交易服务平台，支持建立"海外仓"和展示中心。实现三项便利：放宽外商投资准入，扩大备案管理，让投资服务更便利；建成宁夏电子口岸，加快建设国际贸易"单一窗口"，实现涉外审批"一站式"办理，推进与丝路沿线省（区）通关一体化，贸易服务更便利；开展对阿金融合作，支持金融机构围绕企业"走出去"和资金"引进来"创新服务，让金融服务更便利。深化三大合作：巩固提升欧美日韩和港澳台等传统市场，积极拓展与丝路沿线国家经贸合作和人文交流，主动服务中海自贸区谈判；紧盯长三角、珠三角、京津冀等地域，推动东部园区在我区开展共建、托管等连锁经营，建好国家级产业转移示范区；深化与陕甘蒙新等周边省（区）合作，促进区域设施连通、产业互补。

（5）生态文化宣传教育

《宁夏生态保护与建设"十三五"规划》中提出要大力推进生态文化体系建设：

发展生态经济，促进可持续发展。加快优势区域、优势特色产业发展，扬长避短，结合宁夏山地、荒漠、草原、湿地等重点生态功能区修复工程，大力发展林下经济、特色林果、林木种苗、中草药、沙产业等绿色富民产业，加快现代农业、生态农业建设，改善生态环境，发展生态经济。加快区域产业结构转型升级，形成主体功能清晰、发展导向明确、开发秩序规范的工业化、城镇化发展新格局，实现绿色发展、低碳发展、循环发展，积极发展风电、光伏发电和生物质能源等战略性新兴产业，减少对传统能源的消耗和依赖。立足资源禀赋条件，打造特色旅游产品，培育特色文化园区，促进文化旅游产业发展。

加强生态文明宣传，营造良好社会风尚。进一步提高公众生态保护意识，培育普及生态文化，倡导绿色生活方式，形成崇尚生态文明、推进生态文明建设的良好氛围。综合利用广播电视、互联网、报刊等媒体，倡导勤俭节约、绿色低碳、文明健康的生活方式和消费模式；普及森林、草原、湿地、河流、农田等生态保护和建设的知识，宣传生态建设的成就和重要作用；组织好各类主题宣传日活动，唤起民众广泛参与。建立生态保护与建设信息公开制度，及时向社会发布各类生态环境信息，保障公众知情权。

（6）宜居生活体系建设

"十二五"期间，宁夏深入实施国家精准扶贫战略，不断完善脱贫工作机制，坚持扶贫工作向基层倾斜、向民生倾斜、向农牧民倾斜，更加聚焦精准扶贫、精准脱贫，瞄准建档立卡贫困人口精准发力，提高扶贫实效。宁夏实施 35 万生态移民和 65 万人就地扶贫，建设慈善园区，打造黄河善谷，累计减贫 43 万人。

9.12 新疆维吾尔自治区

9.12.1 新疆概况

新疆维吾尔自治区面积 166 万 km^2，占国土面积的 1/6。主要生态环境问题有：一是土地沙漠化面积不断扩大，全疆土地面积荒漠化土地占全疆土地总面积的 48%。是世界严重荒漠化地区之一。严重危害农林牧业生产和破坏陆地交通运输，同时影响人工绿洲健康发展。新疆的土地沙漠化还在蔓延，据不完全统计，目前新疆沙漠化土地面积仍以每年约 400 km^2 的速度在扩展。人工绿洲的生态安全和正常发展受到严重威胁。二是水土流失形势总体在加剧。根据全国第二次水土流失遥感调查成果表明，新疆水土流失的总面积约占新疆国土总面积的 60%。三是盐渍化土壤分布广，不适当的农业措施等人为因素，造成土壤的次生盐渍化。新疆的耕地，其土壤盐渍化问题是制约农业生产水平提高和人工绿洲健康发展的重要影响因素，也是新疆当前一个重要生态环境问题，防治的任务十分艰巨。四是草地面积减少、超载和退化现象严重，已成为当前新疆最突出的生态环境问题之一。五是河道断流，湖泊萎缩、干涸，湿地减少。区内有大小河流 570 条，大量引水灌溉和拦截水源，使许多河流下游的水量减少，甚至断流。六是荒漠河岸林和灌木林面积减少，资源植物破坏严重。无节制的滥采乱挖、无计划的开垦和不合理的水资源利用，天然草场遭受损坏。七是生物多样性受到严重威胁。多年来对甘草、麻黄、肉苁蓉等药用植物的大量采挖，资源储量迅速减少，甚至遭到了毁灭性的破坏。为了应对和缓解新疆的生态问题，国家和自治区政府出台了多个专项计划，旨在有效控制恶化的生态形势。

在西部省份中，新疆社会发展成绩斐然。2015 年每千人口医疗机构床位数 6.37 张、农村改水率 96.6% 都列西部地区第 1 位；人均教育经费投入 2 763.18 元，列西部地区第 3 位；人均 GDP 为 40 036 元，列西部地区第 6 位；人均可支配收入 16 859.1 元，城镇化率 47.23%，均列西部地区第 7 位。在保持农村改水率优良，教育、医疗经费投入相对优势的同时，新疆应提高城镇化率，紧紧抓住"一带一路"战略机遇期，大力发展农牧业生产，降低污染行业比重，实施优势资源转换，调整产业结构，走低能源、低消耗的循环经济发展道路。

9.12.2 新疆生态文明建设的基本特征

《中国省域生态文明状况评价·2017》对新疆维吾尔自治区生态文明六大分领域的分析结果是：各分领域得分均处全国中下游水平，尤其是生态空间、生态经济分领域分别列全国第 31 位、第 30 位。如图 9-35 所示。

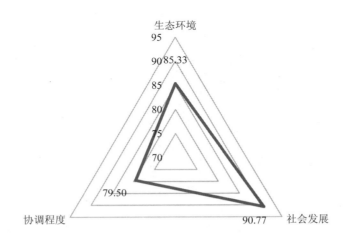

图 9-34　新疆生态文明建设评价雷达图

表 9-12　新疆 2015 年生态文明建设评价结果

一级指标	二级指标	三级指标	指标性质	指标数据	西部排名
生态文明指数（WECI）	生态环境	自然保护区的有效保护	正指标	11.80%	5
		建成区绿化覆盖率	正指标	37.5%	8
		地表水体质量	正指标	100%	2
		重点城市环境空气质量	正指标	60.99%	12
		水土流失率	逆指标	61.95%	9
		化肥施用超标量	逆指标	205.93 kg/hm^2	11
		农药施用强度	逆指标	4.49 kg/hm^2	7
	社会发展	人均 GDP	正指标	40 036 元	6
		人均可支配收入	正指标	16 859.1 元	7
		城镇化率	正指标	47.23%	7
		人均教育经费投入	正指标	2 763.18 元	3
		每千人口医疗机构床位	正指标	6.37 张	1
		农村改水率	正指标	96.6%	1
	协调程度	工业固体废物综合利用率	正指标	56.90%	6
		城市生活垃圾无害化率	正指标	80.9%	10
		水体污染物排放变化效应	正指标	—	—
		大气污染物排放变化效应	正指标	1.53	9

注："—"表示数据缺失。

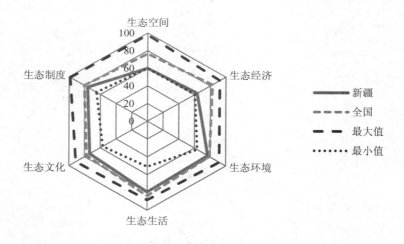

图 9-35　新疆区生态文明建设分领域状况

从具体指标来看，在生态空间领域，新疆维吾尔自治区"植被覆盖指数（E1）"
"水网密度指数（E2）""自然保护区面积占辖区面积比重（E3）"三项指标得分均低
于全国总体水平，其中，"植被覆盖指数（E1）""水网密度指数（E2）"排名分别居
全国第 31 位、第 29 位，"自然保护区面积占辖区面积比重（E3）"虽然得分偏低，
但排名较前，在全国处第 10 位。生态经济领域，新疆维吾尔自治区"能源节约（E5）"
"主要污染物排放强度（E8）"得分较低，均居全国第 30 位，"工业资源节约（E6）"
"化肥、农药施用强度（E9）"得分则略高于全国总体水平。生态环境领域，新疆维
吾尔自治区"大气环境质量（E10）"得分低于全国总体水平，"水环境质量（E11）"
得分较全国总体水平高，"水土流失及治理（E12）"在全国居末位，"生态足迹/生
物承载力（E13）"得分则居全国第 6 位。2015 年，新疆维吾尔自治区"突发环境
事件（E14）"不多，得分接近满分。"公众对生态环境的满意率（E15）"得分居全
国第 5 位。生态生活领域，新疆维吾尔自治区"城镇人居环境（E16）"得分在全国
居第 26 位，"农村人居环境（E17）"得分与全国总体水平相当，"居民生活行为
（E18）"较全国总体水平略低。生态文化领域，新疆维吾尔自治区"公众生态文明
知识知晓度（E19）"得分较全国总体水平略高，"环境信息公开（E20）"低于全国
总体水平，排第 27 位，"国家级生态文明建设县（市、区）相关创建比例（E21）"
也显著低于全国总体水平，居第 28 位。生态制度领域，新疆维吾尔自治区"生态
文明制度建设（E22）"得分远低于全国总体水平，排第 27 位，"生态保护与治理投
资（E23）"得分则较高，居全国第 9 位。如图 9-36 所示。

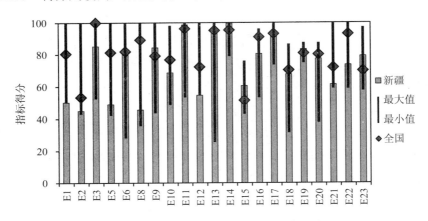

图 9-36　新疆生态文明状况评价指标分析

9.12.3 新疆生态文明建设的重点领域

（1）国土空间格局优化

新疆着力构建"三大战略格局"：构建以乌昌为核心，以南北疆铁路和主要公路干线为发展轴，以城镇组团为支撑的"一核两轴多组团"城镇化战略格局。构建以"天北和天南两带"为主体的农业战略格局；构建以阿尔泰山地森林、天山山地草原森林和帕米尔—昆仑山—阿尔金山荒漠草原为屏障，以环塔里木和准噶尔两大盆地边缘绿洲区为支撑的"三屏两环"生态安全战略格局。

（2）生态文明体制改革

新疆实行水资源消耗总量和强度双控，认真执行规划水资源论证制度，实行规划水资源论证"一票否决制"，在全疆 14 个地州市中已有 13 个完成了最严格水资源管理"三条红线"控制指标向县市（团场）的分解确定工作；编制了《新疆维吾尔自治区南疆大中型灌区骨干工程节水改造实施方案（2016—2020 年）》；印发了《关于印发自治区 2016 年节能减排工作要点的通知》。通过积极推动 PPP 项目、推动印发了《新疆维吾尔自治区贯彻落实全国碳排放权交易市场建设工作实施方案》和《自治区贯彻落实全国碳排放权交易市场建设工作实施方案的函》，开展了第一批拟纳入全国碳市场的重点企（事）业单位温室气体排放报告与第三方碳核查工作。印发了《自治区实施〈党政领导干部生态环境损害责任追究办法（试行）〉细则》。

（3）生态环境质量改善

"十二五"期间新疆生态文明建设开创新局面。坚持规划先行，全面实施主体功能区战略，加大了资源节约、环境保护、生态效益指标在经济社会发展评价中的权重，落实限制开发和生态修复的综合措施。加快推进天然林、塔里木盆地和准噶尔盆地周边沙漠化治理，实施博斯腾湖、乌伦古湖生态环境治理工程。切实抓好卡拉麦里山自然保护区生态恢复工作。落实草原生态保护补助奖励机制，实施草原禁牧 1.5 亿亩，落实草畜平衡 5.4 亿亩。新增天然林 1 亿亩、造林 1 182 万亩，森林覆盖率由 4.04%提高到 4.7%。基本完成塔里木河流域近期综合治理项目，成功实施了 16 次向下游生态输水。

（4）生态经济体系构建

①产业转型升级步伐加快。产业结构不断优化。2015 年新疆的地区生产总值

达 9 324.80 亿元，比 2010 年的 5 437.47 增长了 71.49%，其中第一产业、第二产业、第三产业增长率分别为 44.54%、38.74% 和 136.00%，三大产业结构从 2010 年的 19.84：47.67：32.49 调整为 2015 年的 16.72：38.57：44.71，第一、第二产业占比不断下降，第三产业比重明显增加，已经超越第二产业，成为主导。

②绿色发展水平不断提高。循环经济建设初见成效。西部地区拥有独特的自然禀赋，但同时也有大面积的生态环境脆弱区和敏感区，自然环境一旦破坏将难以恢复。"十二五"期间，新疆通过循环园区设施、循环产业链条构建等措施不断加大循环经济建设力度，推行企业循环式生产、园区循环式改造、产业循环式组合，成效显著。

③对外开放格局不断优化。新疆围绕国家"一带一路"重大战略部署，超前谋划，及早安排，制定丝绸之路经济带核心区建设实施意见和行动计划，一批标志性性工程开工建设。成功举办了四届中国—亚欧博览会和首届亚欧商品贸易博览会，喀什和霍尔果斯经济开发区建设初具规模，阿拉山口、喀什综合保税区封关运营，中哈霍尔果斯国际边境合作中心配套区正式验收。采取有效措施积极应对国际贸易新变化，累计实现进出口额 1 237 亿美元，是"十一五"时期的 1.6 倍；对外投资额年均增长 21.2%。新疆西行国际货运班列开行 135 列，实现了多点多线、常态化运营。在全国率先开展了跨境直接投资人民币结算试点。深化了与周边国家的科技、教育、文化、卫生、经贸合作和人文交流。

④特色农业建设效果显著。西部地区自然环境差异十分明显，地形复杂多样。近年来，新疆立足农牧林结合，构建现代农业生产体系、经营体系、产业体系，提高农业质量效益和竞争力；转变畜牧业发展方式，推进规模化标准化养殖；突出林果生产标准化管理，推进产加销一体化经营；因地制宜发展高效设施农业，规划建设区域特色农业生产基地。

（5）生态文化宣传教育

丰富的森林文化是新疆生态文化的支撑，悠远凝重的生态文化积淀是新疆生态文化的历史底蕴，优美的生态景观资源是新疆生态文化的精华。

新疆以"生态效益第一"的林业发展思想构建新疆生态文化体系的核心，野生动物文化和生态旅游文化构筑了新疆生态文化体系建设的重要支撑，新疆各族人民历来具有的绿色生态观念为新疆生态文化体系建设提供了广泛的社会和群众基础，大力发展生态文化促使新疆在生态文明建设的道路上加速前进。

（6）宜居生活体系建设

"十二五"期间，新疆深入实施国家精准扶贫战略，不断完善脱贫工作机制，坚持扶贫工作向基层倾斜、向民生倾斜、向农牧民倾斜，更加聚焦精准扶贫、精准脱贫，瞄准建档立卡贫困人口精准发力，提高扶贫实效。新疆累计安排财政专项扶贫资金 122 亿元，实施扶贫发展资金项目 1.6 万个，减少贫困人口 174 万人，贫困发生率由 32%下降到 15%。

第 10 章　西部生态文明建设中存在的主要问题

10.1　总体水平有待进一步提高

西部地区是我国大江大河的源头地，承载着我国主要江河源头的水源涵养、防风固沙和生物多样性保护等重要生态功能，是极其重要的生态屏障区。西部地区的经济发展状况不仅直接影响自身的生态环境，而且对中东部这些大江大河下游地区的生态环境也产生重要影响。西部地区又是我国生态问题最为严峻的地区。历史上几千年屯田戍边、战乱灾害以及粗放低效的开发方式等因素共同造成西部地区生态环境日益恶劣，自然资源浪费严重，经济社会可持续发展能力极端低下的现实。

西部地区是我国的资源能源富集地。改革开放以来，西部地区的贫穷落后状况促使西部干部群众决心要赶超东部。为了实现经济赶超，西部一些地区不惜采取"杀鸡取卵"的开发方式，以破坏生态环境为代价，破坏式地开发当地资源能源。这些地区的经济虽然实现快速增长，但生态环境、人居环境遭到严重破坏，造成社会可持续发展能力的下降。其结果是不但没有缩小与发达地区的差距，差距反而不断扩大，少数地区甚至陷入深度贫困。

针对严重的生态失衡及其对全国现代化建设的负面影响，党和国家把加强生态环境保护和建设作为实施西部大开发的重要切入点，在西部地区实施了退耕还林、天然林保护、京津风沙源治理、退牧还草、"三北、长江、珠江"防护林建设等重大生态工程，大力恢复和增加林草植被，减少水土流失，长江上游、黄河上中游等重点流域生态环境明显改善。截至 2016 年年底，我国累计造林约 6 000 万 hm^2，其中西部地区造林占同期全国造林总面积的 60%；西部退牧还草工程累计安排草原围栏建设任务 6.76 亿亩，其中禁牧 3.32 亿亩，休牧 3.30 亿亩，轮牧 0.13 亿亩、熔岩地区草地治理 120 万亩，安排重度退化草原补播改良任务 1.46 亿亩。西部地区生态环境保护与治理成效显著。

从总体上看，西部地区生态文明建设需进一步深入。

第一，西部省份生态文明发展极不平衡，生态文明建设规划步调不一，缺乏协调。西部省份中，新疆、西藏、甘肃的生态文明建设难度远高于广西、重庆，建设成本太高，其建设水平也较低，各地经济状况差别大。

西部生态文明建设规划步调不一，事倍功半。各省份编制自己区域的规划时同样存在对基层的问题把握不准、认识不深的情况，特别是对省份交界地方，更是关注太少。

第二，西部生态补偿机制不够健全灵活，实效有限。生态补偿机制的出发点是好的，但由于试行时间短，在操作上一旦到了基层，容易走样，在专项资金支付的同时，相应的生态文明建设并未像预期一样好转。因此，要根据不同省份、不同的生态特点和生态建设难度进行合理灵活设立制度，确保开发受到限制区域的百姓和地方政府在获得生态补偿的同时有效推进生态文明建设，促进生态环境变好。

第三，西部生态文明建设人才技术贫乏，后劲乏力。从根本上解决生态恶化问题，一要依靠人才，二要依赖技术。西部除了西安、重庆、成都等大城市外，其他地方人才和技术较为贫乏，制约了地方经济发展和治理绩效。西部地区很多生态环境问题是新问题，其机理和应对措施需要长期的跟踪与监测才能找到解决途径。但在国家和各省份的科研规划中，由于各种原因，很难将这些中长期才能解决的技术或工程问题纳入支持范围，长期积累下来，形成了今天的局面。

第四，西部江河水系生态危机频繁显现，后果严重。江河水系生态是西部生态的支柱，主河道加上一级支流、二级支流、三级支流，构成了一个水系。而且不同水系之间因地势和气候相互影响。长江、黄河中上游及其支流辐射地区已经出现了水质恶化，特别是宁夏区域内的河流污染严重，部分河段已经出现了生态危机。青海三江源地区的保护形势严峻，澜沧江、怒江、金沙江流域的生态形势也不容乐观，河道流经地区存在直排现象，对下游影响极坏。这些主要江河主干道一般跨越几个省份，相互之间信息不互通、数据不共享。

第五，西部旅游过度开发削弱生态屏障，恢复困难。旅游产业是西部地区赖以发展的重要产业，丰富了中东部甚至国外游客的观光范围，但也出现了很多问题。由于生态环境承载力有限，特别是季节性比较强的旅游景区，未经充分论证的旅游规划、过度的旅游项目的开发、成倍的游客承载量，已经成为破坏西部风景名胜的主要因素。

10.2　个别省域生态建设落后

从整体上看，西部生态建设水平要显著优于全国平均水平和东部地区水平，但由于内部建设水平的不均衡，个别西部省份在一些相关建设领域还有待继续加强建设，以提升建设水平。

10.2.1　生态建设水平仍待提升

西部省份面临着巩固、提升生态涵养功能的重担。从生态系统保护、生物多样性维护等方面的建设状况来看，西部地区自然保护区面积占比差距悬殊。有 8个省份自然保护区占辖区面积比例未达全国平均水平 14.80%，贵州、陕西、广西3 个省份低于东部地区平均水平 7.04%。相较于东部地区更为丰富多样的生态系统资源，更为脆弱的基础条件，西部地区还需要加大建设力度，提高重视程度，广开途径，增强投入。

在城市生态系统建设方面，西部地区存在着城市生态系统活力更待提升的状况。西部地区建成区绿化覆盖率普遍较低，整体水平明显落后于全国和东部平均水平。其中内蒙古、四川、宁夏、广西、新疆、云南、贵州、甘肃、青海 9 个省份的城市建设区绿化覆盖率低于全国平均水平 40.10%（图 10-1）。近年来，西部省份城镇化快速推进，建成区域的绿化覆盖水平低于城镇化的发展速度，滞后于城市发展对于生态环境以及基础设施的要求，反映出西部省份的城镇化发展质量仍然存在改善空间。

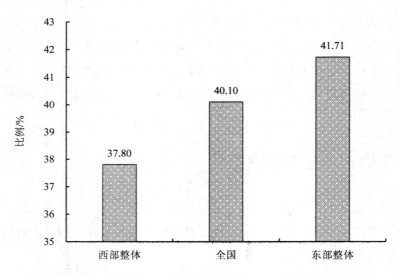

图 10-1　2015 年东部、西部及全国建成区绿化占建成区面积比例

10.2.2　水土流失情况依然严峻

经过多年治理，西部地区水土流失面积仍较高，仍需要加强建设投入。2015年，全国水土流失面积 356 万 km^2，水土流失率为 37.43%，西部地区水土流失面积 296 万 km^2，水土流失率为 43.75%（图 10-2）。宁夏、内蒙古、甘肃 3 个省份的水土流失率更是高达 71.37%、67.20%、64.13%。西部水土流失面积占全国水土流失面积的 83.14%。西部地区地形条件复杂，土壤疏松，植被覆盖率低，土地退化、土地荒漠化和沙化严重，是水土流失易发区。水土流失不仅会冲刷走土壤中的营养元素，造成土壤肥力下降，使土地愈发贫瘠，最终导致耕地减少，而且水土流失会导致河流中泥沙淤积增多，将影响西部及下游地区水资源的有效利用，不利于生产和生活。

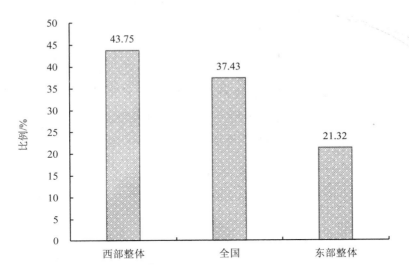

图 10-2　2015 年东部、西部及全国水土流失面积占土地面积比例

10.2.3　优质水源、洁净空气质量保持压力巨大

西部地区拥有重要的水源地，但存在省域间的水资源和水体质量的差异，存在着工业废水循环利用设施、生活污水处理设施有待完善的现实困难。随着开发力度不断的加大，西部地区整体水体质量堪忧。部分西部地区地表水体质量提升空间巨大，以优于III类水质的河流长度比例为例，2015 年内蒙古（74.9%）和甘肃（74.5%）仅略高于全国平均水平（74.2%），而陕西（68%）、宁夏（36.8%）更是低于全国平均水平，必须加大建设力度。此外，环境空气质量污染也需加强治理，才能提升西部地区整体的空气质量水平。尤其是陕西、甘肃、宁夏，这些省份环保重点城市空气质量达到及好于二级的平均天数占全年比例 2015 年均未达到全国平均水平（71.20%）。

10.3　经济发展水平与东部及全国差距明显

从整体看，西部省份与东部地区、全国平均水平的差距仍需缩小，在增进民众获得感提升方面还有较大建设空间。

10.3.1 经济发展水平相对落后

西部省份的经济发展相对落后，因较多依靠资源、能源优势，收入主要来源于第一产业，第二、第三产业发展处于劣势。2015 年西部地区人均 GDP、人均可支配收入水平与东部、全国差距明显。东部地区的北京、天津、上海，人均 GDP 均超过 10 万元。西部地区平均水平为 39 053.92 元，只有内蒙古 71 101 元、重庆 52 321 元超过全国平均水平 49 992 元。西部地区人均 GDP 水平为全国平均水平的 78.12%，为东部地区水平的 66.86%（图 10-3）。

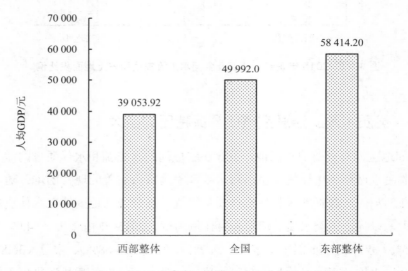

图 10-3　2015 年东部、西部及全国人均生产总值

与东部地区相比，西部地区人均可支配收入差距也较为明显。2015 年，西部地区的人均可支配收入平均水平分别为全国平均水平和东部平均水平的 76.63% 和 69.54%。全国排名前列的上海、北京分别为 49 867.2 元、48 458 元，西部地区只有内蒙古以 22 310.1 元超越全国平均水平 21 966.2 元，青海、云南、贵州、甘肃、西藏未达西部平均水平 16 832.93 元（图 10-4）。

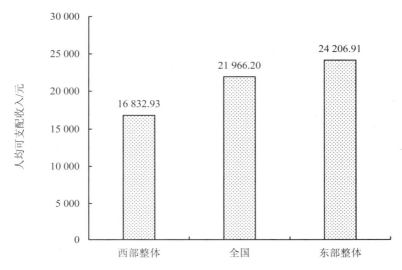

图 10-4　2015 年东部、西部及全国人均可支配收入

综合分析人均 GDP 与人均可支配收入两项指标结果，在区域经济发展水平与人民生活水平方面，西部省份滞后于全国平均水平，是全国经济发展的洼地。

10.3.2　社会发展水平待进一步提升

西部省份在实现共享发展方面，受制于相对落后的经济发展水平等因素，还需要进一步提升发展水平。以教育发展方面为例，2014 年西部地区人均教育经费投入 2 150.04 元，低于全国平均水平（2 398.45 元）和东部平均水平（2 221.11 元）（图 10-5）。在西部省份中，甘肃、云南、广西、四川未达到西部平均水平。

在城镇化方面，西部地区城镇化率相对较低，还有待加快城镇化进程。2015 年西部地区省份城镇化率平均水平为 48.75%，全国平均水平为 56.10%，东部地区平均水平为 59.21%（图 10-6）。西部地区只有重庆、内蒙古超过全国平均水平（56.1%）。东西部地区城镇水平的差异，与西部地区人口就业结构、经济产业结构的转化过程迟缓，工业化、现代化进程较东部地区缓慢有关。

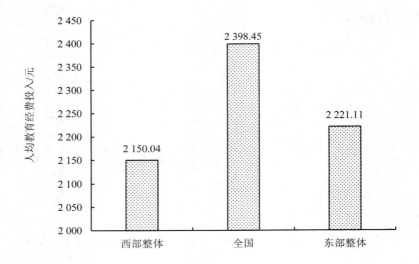

图 10-5　2014 年东部、西部及全国人均教育经费投入

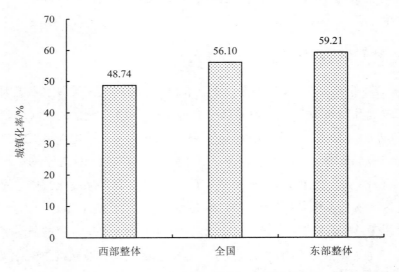

图 10-6　2015 年东部、西部及全国城镇化率

　　西部农村区域基础设施建设落后于全国平均水平，城乡之间发展差距较大。以农村改水率为例，2015 年西部地区改水率为 71%，东部地区为 83.01%，全国

平均水平为 78.97%（图 10-7）。西部地区中，云南、甘肃、内蒙古、四川、陕西尚未达西部地区平均水平。

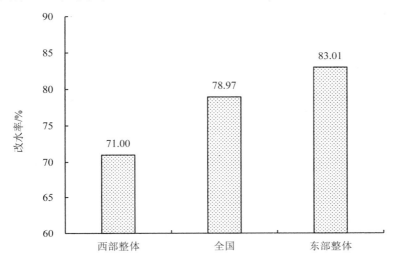

图 10-7　2015 年东部、西部及全国农村改水率

西部基础设施和建设不足，人口总量少，密度小，城镇化建设水平与农村改水率比较低。同时，西部经济社会发展面临废物、废水、废气排放量增加与城乡区域差距较大的双重难题，肩负着以"节能、减排、降耗、增效"的绿色产业带动经济社会发展的新型城镇化重任。相关建设工作需要得到重视和加强。

10.4　协调程度远低于全国平均水平

无论在生产领域还是在生活领域，西部省份在资源、能源循环使用方面仍然落后于全国平均水平。西部省份在工业化、城镇化发展进程中，工业固体废物及垃圾处理设备设施不完善，受到综合循环利用效率水平低的制约，对于工业固体废物的规模化集中、减量化使用、无害化处理、资源化利用水平有待提高。

在推进绿色生产方面，西部地区资源循环利用的水平与东部还有较大差距。2015 年，西部地区的工业固体废物利用率为 52.95%，东部为 71.86%，全国平均水平为 60.78%（图 10-8）。西部地区只有重庆、广西、陕西、宁夏、贵州 5 个省份达到全国平均水平之上。工业固体废物利用率不仅表现环境治理状况，更是表现资源循环利用、"变废为宝"的重要指标，是循环经济的重要建设方面。西部地区受地理条件限制，整体经济发展水平不高，工业本身就不发达，工业固体废物利用率也较低。

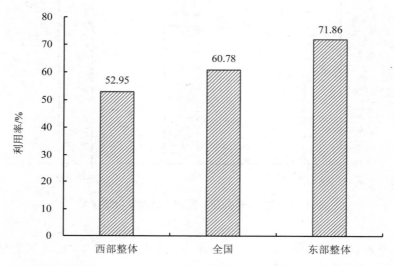

图 10-8　2015 年东部、西部及全国工业固体废物利用率

在绿色生活建设方面，西部地区有追赶东部地区的后发优势，在一些建设领域与东部地区的差距相对较小。以城市生活垃圾无害化处理率为例，西部地区为91.75%，东部地区为 95.72%，全国平均水平为 94.1%（图 10-9）。但西部地区（西藏无数据）一半省份未达西部平均水平 91.75%，7 省份未达全国平均水平 94.1%。城市生活垃圾无害化处理水平高低，是维护城市生活环境的基本要求，保障城市居民健康生活的基本前提。在城市建设发展过程中，西部地区环境好转与资源循环利用的良好互动还要逐步完善加强。

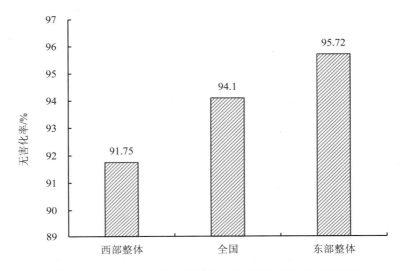

图 10-9 2015 年东部、西部及全国城市生活垃圾无害化率

　　从经济社会发展与生态环境容量相适应的整体角度来看，整个西部地区的协调程度水平要显著低于东部和全国平均水平。西部省份由于受到产业结构欠佳、资源利用效率较低等因素制约，在经济发展快速增长的同时，呈现大气与水体污染物排放量增加的趋势。经济发展带来的污染给环境带来的压力强度要普遍高于东部和全国平均水平①。就水体污染物排放变化效应来看，西部地区与东部地区略有差距，也低于全国平均水平（图 10-10）。在大气污染物排放变化效应指标方面，西部与东部的得分差距明显（图 10-11）。数据显示，水体、大气污染物的控制方面，2014—2015 年青海、西藏氨氮排放量增加，2014—2015 年西藏 3 类大气污染物排放量增加，2014—2015 年青海烟粉尘排放量增加。在大气污染物的治理上，西部面临的压力更大。

---

① 西部生态文明建设评价指标体系（WECCI）以水体污染物排放变化效应指标来评价主要水体污染物，即化学需氧量和氨氮排放量的年度变化与区域水体质量之间的协调程度。并以大气污染物排放变化效应指标来评价主要大气污染物，即二氧化硫、氮氧化物、烟粉尘排放量的年度变化与区域空气质量之间的协调程度。两个指标均为正指标，数值越高意味着协调程度越高。

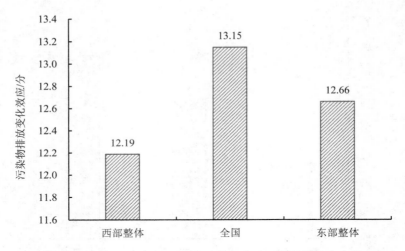

图 10-10　2015 年东部、西部及全国水体污染物排放变化效应

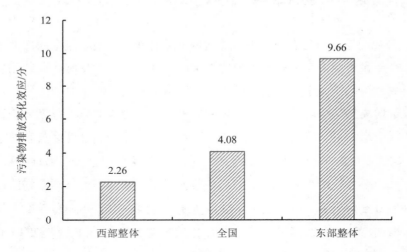

图 10-11　2015 年东部、西部及全国大气污染物排放变化效应

　　从整体上看，西部省份生态文明建设水平的优势在于生态环境，建设水平的劣势在于社会发展，破难解缚的关键在于提高协调程度。协调程度，集中反映在经济社会发展进程中资源循环利用水平。协调程度不高，意味着区域发展方式粗放，发展不具有可持续性；提高协调程度，则有利于资源利用增效、生态容量扩容，增加区域发展的内生动力与潜力。

第 11 章　西部地区各省份生态文明建设水平的潜力

西部各省份生态文明建设水平指数 2017[①]显示，西部地区内部建设水平差异显著，与我国现阶段不充分、不平衡的发展现状有内在的一致性。各省份在生态文明建设中面临着各自独特优势与差异化短板。各省份生态文明水平建设指数平均分为 85.16 分，生态环境、社会发展、协调程度这 3 个核心建设领域的平均得分分别为 85.06 分、84.90 分和 85.58 分。具体得分为 70～100 分，见表 11-1。评价的重点不在于排名，而在于从生态环境、社会发展、协调程度 3 个角度，更好地把握各省份建设水平的特点和现状。

表 11-1　西部各省份生态文明指数（WECI 2017）　　　　　　　　单位：分

地　区	生态环境	社会发展	协调程度	WECI
重　庆	91.33	97.69	95.50	94.81
内蒙古	82.67	98.46	83.00	88.29
四　川	90.00	83.85	89.00	87.55
陕　西	77.33	90.00	95.00	87.07
广　西	80.67	80.00	98.00	85.63
贵　州	85.33	76.92	96.00	85.59
新　疆	85.33	90.77	79.50	85.49
宁　夏	78.00	89.23	89.00	85.23
青　海	91.33	89.23	72.00	84.80
云　南	80.67	75.38	89.00	81.32
西　藏	98.00	74.23	68.00	80.68
甘　肃	80.00	73.08	73.00	75.48

---

① 西部生态文明建设水平指数（WECI）2017 是以 2015 年数据为基础计算得出。以下不再另作说明。

11.1 西藏、重庆、青海、四川：各有特点，生态环境优势突出

西部省份中的西藏、重庆、青海（与重庆并列第二位）、四川在生态环境建设领域的建设成绩突出。这些省份拥有丰富的森林、湿地、自然保护区等资源，对于保留自然界的天然本底、保护物种多样性、维系生态系统的平衡与稳定发挥着至关重要的作用。

表 11-2　2015 年西藏、重庆、青海、四川生态环境三级指标数据

地区	自然保护区的有效保护/%	建成区绿化覆盖率/%	地表水体质量/%	重点城市环境空气质量/%	水土流失率/%	化肥施用超标量/（kg/hm²）	农药施用强度/（kg/hm²）
西藏	33.70	42.6	99.9	85.75	9.37	12.34	4.25
重庆	10.00	40.3	100	80.00	55.74	48.23	5.09
青海	30.00	29.8	97	80.82	28.38	−44.13	3.50
四川	17.00	38.7	88.6	72.43	30.56	32.79	6.08

11.2 内蒙古、重庆、新疆：社会发展势头强劲，潜力巨大

在社会发展方面，内蒙古、重庆、新疆在西部地区各省份中表现较为突出，经济社会发展、城乡区域差距、教育医疗等发展成绩显著。

表 11-3　2015 年内蒙古、重庆、新疆社会发展三级指标数据

地区	人均GDP/元	人均可支配收入/元	城镇化率/%	人均教育经费投入/元	每千人口医疗机构床位/张	农村改水率/%
内蒙古	71 101	22 310.1	60.3	2 552.41	5.33	65.98
重　庆	52 321	20 110.1	60.94	2 333.66	5.85	91.08
新　疆	40 036	16 859.1	47.23	2 763.18	6.37	96.6

11.3　广西、贵州、重庆：因地制宜，协调程度水平较高

协调程度领域的评价显示，广西、贵州、重庆是对经济发展与生态环境保护的相互协调做得较好的西部省份。这些省份产业结构相对合理，且有较高的生产设备和技术，使自然资源和能源的使用方面保持高效，在工业废水、废气以及固体废物的排放控制方面成绩较为突出。环境污染治理的投资比例也比较高。

表 11-4　2015 年广西、贵州、重庆协调程度三级指标数据

地区	工业固体废物综合利用率/%	城市生活垃圾无害化率/%	水体污染物排放变化效应/分	大气污染物排放变化效应/分
广　西	62.89	98.7	121.07	5.98
贵　州	60.79	93.8	7.17	12.43
重　庆	85.71	98.6	*	8.02

注：* 重庆该项指标数据缺失无法计算。

第 12 章 西部地区生态文明建设的战略定位

西部地区总人口 3.5 亿，占全国总人口的 28%；总面积为 681 万 km^2，占全国总面积的 71%。自然资源丰富，地形地貌复杂，生态环境脆弱，在发展过程中应格外重视生态文明建设。此外，西部地区占据极其重要的战略位置，地处欧亚大陆中心，邻国众多，也是我国少数民族重要聚居地。因此，西部生态文明建设对于整个中国的经济发展和生态保护，对中华民族文明的永续发展，对中国在国际上承担保护环境和生态资源的大国责任都有着重要的意义。

12.1 西部地区生态文明建设的目标定位

西部地区是我国生态文明建设中极为重要的地区，相对于其他大部分地区，西部地区人民生活水平较低，区域发展水平落后，生态环境更加脆弱敏感。改善西部地区的生态环境，既是西部地区可持续发展的需要，也是中国建设生态文明的需要。

12.1.1 改善生态环境

西部是我国的重要生态屏障。西部地区的生态环境不仅是其区域范围内的发展重点，更是影响全国生态安全的重中之重。保护好西部的生态环境，就是保护了我国重要的生态屏障。西部的森林植被破坏导致土地涵养水源的能力变差，长江、黄河都有大量泥沙输入，严重影响水质；泥石流等自然灾害频发，中下游地区的河道泥沙淤积、河床抬高，河体蓄水能力变差，河水泛滥的逐渐增强，对中下游地区的人民生活及生命财产安全造成严重威胁。此外，由于西部的荒漠化速度加快，引发的沙尘暴波及的地区范围也逐渐扩大，北京、河北、河南、山东等省份均受到波及。

习近平总书记视察宁夏时提出的要求之一就是"环境优美"。实现环境优美，其实是生态文明建设一直追求的奋斗目标。我国的西部大开发"十二五"规划中，就提出生态环境持续改善的目标。"十三五"规划更是要求生态环境应取得实质性改善。习近平总书记多次提到"像保护眼睛一样保护生态环境、像对待生命一样对待生态环境"。党的十九大报告指出建设美丽中国要着力解决突出的环境问题，并加大生态系统的保护力度。特别要开展国土绿化行动，推进荒漠化、石漠化、水土流失综合治理，强化湿地保护和恢复，加强地质灾害防治；完善天然林保护制度，扩大退耕还林还草。面对恶劣的环境和相对淡薄的生态意识，改善生态环境，实现天蓝、水清、地绿是西部发展必须达到的战略目标。

12.1.2　提高经济水平

2017年6月召开的深度贫困地区脱贫攻坚座谈会上，习近平总书记提到的西藏和四川藏区、南疆四地州、四川凉山、云南怒江、甘肃临夏等连片的深度贫困区，皆属于西部地区。和东部地区相比，东西部地区存在着严重的经济差距，影响我国经济安全。

为确保我国经济安全，提高西部地区的经济水平，我国西部大开发"十三五"规划中明确提出，要实现经济持续健康发展的目标。创新驱动发展、产业转型升级等战略部署也都是为环境保护和经济发展服务。

12.1.3　增加人民福祉

民生问题既关系到人民群众的自身利益，又关系到整个国家的兴旺、民族的团结。习近平总书记指出："良好生态环境是最公平的福祉，是最普惠的民生福祉。"西部大开发"十二五""十三五"规划中，对生态环境设定的目标，其实就是增加人民福祉的战略方向。除此以外，关于人民生活水平、基础设施建设、公共服务等和人民生活息息相关的方面也都做出相关规划。党的十九大报告指出，我国已经进入新时代，要在发展的同时努力满足人民日益增长的对美好生活的需要，表现在生态文明建设上，就是要提供更多优质生态产品以满足人民日益增长的优美生态环境需要。只有将社会发展的成果交还于人民，让人民群众的努力结果惠及人民，保证全体人民在共建共享发展中有更多获得感，才能使人民安居乐业、民族永续发展。

12.2 西部地区生态文明建设的重点定位

西部地区生态环境脆弱，人民生活水平较低，生态文明发展受制于经济发展状况。在推进生态文明建设过程中，应有针对性地选择一些重点建设，解决最突出的问题。从改变生态观念、注重保护和治理、增加生态投入、建立相关的生态和经济机制等领域，优先解决生态环境问题，为经济发展提供良好环境。

12.2.1 转变发展观念

党的十九大报告指出，必须坚持科学发展，坚定不移贯彻创新、协调、绿色、开放、共享的发展理念。西部地区经济相对落后，靠山吃山、靠水吃水的传统习俗和长期重 GDP 的政绩观导致西部生态环境的破坏。要从深层解决这个问题，则需要从生态文明建设的精神层面着手，转变思想观念。要做好顶层设计，党委政府主导、社会广泛参与，树立生态文明的新生态观念，为西部生态文明建设树立价值导向，只有从认识上对生态环境加以重视，才能在行动中坚持生态文明的实践方式。要加强生态教育，提高西部广大人民群众的生态素质，尤其是经济落后地区的群众更要改变原有的那些有损于生态环境的理念，树立生态文明的理念，做到"人人懂生态、个个爱生态"。

12.2.2 重视生态保护和治理

西部生态文明建设必须以生态环境为基础。由于生态环境脆弱，一旦决策出现失误，将可能出现严峻的生态灾难。高度重视生态保护和治理，保护耕地、森林、草原等资源，保护生物多样性，加大自然保护区的保护力度。要修复和重建森林及草地生态系统，优化生态安全屏障体系，构建生态廊道和生物多样性保护网络，提升生态系统质量和稳定性。要开展国土绿化型动，推进荒漠化、石漠化和水土流失的治理工程。保护农田的功能和结构，实施生物养地、耕作改进，扩大轮作休耕试点，健全耕地草原森林河流湖泊休养生息制度。此外，西部水源短缺，水资源的保护和治理极其关键。

12.2.3　增加生态投入

西部生态文明建设需要充裕的投资作保障，长期以来西部环境基础设施建设投资不足，加之东西部产业转移，导致西部环境状况面临更严峻的挑战。要增加对西部地区基础设施的投入，如完善道路、供电、天然气管道等设施，改善西部地区人民的基本生产生活条件，按规定加大县、镇、村三级污水垃圾处理投资。要充分发挥西部的生态优势，加大对生态产业发展的扶持力度，增加生产性投入，促进西部地区的产业转型升级，做到保护和发展并重。要加大对医疗和教育的投入力度，提高教育水平，让西部干部群众形成生态文明的观念和价值观，促进西部生态文明建设。

12.2.4　加强制度建设

生态文明制度是建设生态文明的保障，包含源头严防、过程严控到结果严惩的一整套制度体系。要立足西部实际，更加注重源头防治，严格实施面向西部地区的主体功能区制度，形成既严守生态保护红线又激励生态环境建设的制度体系，以保护西部脆弱的生态环境。西部地区资源相对丰富，要探索生态补偿机制的标准体系，以自然保护区、生态功能区、矿产开发和水环境保护等方面为基础，以资源有偿使用和破坏者付费为原则对保护和破坏生态的行为给予奖惩。还应健全配套的经济机制，发挥市场的自我调节作用，利用税收、补贴、交易等方法，让经济手段在西部生态文明建设中发挥应有的作用。

12.2.5　加快脱贫攻坚

西部贫困地区条件恶劣，灾害频发，位置偏远，导致基础设施的建设成本高、施工难度大。不少西部群众脱贫致富的动力不足，为脱贫攻坚战带来更大的不确定性。应合理加大精准脱贫支持力度，建立脱贫攻坚基金帮助深度贫困地区脱贫致富。要坚持精准扶贫、精准脱贫，坚持"中央统筹，省负总责，市县抓落实"的工作机制，充分发挥集中力量办大事的制度优势，加强东部地区对西部地区的帮扶支持，深入实施东西部扶贫协作，全力解决贫困地区群众的生活问题。要坚持大扶贫格局，注重扶贫与扶志、扶智相结合，让贫困地区的人民群众发挥应有的内部拉动作用，调动他们的积极性和创造性，激发贫困地区脱贫的内部动力，引导他们自己劳动，脱贫致富。

12.3   生态优先的区域定位

12.3.1   生态优先的必要性

西部地区已成为我国生态环境最脆弱的地区，自然资源破坏严重，环境承载力也较低。虽然我国已经开始着力修复西部地区的生态，但从整体上讲，其生态环境问题仍然严重，恶化的趋势尚未得到有效控制。

一是西部的生态区位特别重要，从全国大局考虑，西部地区不能以肆意开发生态资源而发展经济。西部地区作为我国主要流域的源头、风沙源头和水源涵养地，对我国环境保护发挥重要的生态屏障作用。在生态环境上，西部作为长江、黄河、澜沧江等主要江河的源头，上游地区的植被保护状况直接影响中下游地区的河道通畅与水质状况[①]；西部地势居高临下，西部的沙尘控制直接决定着中东部地区的空气质量与环境状况，只有西部地区山清水秀，才有中东部地区的碧水蓝天。在资源分布上，西部是我国极为重要的资源富集区，很多资源的储量位居全国前列，储备着大量的战略资源，是我国经济社会发展资源的有效供给和可持续发展的资源保障。因此，西部地区承担着为全国维护源头生态环境、限制开发矿产资源的区域责任，客观上负有服从国家区域战略布局、维护区际经济协调发展的区域义务。

二是西部的经济增长手段还很粗放，从提高资源效能考虑，西部地区不能以粗放开采生态资源来发展经济。部分西部地区对生态、矿产资源的开发利用是粗放的、一次性的甚至是毁灭性的，为了使资源优势快速转变为经济效益，往往无视自然资源的不可再生性，忽视对生态系统的修复与维护[②]。长此以往，不仅使西部地区长期处于生产落后、生活贫困的境地，同时也造成生态、矿藏资源的严重

① 屠志方，李梦先，孙涛. 第五次全国荒漠化和沙化监测结果及分析[J]. 林业资源管理，2016（1）：1-13.
② 张军驰，樊志民. 西部生态环境治理的路径选择——以生态文明为视角[J]. 河南社会科学，2010（6）：217-219.

浪费和破坏，使我国本不宽裕的不可再生资源变得更加紧缺，直接威胁着中东部地区经济社会的可持续发展。因此，在目前粗放落后的经济增长方式下，西部地区决不能靠毁山林、卖资源、破坏源头生态环境、削弱生态屏障功能来发展区域经济，而是要实施生态优先的区域定位。

12.3.2　生态优先的内容

根据"生态合理性优先"原则，在生产和发展过程中，生态的合理性要优于其他（如经济的合理性、科技的合理性等）。生态优先原则体现为生态规律优先、生态资本优先和生态效益优先三个层面：优先遵循生态系统的动态平衡规律和自然资源的再生循环规律，从而满足必要的资源供给条件，维护基本的发展空间；优先修复生态环境、维护生态功能，从而保证生态资本的保值增值；优先保护长远的生态效益，从而通过绿色、循环和低碳发展等手段带来"经济结构优化、生态环境改善、民生建设提升"长远的生态红利，实现对短期经济效益和社会效益损失的抵补。[①]

生态优先原则首先是马克思主义哲学系统论的体现，即人是自然系统的一部分而非主宰，在发展中要遵循自然规律，自觉维护系统的和谐稳定。其次，生态优先原则是生态中心主义的体现，即反对人类以自我利益为中心对自然进行征服和奴役的观点，反对人类的利己主义和消费主义，但这并非意味着放弃一切利益，而是强调人类一切经济技术方案的合理性与可行性应服从于是否符合生态要求。"[②]

12.3.3　生态优先的原则

在实施生态优先战略的前提下，要使经济发展和环境保护相协调，其中保护是本质要求，只有做到保护生态环境，才能让自然资源更合理有效地为发展所用，才能保证经济持久、健康发展。发展是中心任务，只有发展经济，才能为解决环境问题提供更科学、更根本的手段。

要注重顶层设计与基层创新相统一。西部地区幅员辽阔，必须由上而下地推行生态优先的发展战略，进行统一规划，只有做好顶层设计，才能实现战略部署

---

① 庄贵阳，薄凡. 生态优先绿色发展的理论内涵和实现机制[J]. 城市与环境研究，2017（1）：12-24.

② 刘东国. 绿党政治[M]. 上海：上海科学院出版社，2002：222.

的统筹兼顾。基层创新能够更好地兼顾各地情况，激发创新活力。此外，顶层设计必须以省情、市情、区情为基础，以人民群众的利益为重，深入基层调研，反映群众最需要的、解决群众最关切的，做出"接地气"的顶层设计，让其与基层创新有机结合、良性互动。

要注重东部发达地区和西部欠发达地区产业布局及政策配套相衔接。我国的东部发达地区在资金、技术和发展理念上具有明显优势，经济基础雄厚，对外开放水平较高，产业结构已经向资金、技术、知识密集型转变。而西部土地和劳动力价格都较低，东部地区缺少优势的产业，正是西部的优势所在，两者有很强的互补性。通过两地区间的产业转移，既可以促进资金和生产要素流动，又可以帮助两个地区实现产业结构升级，创造更多利益。要注意配套政策的制定，由政府负责推动和协调，加强资本合作和科技教育交流，鼓励产业转移的落实和推进。

要注重生态现代化与西部多民族文化相融合。生态优先原则提倡环境保护与经济增长双赢，强调经济增长和生态环境是兼容的，可以通过更完善的工业化来治理原来工业化造成的环境问题。在这一过程中，共识性的发展战略、现代化趋势和生活习惯将削弱西部原有的多种独特的多民族文化和生活方式。要注意将两者融合，即既不能把民族文化视为一成不变的东西，不敢进行丝毫改变，那么民族文化将成为发展的包袱，也不能因为生态现代化而忽略民族文化的传承，那么民族的凝聚力、社会的和谐稳定、现代化生态文明建设都将受到威胁。只有两者互相融合，吸取多民族文化的精华，使其进一步调整生态现代化的精神和内涵，达到两者的互促互补。

要注重树立西部绿色崛起与各民族共享发展成果的价值观。习近平总书记在2016年"两会"期间参与青海代表团审议时指出，社会事业发展和民生建设资金要向民族地区倾斜，要让西部群众共享发展成果。西部的绿色崛起是各族人民群众共同努力建设的结果，每一个参与民族都有权力享受成果。要针对不同民族的区域特色和民族特点，制定相应的政策，"多搞一些改善生产生活条件的项目，多办一些惠民生的实事，多解决一些各族群众牵肠挂肚的问题"[1]，让西部绿色崛起的成果惠及各族人民。

---

[1] 人民网. 各族人民共享改革发展成[EB/OL]．http://opinion.people.com.cn/n1/2017/0311/c1003-29138487.html，2018-03-10.

12.3.4　生态优先的意义

生态优先的发展战略要以保护环境和生态为基础进行发展。从本质上看，生态优先原则倡导的是自然生态系统和社会经济系统两者的协调发展过程。

首先，生态优先原则为西部的发展树立了价值标准，只有坚持"绿水青山就是金山银山"，把发展的核心放在生态效益上，才能实现生态效益和经济效益的统一。要牢固树立自然价值和自然资本的理念，自然生态是有价值的，保护自然就是增值自然价值和自然资本的过程。西部实现发展的过程中，必然面对价值的衡量取舍，以生态优先原则作为价值标准，可以真正实现经济的生态化和生态的经济化。

其次，生态优先原则为西部地区的发展提供了前提和基础，就是给西部地区的发展清晰地划出"生态底线"和"发展底线"。习近平总书记提出"守住发展和生态两条底线"，其内涵是既要保障地区的发展保持一定的速度，又要保证发展过程中不触碰国家生态安全底线。只有发展和保护同时进行，才能真正实现西部绿色崛起。

最后，生态优先原则是西部实现发展的必备条件。在经济建设方面，要把生态环境和生产力结合在一起，牢固树立保护生态环境就是保护生产力的观念；在政治方面，要抛弃原有的唯 GDP 论政绩观，把生态文明建设的一系列指标列入考核机制；在民生方面，要让良好的生态环境成为人民生活质量的增长点。整个社会应通过生态优先的原则，形成经济、社会、环境协调的可持续发展。

第 13 章　西部地区生态文明建设的路径选择

　　根据对西部生态文明建设水平和进步态势的量化研究，以及对西部、东部和全国的生态文明建设水平的比较分析，西部生态文明建设取得了一定的成绩，但也存在生态环境脆弱、社会发展水平较低、协调程度不高的问题。要解决这些问题，需要坚定不移地走以提高协调程度为核心的绿色发展道路，努力完成保护生态环境和社会发展进步两大任务，抓好主体功能区定位、有序推进城镇化、加速发展新型工业化三个关键，并认真落实好顶层设计、底线思维、制度保障和东西协作等保障措施，实现西部生态环境良好、社会发展进步的美好愿望。

13.1　一条道路：走绿色发展之路

　　"十二五"期间，西部协调程度进步指数为 5.94%，全国协调程度进步指数为 9.10%，东部协调程度进步指数为 6.86%，表明西部地区的协调程度进步幅度低于东部和全国。从影响西部、东部和全国协调程度发展的主要指标的比较可以看出，这种情况是由资源综合循环利用水平较低、资源能源消耗产生的污染物排放对生态环境的影响效应低于东部和全国造成的。本书以资源综合利用水平为例加以说明。

　　第一，西部的工业固体废物综合利用率分别低于东部和全国 18.91%、7.83%；西部的城市生活垃圾无害化处理率分别低于东部和全国 3.97%、2.35%。可见，西部的资源综合利用水平是明显低于东部和全国的。

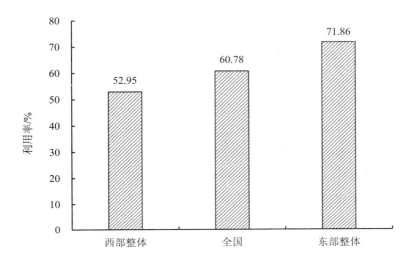

图 13-1　2015 年东部、西部及全国工业固体废物利用率

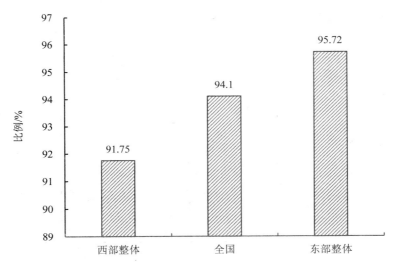

图 13-2　2015 年东部、西部及全国城市生活垃圾中无害化处理比例

　　第二，从水体污染物排放情况来看，西部的水体污染物排放变化效应分别低于东部和全国 0.47、0.96，说明西部地区要严格控制水体污染物排放，并且在水体污染治理方面还需加大力度。

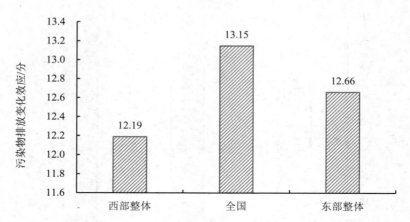

图 13-3　2015 年东部、西部及全国水体污染物排放变化效应

第三，从大气污染物排放情况来看，西部的大气污染物排放变化效应也是低于东部和全国的，尤其与东部相比差距较大，西部地区对于大气污染的治理也必须加大，使大气污染物排放保持在生态环境可承受的范围内。

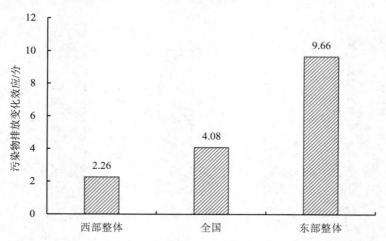

图 13-4　2015 年东部、西部及全国大气污染物排放变化效应

根据以上结论，西部地区的生态文明建设必须要走一条以提高生态环境与社会发展协调程度为核心的绿色发展道路，这是西部崛起的必然选择。

首先，西部走绿色发展道路就要坚持在经济发展过程中秉承绿色发展理念，正确处理经济发展和生态环境保护的关系，要坚守生态保护红线、环境质量底线、资源利用上线，既要保护好西部的生态环境，也要在生态承载力范围内实现西部经济社会发展。

其次，在具体实践中，西部要发展绿色生产方式和绿色生活方式，把生态环境的保护和建设放在第一位，依靠科技进步，发展资源利用率高、污染排放在环境容量许可范围内的产业，改变过多依赖增加物质资源消耗、过多依赖规模粗放扩张、过多依赖高能耗高排放产业的发展模式，把发展的基点放到创新上来，更多依靠创新驱动、发挥后发优势，在促进社会发展的同时保护好生态环境。

13.2　两大任务：保护生态环境和促进经济社会发展

13.2.1　生态环境保护

长期以来，我国粗放的经济发展模式，导致环境污染不断加剧，生态破坏日趋严重，西部生态环境恶化尤为突出。西部生态环境普遍脆弱，从发展态势来看，"十二五"期间西部生态环境总体呈现小幅退步态势，西部生态环境进步幅度落后于东部和全国（图 13-5）。当前西部脆弱的生态环境已经开始制约西部的社会发展，西部要走绿色发展道路，就必须以生态环境保护为前提。

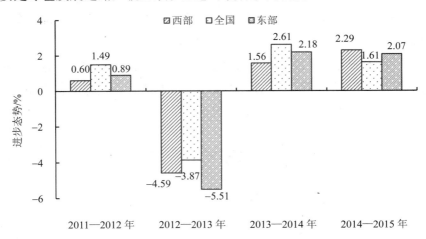

图 13-5　"十二五"期间西部、东部和全国生态环境进步态势比较

西部地区生态环境的治理与保护，既关系到西部地区的可持续发展，也直接影响着东部以至全国的发展环境。党的十九大报告指出："要着力解决突出环境问题。坚持全民共治、源头防治，持续实施大气污染防治行动，打赢蓝天保卫战。加快水污染防治，实施流域环境和近岸海域综合治理。强化土壤污染管控和修复，加强农业面源污染防治，开展农村人居环境整治行动。"①因此，按照党的十九大报告要求，切实加强生态环境保护，全面提高环境质量，把解决人民所关心的大气、水、土壤污染等突出问题作为治理重点，全面加强环境污染防治。遵循生态学规律，充分利用大自然所具有的自我修复能力，减少对生态系统的人为干扰，推进荒漠化和水土流失综合治理，保护好林草植被和河湖、湿地，要强化自然保护区建设监管和生物安全管理，加大生物物种资源保护和管理力度，提高管护水平，使西部形成良好的生态环境。

13.2.2　经济社会发展

从发展态势看，"十二五"期间，西部社会发展进步幅度领先于东部和全国，说明西部的整个社会发展态势良好，但与东部地区相比，西部的社会发展水平依然比较落后，西部地区内部发展也不平衡，西部地区生态环境的破坏也造成社会经济的损失，制约着西部地区的社会发展速度。数据显示，西部地区人均 GDP 分别低于东部和全国 19 360 元、10 938 元，西部的人均可支配收入分别低于东部和全国 7 373.98 元、5 133.27 元，说明西部地区的社会发展水平与东部、全国相比差距明显，面临着巨大的经济发展任务（图 13-6、图 13-7）。

总之，西部作为我国提升经济和生态协调发展的战略要地，要有效协调环境保护与经济发展关系，并在经济社会发展上狠下功夫，在确保生态环境良好的基础上，全力发展经济，不断增进西部人民的福祉。

---

① 决胜全面建成小康社会，夺取新时代中国特色社会主义伟大胜利[EB/OL]. http://www.qstheory.cn/dukan/qs/2017-11/01/ c_1121886256. htm，2017-11-05.

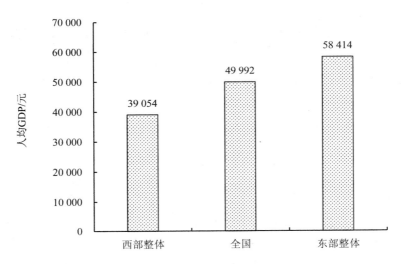

图 13-6　东部与西部人均国内生产总值

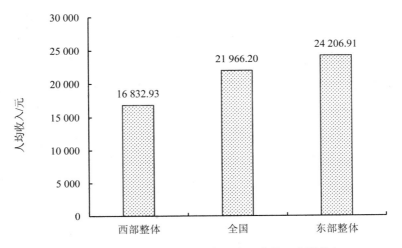

图 13-7　2015 年东部、西部及全国人均可支配收入

13.3 三个关键：功能区定位、新型城镇化和新型工业化

西部地区要完成生态环境保护和社会发展两大任务，就必须抓好"三个关键"，即坚持主体功能区定位、有序推进城镇化、加速发展新型工业化。只有把握好这三个关键点，才能使得西部地区人民的生产、生活空间分布更加符合西部的生态环境，实现西部的生态文明建设又好又快的发展。

13.3.1 优化功能区定位

西部地区要走以提高协调程度为核心的绿色发展道路，实现生态环境与社会发展的协调推进，需要坚持主体功能区定位。根据国家主体功能区规划，西部主体功能区可以分为优化开发区域、重点开发区域、限制开发区域和禁止开发区域四种类型。西部区域辽阔，生态类型多样，环境容量参差不齐，其中不乏环境容量较大的地区，如果规划得当，完全有可能在确保生态环境安全的前提下，走出一条人与自然和谐的发展道路。西部大开发与"一带一路"已经成为我国战略性布局，在生态文明建设过程中，西部各省要按照自身情况，制定自身主体功能区规划，加快实施主体功能区战略，推动各地区严格按照主体功能定位发展，构建科学合理的城市化格局、农业发展格局、生态安全格局。

西部地区在具体落实主体功能区规划过程中，要重点推进中小城市和城镇落实主体功能定位，形成各自的功能区规划，使本地的重大项目布局必须符合主体功能定位，明确禁止开发区域、限制开发区域准入事项，明确优化开发区域、重点开发区域禁止和限制发展的产业，从而构建平衡适宜的城乡建设空间体系。

13.3.2 有序推进新型城镇化

新型城镇化可促进西部地区资源的集约化利用，极大地降低环境治理成本，提升环境治理效率，因而西部地区必须走新型城镇化道路。根据 2015 年的统计数据判断，西部的城镇化率为 48.74%，远低于全国平均水平 56.1% 和东部城镇化率 59.21%（图 13-8）。西部地区要实现保护生态环境和社会发展两大任务，必须要有序推进新型城镇化。

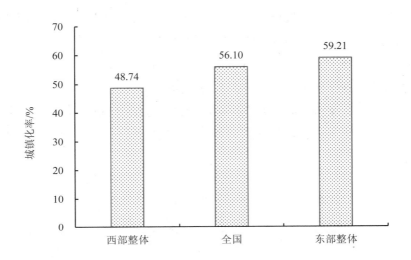

图 13-8　我国东部与西部城镇化进程比较

在西部城镇化过程中，首先，要转移西部自然条件恶劣地区的人口，减少人类活动对生态环境的影响，使得这些地区的生态环境自然恢复。其次，要构建合理的城镇化布局，严格控制大城市规模，多发展小城镇。发展小城镇是带动西部地区经济社会发展的重要举措，更是减少生态环境压力和提高城镇化水平之间的纽带。由于西部地区地广人稀，合理布局小城镇可以辅助中心城市推动地区经济发展，创造就业机会，有利于农业的规模化经营。

13.3.3　加速发展新型工业化

西部的崛起离不开新型工业化，绝不可以把工业化和生态文明对立起来，因为产业的升级有其客观规律。除局部地区外，在西部广袤的区域内排除工业化，直接从以第一产业为主发展到以第三产业为主是不可能的，而且工业化也在不断升级，新型工业化和传统工业化有本质的不同。因此，在西部发展中要特别为工业化正名，要旗帜鲜明地适度发展新型工业，促进产业的合理升级。

新型工业化是一条科技含量高、经济效益好、资源消耗少、环境污染少、人力资源优势得到充分发挥的道路。新型工业化的"新"主要体现在尊重产业发展规律，兼顾对环境、社会和个人的影响，而不再是单纯地追求产出增长，追求提高工业产值的比重。加速发展新型工业化能够协调经济增长与保护资源环境，是实现西部生态环境与社会经济的协调发展的关键。

当前西部地区产业结构不合理，主要表现在产业结构层次较低、工业发展层次较低和轻重工业比例失调三个方面。而且西部生态文明建设实践证明，要改变这种不合理的产业结构，必须要在生态环境许可范围内加速发展新型工业化，注重发展绿色化、生态化、环保化的第二产业，发展循环经济，逐步向"低投入、高产出、低污染"转变（图13-9）。

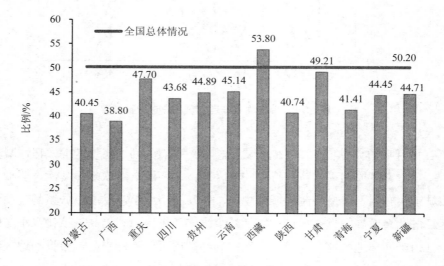

图 13-9　西部省份第三产业产值占地区生产总值比例

西部地区产业发展的绿色化、生态化、环保化，对保护生态环境具有重要意义，还有利于西部地区的社会发展进步。当前，西部地区经济发展的关键在于改变以往高投入、高消耗、高排放的粗放型发展模式，优化第二产业内部结构，大力推进信息化与工业化融合。在工业生产中，要转变粗放型的经济增长方式，限制高耗能、高污染工业的发展，争取逐步淘汰污染产业，发展绿色产业，推动传统产业技术升级；发展高新技术产业，开发生态节能环保新技术，减少资源消耗，提高资源利用率，缓解环境压力，提高可持续发展能力；坚持在发展中保护、在保护中发展，打造绿色、低碳、循环发展产业格局，走低成本高效率的绿色科学发展道路。

13.4　四项保障：顶层设计、底线思维、制度体系和东西协作

要实现以提高协同程度为核心的绿色发展，实现生态环境保护和社会发展两项任务，解决三个关键问题，必须以加强顶层设计、树立底线思维、完善制度体系、促进东西协作为保障。

13.4.1　加强顶层设计

西部发展道路涉及因素很多，为防止地方保护主义、部门利益至上掣肘，为克服短视行为，保障整体可持续发展，需要科学合理统筹规划和顶层设计。

西部地区生态文明建设要做好顶层设计，就必须从全局出发，从长远考虑，对我国生态文明建设做整体的考虑，对不同地区、不同生态环境、不同生态主体统筹考虑，通过有效的引导、宣传、教育，推进"保护生态环境，人人有责"的理念，让生态文明建设的思路、方案深入人心，从而收到事半功倍的效果，实现人与自然和谐、因地制宜的生态治理模式。

西部生态文明建设过程中，首先要注意发挥市场的作用，通过完善市场机制来解决合理配置问题，合理配置自然资源，推进资源和环境领域的价格改革，凡是能由市场形成价格的均放给市场，让市场发挥决定性作用。其次，涉及人民生活的均应依法依规有序进行，构建更加均衡的自然资源和环境价格形成机制，加快建立和实施资源有偿使用制度、生态补偿制度、环境税收制度，使能源、资源、环境等要素得到合理配置。

13.4.2　树立底线思维

西部地区要实现保护生态环境的任务，就必须树立底线思维，严守资源利用上线、环境质量底线、生态保护红线。

首先，要严守资源利用上线，对能源消耗实行控制，做好能源消费管理；合理利用水资源，建立水资源利用红线管理机制；对农田实行严格管理，划定永久基本农田，对新增建设用地占用耕地规模实行总量控制。

其次，要严守环境质量底线，全面提高环境质量，把解决人民所关心的大气

污染、水污染、土壤污染等突出问题作为治理重点，全面加强环境污染防治。西部地区要持续实施大气污染防治行动计划，实施多污染物协同控制，落实地方政府责任，构建以改善大气环境质量为目标的考核制度；加强水污染防治，要将保障城乡居民饮用水安全作为环境保护的首要任务；开展土壤污染治理和修复，增加土壤吸附能力，提高土壤环境容量。

最后，要严守生态保护红线，并推动建立和完善生态保护红线管控措施。西部地区要将生态保护红线作为建立国土空间规划体系的基础，制定实施生态系统保护与修复方案，选择水源涵养和生物多样性保护为主导功能的生态保护红线，开展一批保护与修复示范基地。定期组织开展生态保护红线评价，及时掌握全国、重点区域、县域生态保护红线生态功能状况及动态变化。推动建立和完善生态保护红线补偿机制。

资源利用上线、环境质量底线、生态保护红线都是要遵守的，制定起来却很困难，需要一个长期摸索的过程，但是在西部发展的过程中，确保生态环境质量不能恶化、只能变好，必须成为西部发展的底线。

13.4.3 完善制度体系

历史表明，只有当社会目标和各类社会主体利益相一致的时候，才能激活社会的创造力，给社会目标的达成提供源源不断的动力，而社会目标与各种社会主体利益的一致是由各种制度安排来实现的。

建设生态文明，必须建立系统完整的生态文明制度体系，用制度保护生态环境。生态文明制度建设是生态文明建设的根本保障，它为生态文明建设提供规范和监督、约束力量。

用制度保障生态文明建设，首先，西部各省都要坚持以法律法规为基础，也要充分考虑与现行法律和管理体制有效衔接，健全西部地区的自然资源资产产权制度和用途管制制度，构建独立的生态环境监管执法体制，建立资源环境生态红线制度和预警机制，完善领导干部政绩考核和问责制度，使西部生态文明建设进入制度化、有序化的轨道。其次，西部地区还要完善生态保护制度和标准体系。加快修改与生态环境保护相违背的法律法规，清理与生态文明建设不相适应的内容。加快制定修订一批能耗、水耗、地耗、污染物排放、环境质量等方面的标准，加快标准升级步伐。鼓励西部各地区依法制定更加严格的地方标准。

总之，西部地区只有实行最严格的制度，才能为西部地区生态文明建设提供最可靠的保障，只有把制度建设放在最重要的地位，才能破除制约西部生态文明建设的体制机制障碍，使西部走向生态文明新时代。

13.4.4　促进东西协作

目前，东西部地区生态文明建设都取得了很大的进步，但是东部地区和西部地区仍然存在很大的差距。因此，东部和西部充分发挥自身优势，实现东西协作发展是推进西部生态环境保护和社会发展进步的重要保障之一。

改革开放以来，我国实施东部优先于西部发展策略，西部消耗的资源所对应的收益却被发展较快的东部地区所占有，造成西部地区的生态环境被破坏，阻碍了西部地区的经济发展，使得西部人民付出了很大的代价。西部大开发以来，国家实施以东部地区先富带动西部地区后富政策。东部地区在发展的同时也要帮扶西部地区，在重点发展第二、第三产业的同时，将技术、人才等资源合理分配到西部地区，逐步带动西部地区发展。政府也要鼓励东部地区的资金多向西部流动，进而加强东西协作，以西部地区促进东部地区发展，东部地区带动西部地区发展为出发点，实现合作共赢，优势互补。

在经济社会发展上，还要加强东西部扶贫协作，东部发达地区要对西部贫困地区在物资、人才、资金、技术、项目上进行无偿支持与帮助，坚持扶贫开发与智力开发同步原则，把提高教育水平、加强卫生和技能培训援助、提高西部贫困地区劳动力素质作为对口帮扶的重要内容，不断激发贫困人口的内生动力，帮助和带动他们苦干实干，走自我发展的路子，实现光荣脱贫、勤劳致富。

西部地区的生态文明建设是一项系统工程，不仅需要西部地区自身艰苦奋斗，还需要全社会共同努力，要坚持绿色发展理念，走绿色发展道路，完成好生态环境保护和社会发展的任务，尊重自然、顺应自然、保护自然，从而促进西部的生态环境和社会发展协调进步，使西部地区大步走向社会主义生态文明新时代！

第 14 章　西部地区生态文明建设的对策建议

14.1　生态文明建设目标

一是要从人的角度和物的角度综合设定生态文明建设总体目标和具体目标。以前往往过于考虑可实现的物的目标，忽视了更重要的人的因素，特别是区域范围内的常住百姓，让其认识到生态环境的重要性。

二是分别设立城市和农村生态文明建设目标。针对西部地区的特色，短期内区别设立与东部、中部不同的生态文明建设目标。通过探索和完善、跟踪和推广，最终实现统一的目标。

三是对生态文明建设目标可以分解和量化，尽可能实现可以考核。对不同的生态环境，尽可能吸收国际上行之有效的做法来确定目标。

四是生态文明建设目标是科学动态的，既有目标整体的相对稳定性，又可以进行及时有效的局部调整，体现所设立的目标的导向性。

14.2　生态文明建设任务

不同的阶段、不同的地区对生态文明的认识不同，所确定的建设目标不同，自然所确定的任务也有差异。面对日益严峻的生态形势，根据党的十九大关于生态文明建设的最新部署，西部生态文明建设任务建议如下：

一是全面推进绿色发展。加快建立绿色生产和消费的法律制度和政策导向，建立健全绿色低碳循环发展的经济体系。构建市场导向的绿色技术创新体系，发展绿色金融，壮大节能环保产业、清洁生产产业、清洁能源产业。推进能源生产和消费革命，构建清洁低碳、安全高效的能源体系。推进资源全面节约和循环利用，实施国家节水行动，降低能耗、物耗，实现生产系统和生活系统循环链接。倡导简约适度、绿色低碳的生活方式，反对奢侈浪费和不合理消费，开展创建节约型机关、绿色家庭、绿色学校、绿色社区和绿色出行等行动。

二是着力解决突出环境问题。坚持全民共治、源头防治，持续实施大气污染防治行动，打赢蓝天保卫战。加快水污染防治，实施流域环境综合治理。强化土壤污染管控和修复，加强农业面源污染防治，开展农村人居环境整治行动。加强固体废弃物和垃圾处置。提高污染排放标准，强化排污者责任，健全环保信用评价、信息强制性披露、严惩重罚等制度。构建政府为主导、企业为主体、社会组织和公众共同参与的环境治理体系。

三是加大生态系统保护力度。实施重要生态系统保护和修复重大工程，优化生态安全屏障体系，构建生态廊道和生物多样性保护网络，提升生态系统质量和稳定性。完成生态保护红线、永久基本农田、城镇开发边界三条控制线划定工作。开展国土绿化行动，推进荒漠化、石漠化、水土流失综合治理，强化湿地保护和恢复，加强地质灾害防治。完善天然林保护制度，扩大退耕还林、还草。严格保护耕地，扩大轮作休耕试点，健全耕地草原森林河流湖泊休养生息制度，建立市场化、多元化生态补偿机制。

四是改革生态环境监管体制。加强对生态文明建设的总体设计和组织领导，完善生态环境管理制度，统一行使全民所有自然资源资产所有者职责，统一行使所有国土空间用途管制和生态保护修复职责，统一行使监管城乡各类污染排放和行政执法职责。完善主体功能区配套政策，建立以国家公园为主体的自然保护地体系。坚决制止和惩处破坏生态环境行为。

14.3　生态文明建设工作重点

一要聚焦生态环境热点，建立"水、土、林、沙"综合生态文明建设体系。水的问题敏感，易于引发群体事件的生态环境事件建立应急预案，避免扩大失控。重点关注各地区的水资源及水体污染隐患；水土保持和土壤修复特别是农用土地的治理将是西部生态文明建设工作的重中之重，也是一个长期的过程；坚持植树造林是百年大计，加快提高森林覆盖率，注重固土防沙；推进沙漠治理，采取科技治沙，高效治沙，防止土壤进一步沙化。

二要加强体制机制创新，形成示范，加快推广，推进生态文明试验区在西部乃至全国布局。统筹全国国家级经济技术开发区、国家级高新区、国家自贸区、国家新区、其他各级各类开发区，将生态文明试验区的标准量化，将循环经济发展理念落到实处，确保各种开发区进入生态文明建设轨道。在沙漠、高原生态治理上探索设立"国家沙漠生态治理开发试验区""国家高原生态经济发展改革试验区"，通过新的思路来寻找生态文明建设新路。

三要以大江大河及其支流中上游流域的生态治理为重点，将水土保持、生态修复、植树造林综合起来。结合河长制，明确责任，兼顾经济发展，兼顾城市和乡村的实际，推进流域生态治理模式的建立和推广，把区域生态治理和区域规划、区域开发统一起来，建立生态治理大数据，分析成本和收益，建立实用的模型和经验，为生态文明建设建立主战场和主模式。

四要重点关注过度放牧开采、过度旅游开发、过度砍伐，建立严格的"省—县市—乡镇"管控体系。建立"一把手"负责制，落实生态文明建设"一岗双责"。确保牧区管理、旅游景点管理、森林开发管理始终处于受控状态。借助国土卫星拍片模式，建立生态拍片防控模式，减少人为失误，提高生态治理的有效性和严肃性。

五要发挥资本效益导向，建立国家生态文明建设基金。鼓励混合所有制的专业化生态工程集团和政府一起来推进生态文明建设和环境治理。参照 PPP 模式，推进设立一批生态文明建设项目，发挥民营资本作用，在法律框架下，快速探索新的有效方案。

14.4 生态文明制度建设

14.4.1 加强法制体系建设

法制是保障生态文明建设目标实现的基础，因此，为推进西部生态文明建设，首先是加快国家和各地方生态文明建设的立法，构建一个完整的体系。

在国家层面,《新环保法》很好地解决了过去很多难以解决的问题,但涉及生态文明建设的内容,需要一部更有针对性、集合"五位一体"内涵的《生态文明促进法》,推进生态破坏入刑,为生态文明建设和生态体制改革护航。

在地方层面,各省份根据宪法,结合自身区域实际,出台《生态治理条例》,统一要求、统一标准,全面统筹规范西部的生态环境管理,为社会治理提供生态保障。西部 12 个省份根据宪法要求,建立联防联控的生态文明建设法制体系。确保从省份到地市县乡,形成全覆盖。对违背生态保护法律规定的行为予以坚决制止和严厉惩罚。

在司法上,清理旧账,不欠新账。全面对西部地区生态破坏重大案件的清查和追责,以腾格里沙漠排放污染事件为戒。通过快速追责,形成震慑,遏制生态破坏行为。特别是要明确地方党委、行政负责人的生态责任,使之放在全局工作的首位,避免管理上的弱化,最终生态治理功亏一篑。

14.4.2　加强社会发展评价

把西部各省份的资源消耗、环境损害、生态效益纳入经济社会发展评价体系,建立体现生态文明要求的目标体系、考核办法、奖惩机制。对于同一生态形态采用统一的评价体系,制定一致的目标任务、考核机制和奖惩办法,以便有助于区域的协调同步,在公开、公平、公正的前提下推进生态文明建设。

14.4.3　加强规划落实管理

通过建章立制对生态文明建设规划进行规范,确保规划具有科学性、可持续性、包容性、可操作性。总的来说,西部的生态文明建设规划要纳入国家整体规划中,并获得政策和资金上的倾斜。具体来说,就是内蒙古西部和新疆及甘肃的沙漠治理规划统一,陕西、甘肃、宁夏的水土流失治理规划统一,青海、西藏及四川部分地区的高原生态治理规划统一、省份交界区域生态治理规划统一,西部主要江河流域生态治理规划统一。同时,在西部灾害性天气和地质灾害预防预警规划上也要统一。

14.5　生态文明建设各领域统筹发展

14.5.1　西部经济社会发展失衡，需要联合顶层设计

西部面临经济发展、生态脆弱、社会不稳三大挑战。西部和中东部的经济发展质量和效率差距不是减小而是拉大；脆弱的生态导致产业开发事倍功半，得不偿失；"三股势力"等严重威胁西部地区的社会稳定，影响了经济发展和生态文明建设。在这样的背景下，西部需要对整个区域进行统一的、科学的、引导性的生态环境治理顶层设计，通过有效的引导、宣传、教育，推进"保护生态环境，人人有责"的理念，让生态文明建设的思路、方案深入人心，从而收到事半功倍的效果。

14.5.2　西部地区自然条件恶劣，需要进行联防联控

西部的沙漠及土地沙化和草原沙化、黄土高原的水土流失、青藏高原的生态退化、云贵川的地质灾害等跨区域的生态问题越来越严重，需要加强联防联控。内蒙古、新疆、甘肃形成治沙合力，统一规划，统筹资源，加快并扩大"三北"防护林建设工程，优化树种，提高挡沙防沙能力；甘肃、宁夏、陕西形成植树造林合力，加快加大实施力度，确保水土流失得到有效控制，既保护好了生态，也缓解了黄河泥沙压力；西藏、青海、四川及重庆形成共同治理高原生态脆弱、加速退化的合力，一方面遵循科学原理，提高治理的有效性，另一方面统筹力量，对症下药，寻找可推广的经验和模式；云贵川及广西形成对地质灾害的预防预报，摸索规律，抓住生态文明建设的关键，提前规划，加强治理，减少无效建设。

14.5.3　西部基础设施建设落后，亟须生态专项投入

推进西部生态文明建设，从国家层面和相关各省份层面，需要抓住生态问题的关键，推出治理专项，参考国家"水专项""土壤专项"和"大气专项"的方式，以覆盖更大范围、以求更佳效果，加快推出"沙化专项""水土保持专项""高原生态专项"和"地质灾害生态专项"，通过国家意志和统一行动，高标准治理和监

督验收，希望达到预期效果。

14.5.4　西部人才技术相对滞后，需要建立引进通道

解决西部人才技术问题不可能一蹴而就。但是可以创新模式和思路：一要从国家的人才工程上找渠道，向西部倾斜，在涉及生态环保方面的人才和技术上建立绿色通道，为人才和技术落地创造条件和环境。二要从市场上找机会，通过创新机制，依托重大项目，解决人才和技术问题，通过传帮带，形成西部现有人才和内地甚至国际上的高端人才的对接和技术的传承。三要因地制宜、扬长避短、人尽其才地发掘本地人才资源和有效经验技术，形成本土优势，和其他方式相得益彰，有效解决西部人才和技术问题。

14.5.5　西部生态预警体系陈旧，亟须高效响应机制

西部生态形势严峻，同时将面临日益恶化的趋势，需要建立高效的生态预警机制。原有的常规监测体系和定期反馈体系以及上级部门的督查体制都是静态处理和管理生态环境问题，往往是刻舟求剑的效果或者是盲人摸象的模式。新的形势下，需要更新观念，建立快速响应、高效反馈的机制，及时对沙漠进行动态监测，对土地草原沙化进行及时预警，对高原冰川退化产生的影响进行预防，对水土大面积流失进行防控，对地质灾害进行及时预警。

14.5.6　西部产业结构布局不合理，亟须降低生态风险

西部经济发展靠产业，西部大开发战略实施以来，西部成了中东部产业转移的主要承接区，这与结合西部实际、挖掘西部潜力、合理布局产业、推进西部产业发展的初衷相悖。目前，西部产业结构存在发展极不均衡，西部的政策优势导致各种产业的企业蜂拥至西部，特别是政策特别优惠的西藏、新疆等地，企业总数大幅度增长，部分企业发展过程中对西部的生态环境状况不了解，甚至忽视。在企业生产运营中缺乏生态优先的意识，相关环境设施配备滞后。同时，国家有关部门对西部产业发展过程中的生态环境设施投资力度往往不顾实际，全国一个模式，致使部分项目虽然批复了，但实施不了，最终影响生态文明建设的推进。

14.6 加强科技创新

绿色发展不仅仅需要理论创新、制度创新，更需要绿色科技作为动力支撑，绿色科技创新在污染治理、优化能源、生态修复中都扮演着至关重要的角色，也唯有绿色科技才能为西部生态文明建设提供不竭动力。习近平总书记指出："绿色循环低碳发展，是当今时代科技革命和产业变革的方向，是最有前途的发展领域，我国在这方面的潜力相当大，可以形成很多新的经济增长点。"西部地理环境特殊，具有极其丰富的地域性资源，迫切需要高新技术的引入，因而要将科技创新置于西部绿色发展的优先地位。

首先，要构建市场导向的绿色技术创新体系，围绕战略性新兴产业发展方向和重点，发展绿色金融，壮大节能环保产业、清洁生产产业、清洁能源产业。

其次，坚持把汇聚创新资源作为重要抓手和战略举措，着力汇聚重要的三种资源：一是汇聚创新机构。重点引进和发展高等院校、科研院所、研究中心、重点实验室、高新技术企业等创新机构，不断提升创新能力和创新实力；二是汇聚创新人才。科技专家是在科技创新中起至关重要的作用也是绿色科技创新的基础；三是汇聚创新资金。创新离不开投入，在技术研发、成果转化、创新型企业和创新型产业发展的各个阶段，都需要大量的投入。

最后，加强国际技术合作。西部经济社会发展和科学技术水平仍然处于相对落后的阶段，要积极推动可再生能源与新能源国际科技合作，以促进当地生态文明建设。

绿色发展是一项复杂、长期的系统工程，必须牢牢抓住绿色科学技术创新以作为绿色发展的"推进器"，因地制宜地开展绿色科技创新工作，以科技创新引领的绿色发展推进西部大开发，实现和谐发展和民族进步的国家战略。

第三篇

西部地区

生态文明建设案例

第 15 章　黄土高原：退耕还林及土地利用和植被恢复评价

15.1　背景资料

15.1.1　研究区自然地理条件

黄土高原地区位于北纬 32°～41°，东经 107°～114°，东起太行山，西至青海日月山，南界秦岭，北抵鄂尔多斯高原，总面积为 64.87 万 km²，占全国土地总面积的 6.76%，其范围覆盖了 7 个省（自治区）341 个县（市），行政区划上包括山西和宁夏的全部地区，以及内蒙古、陕西、甘肃、青海、河南的部分地区。

黄土高原总的地势是西北高，东南低，大部分区域都覆盖着黄土，平均厚度达 50～100 m，是世界上黄土分布最集中、覆盖厚度最大的区域；气候特征属大陆性季风气候，春季和冬季会受极地干冷气团影响，天气寒冷干燥，常伴有风沙；夏季和秋季受西太平洋副热带高压和印度洋低压影响，天气炎热，并常有暴雨。

15.1.2　研究区范围

本案例将黄土高原研究范围按照省级行政区划（不包括河南省）划分为 6 个研究区域，自西向东依次为青海的东北部、甘肃的陇中和陇东地区、宁夏的全部地区、内蒙古的河套平原和鄂尔多斯高原、陕西的中部和北部以及山西的全部地区。研究的黄土高原地区面积约为 60.48 万 km²，占全部黄土高原地区的 90%以上。

15.1.3　数据来源与处理

选取 2000 年、2010 年和 2015 年 3 期土地覆盖数据，并依据退耕还林工程是否实施和实施强度不同，分别依次将 3 期划分为 2000—2010 年、2010—2015 年两个时间段。将 2000 年视为工程实施前，基本依据：一是退耕还林工程在各县起步时间有先后之分，1999 年率先在陕西吴起县开展，其余地区截至 2002 年才陆续完成工程的参与；二是若以 1999 年为工程开始年份，1 年后（即 2000 年）种植林草的成活率低，林草覆盖面积与工程未开展时的效果相比差异不大，因而选取 2000 年表示未开展退耕还林工程。

各县的社会经济统计数据均出自《中国城市统计年鉴》《中国县域统计年鉴》，剔除指标缺失的县市共计 570 个样本。气象数据获取自中国气象局网站 1981—2010 年地面累年值数据集；地形数据从地理空间数据云获取；林草面积获取自地理国情监测云平台的基于 Landsat TM 30 m 遥感影像生产的全国土地利用数据产品，通过外业调查和随机抽取动态图斑进行重复判读分析相结合的方法确保数据产品的可靠性。运用数字高程模型统计不同土地类型在高程、坡向、坡度的空间分布，并按照县级区划计算出各县的平均坡度、平均高程、坡向（北坡的比重）、年均气温和年均降水，更好地将社会经济数据与气象、遥感数据相匹配，以便进行模型构建与分析。

15.2　黄土高原土地利用变化整体变化

15.2.1　土地利用数量变化分析

黄土高原 1990 年、2000 年和 2015 年的土地利用类型空间分布如图 15-1 所示，各年份土地利用类型面积所占比例如图 15-2 所示。可以看出，黄土高原地区土地利用类型一直以耕地、林地和草地为主，其中耕地和草地为主要部分，这两种土地利用类型占黄土高原地区土地总面积的 70%以上，水体和建设用地占土地总面积的比例最少，仅占 6%以下。

图 15-1　黄土高原 1990 年、2000 年和 2015 年土地利用类型

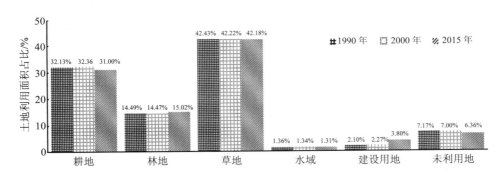

图 15-2　黄土高原 1990 年、2000 年和 2015 年土地利用面积百分比

黄土高原在 1990—2000 年和 2000—2015 年两个时期内的土地利用面积变化如图 15-3 所示。从变化趋势来看，耕地先增加后减少，林地先减少后增加，草地、水域和未利用地在 2000 年前后都呈减少状态，建筑用地呈不断增加趋势。1990—2000 年，耕地（1 404 km²）和草地（−1 246 km²）的变化面积最大；2000—2015 年，建筑用地（9 254 km²）和耕地（−8 405 km²）的变化面积最大。

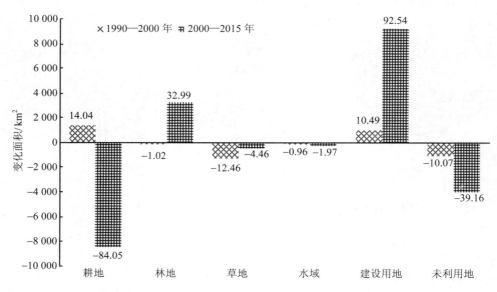

图 15-3　黄土高原 1990—2015 年土地利用面积变化

15.2.2　土地利用空间动态变化分析

黄土高原在 1990—2015 年的土地利用转移矩阵如表 15-1 所示。通过转移矩阵可以清楚地观察到在研究时段内，研究区域各土地利用类型之间相互转化的来源和去向，包括未变化部分、新增部分及其来源、转移部分及其去向。

表 15-1　1990—2015 年土地利用类型转移矩阵　　　　单位：km²

		2015 年						1990 年
		耕地	林地	草地	水域	建设用地	未利用地	合计
1990 年	耕地	172 992	3 242	9 974	693	7 258	654	194 814
	林地	1 074	82 757	2 707	104	590	310	87 542
	草地	10 240	4 043	235 231	612	3 098	3 434	256 658
	水域	838	84	600	6 098	205	362	8 188
	建设用地	1 172	50	277	40	11 148	26	12 712
	未利用地	1 417	530	6 416	355	699	33 534	42 951
2015 年合计		187 732	90 707	255 206	7 902	22 998	38 320	602 865

近 25 年间，耕地增加的主要来源为草地（10 240 km²），而减少的耕地主要转移成为草地（9 974 km²）和建筑用地（7 258 km²）；林地的主要来源为草地（4 043 km²）和耕地（3 242 km²），林地的主要转移也是草地（2 707 km²）和耕地（1 074 km²）；草地主要的新增类型为耕地（9 974 km²）和未利用地（6 416 km²），草地主要转移类型为耕地（10 240 km²），可见草地和耕地大面积的相互转化；水域和建设用地的主要来源都是耕地和草地，主要转移类型都是耕地；未利用地主要的新增类型和转移类型都是草地。

净变化表示数量上的面积变化，总变化表示空间转换过程的面积变化，包括新增变化和转移变化。如表 15-2 所示，近 25 年间黄土高原地区林地和建筑用地的净变化面积增加幅度大，分别增加了 3 164 km²、10 286 km²；耕地、草地、水域、未利用地面积均减少，其中耕地减少最多，为 7 082 km²；各土地利用类型的总变化面积大小依次为草地＞耕地＞未利用地＞建设用地＞林地＞水域。从转变速率来看，建设用地的新增速率最大，为 3.73%，说明建筑用地面积增加的速度最快，其次是水域和未利用地，分别为 0.88%和 0.45%；水域和未利用地的转移速率最大，分别为 1.02%和 0.88%，说明这两种土地类型面积减少的速度最快，而林地的转移速率最慢。从空间动态度来看，各土地利用类型的动态度大小依次为建设用地＞水域＞未利用地＞耕地＞草地＞林地，说明建设用地的变化最快最活跃，草地和林地的变化相对较缓慢。

表 15-2　黄土高原 1990—2015 年土地利用动态变化指标

类　型	新增面积/km²	转移面积/km²	净变化/km²	总变化面积/km²	新增速率/%	转移速率/%	空间动态度/%
耕　地	14 741	21 822	−7 082	36 563	0.30	0.45	0.75
林　地	7 949	4 785	3 164	12 735	0.36	0.22	0.58
草　地	19 974	21 426	−1 452	41 401	0.31	0.33	0.65
水　域	1 804	2 090	−286	3 893	0.88	1.02	1.90
建设用地	11 850	1 564	10 286	13 414	3.73	0.49	4.22
未利用地	4 786	9 417	−4 630	14 203	0.45	0.88	1.32

15.3　2000 年前后两时期黄土高原土地利用变化特征

15.3.1　土地利用空间动态变化对比分析

　　黄土高原地区在 1990—2000 年和 2000—2015 年两个时期内，各土地利用类型的相互转化情况分别如表 15-3、表 15-4 所示。1990—2000 年耕地增加的主要来源为草地（4 300 km²），主要的转移类型也是草地（2 083 km²）；林地增加的主要来源为草地（786 km²），林地减少主要转移成为草地（1 017 km²）；草地主要的新增类型为未利用地（2 306 km²）和耕地（2 083 km²），主要的转移类型为耕地（4 300 km²）；水域、建设用地及未利用地的主要新增类型和转移类型都是耕地和草地。

　　2000—2015 年，耕地主要新增类型为草地（7 818 km²），主要转移类型为草地（9 649 km²）和建设用地（6 521 km²）；林地主要新增类型为草地（3 550 km²）和耕地（3 076 km²），主要转移类型也是草地（1 976 km²）和耕地（974 km²）；草地的主要新增类型为耕地（9 649 km²）和未利用地（5 004 km²），主要转移类型为耕地（7 818 km²）；水域、建设用地及未利用地增加的主要来源和主要转移类型都是耕地、草地。

表 15-3　1990—2000 年土地利用类型转移矩阵　　　　单位：km²

		2000 年						1990 年合计
		耕地	林地	草地	水域	建设用地	未利用地	
1990 年	耕地	190 975	431	2 083	189	947	363	194 989
	林地	333	86 457	1 017	13	33	61	87 912
	草地	4 300	786	250 642	227	159	1 349	257 463
	水域	335	21	149	7 647	6	79	8 237
	建设用地	86	6	20	2	12 612	2	12 727
	未利用地	363	109	2 306	64	20	40 625	43 486
2000 年合计		187 732	196 392	87 810	256 216	8 142	13 776	42 479

表 15-4 2000—2015 年土地利用类型转移矩阵 单位：km²

		2015 年						2000 年
		耕地	林地	草地	水域	建设用地	未利用地	合计
2000 年	耕 地	175 727	3 076	9 649	651	6 521	592	196 217
	林 地	974	83 542	1 976	109	546	293	87 441
	草 地	7 818	3 550	237 764	477	3 004	2 794	255 406
	水 域	652	79	523	6 296	205	337	8 093
	建设用地	1 261	52	290	45	12 087	27	13 761
	未利用地	1 300	407	5 004	324	636	34 277	41 949
2015 年合计		187 732	187 733	90 706	255 206	7 902	22 998	38 320

对比 2000 年前后两个时期各土地利用类型的新增来源以及转移方向，土地利用类型的主要转换方向变化不大，基本是以耕地和草地为主要的新增类型和转移类型。可见，耕地和草地与各土地利用类型之间的相互转换十分活跃。

如图 15-4 所示，2000 年后各土地利用类型的新增速率、转移速率以及空间动态度均显著大于 2000 年前。从新增速率来看，2000 年前后建设用地的新增速率都是最快的，分别为 0.91%和 5.29%，且 2000 年后建筑用地的新增速率显著增快；林地相对耕地和草地面积的新增速度加快，由 2000 年前的 0.15%增加到了 2000 年后的 0.55%。从转移速率来看，2000 年前后转移速率最快的土地利用类型是水域，分别为 0.72%和 1.48%；相对 2000 年前后各土地利用类型的转移速率，建设用地的转移速率相对其他地类显著增加，由 0.09%增加到了 0.81%，但仍比其新增速率要小得多，因而建设用地面积呈增加趋势。从空间动态度来看，2000 年前各土地利用类型的空间动态度大小依次为水域＞未利用地＞建设用地＞耕地＞草地＞林地；2000 年后依次为建设用地＞水域＞未利用地＞耕地＞草地＞林地。可见，建设用地、水域和未利用地所占面积比例较小，但面积变化速度快，空间转换活跃度高。

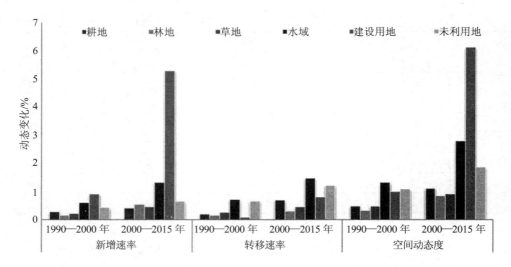

图 15-4　2000 年前后土地利用空间动态变化对比

15.3.2　土地利用空间格局对比分析

（1）耕地空间变化

耕地在黄土高原地区所占比重较大，除内蒙古耕地主要分布在北部外，其他省份耕地的分布都较为均匀。2000 年前，耕地的变化较小，耕地的增加主要集中在宁夏的中部和北部，耕地的减少主要集中在内蒙古的北部；2000 年后，耕地空间变化相对明显，以不变和减少为主，增加的耕地主要分布在内蒙古，减少的耕地主要分布在陕西的北部和甘肃的东部。

（2）林地空间变化

黄土高原地区林地主要分布在山西、青海及陕西的中部，其他区域有少量分布。2000 年前，林地变化不明显，其中陕西中北部林地有少量增加；2000 年后，林地增加相对较多，主要分布在陕西北部、甘肃东部以及山西、宁夏和内蒙古的林地有少量增加，减少的林地分布在山西的中西部和内蒙古。

（3）草地空间变化

草地在黄土高原地区占的比重很大，面积比例约 42%，主要集中在黄土高原的西北部地区。2000 年前，草地增减变化较小，增加的草地主要分布在陕西北部及内蒙古北部，减少的草地主要分布在宁夏；2000 年后，草地发生明显变化，青海南部及内蒙古的草地明显增加，但宁夏和内蒙古的草地明显减少，山西的草地少量减少。

（4）水域空间变化

黄土高原地区水资源缺乏，水域面积仅占总面积的 1.3% 左右，流经内蒙古的水域面积较大。2000 年前，水域面积基本没有变化；2000 年后，水域出现少量的增加和少量的减少。

（5）建设用地空间变化

建设用地整体分布较为分散，经济相对发达的省会或者城市附近的建设用地分布较为密集，如兰州、银川、西安、太原。2000 年前，建设用地变化很小，有少量增加；2000 年后，建设用地变化出现明显变化，以不变和增加为主要特征，总体上建设用地显著增加，但内蒙古北部建设用地有少量减少。

（6）未利用地空间变化

黄土高原地区的未利用地主要分布在青海、宁夏北部、内蒙古以及陕西与内蒙古交界处。2000 年前，未利用地以不变和减少为主，减少的未利用地主要分布在陕西与内蒙古交界处；2000 年后，未利用地仍以不变和减少为主，减少的未利用地主要分布在青海和内蒙古。

15.4　土地利用类型转变强度和倾向度对比分析

15.4.1　耕地转变强度和倾向度分析

从转变强度来看，两个研究时段内耕地的主要转入来源和转出去向均为草地，耕地的转出去向其次是建设用地，林地、水域和未利用地的转变强度均相对较小。

从转变倾向度来看，林地、水域、建设用地和未利用地在 2000 年前后的转变倾向度均小于 1%，为系统性转变；草地在 1990—2000 年转入倾向度为 1.3%，为随机性转变，但在 2000—2015 年转入倾向度相对较小为系统性转变。

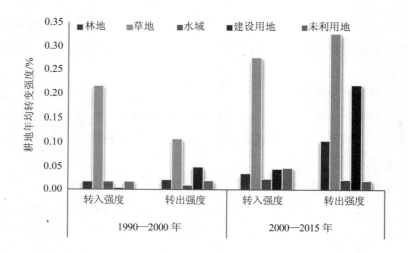

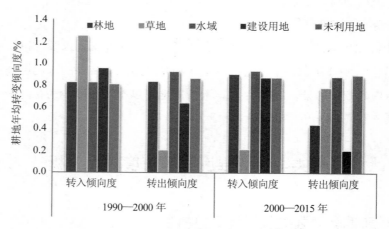

图 15-5   耕地转变强度和倾向度变化

15.4.2   林地转变强度和倾向度分析

从转变强度来看，两个研究时段内林地的主要转入来源和转出去向均为草地，其次是耕地，水域、建设用地和未利用地的转变强度相对较小。

从转变倾向度来看，耕地在 2000 年前的转入倾向度相对较小，且属于系统性转变，在 2000 年后转入倾向度大于 1%，为随机性转变，2000 年前后耕地的转出倾向度均为系统性转变；草地在 2000 年前后的转入倾向度均相对较大，为随机性转变，而草地转出倾向度在 2000 年后减小，即林地转为草地经历了由随机性向系统性转变的过程；水域、建设用地及未利用地的转变倾向度均小于 1%，均为系统性转变。

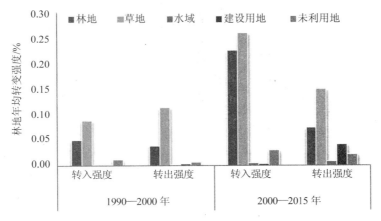

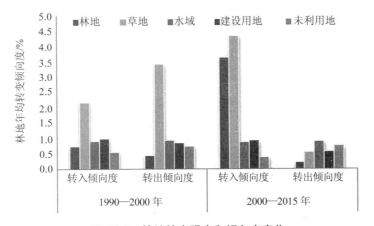

图 15-6　林地转变强度和倾向度变化

15.4.3　草地转变强度和倾向度分析

从转变强度来看，草地的主要来源由未利用地变为耕地，在 2000 年前后草地的主要转出去向都是耕地。

从转变倾向度来看，各土地利用类型的转变倾向度均小于 1%，都属于系统性转变，因而草地与其他土地利用类型的相互转变相对稳定。

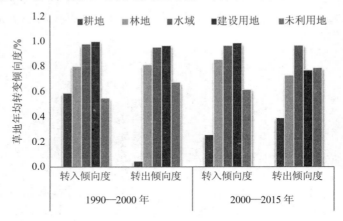

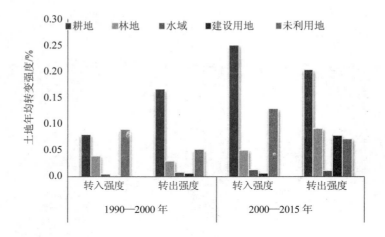

图 15-7　草地转变强度和倾向度变化

15.4.4　水域转变强度和倾向度分析

从转变强度来看，水域的主要转入来源由林地变为耕地，在两个研究时段内水域的转出去向均为耕地，其次为林地和未利用地。

从转变倾向度来看，耕地、林地和未利用地在两个研究时段内的转变倾向度均很大，属于随机性转变。草地在 2000 年后的转入倾向度增大，草地转为水域先是系统性转变后是随机性转变；在 2000 年前后草地的转出倾向度均相对较大，属于随机性转变。建设用地在 2000 年前后的转入倾向度均小于 1%，为系统性转变；2000 年后建设用地的转出倾向度增大，水域转为建设用地先是系统性转变后是随机性转变。

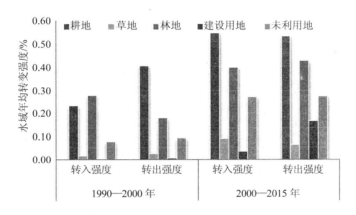

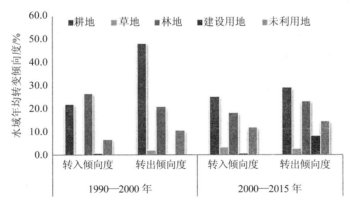

图 15-8　水域转变强度和倾向度变化

15.4.5　建筑用地转变强度和倾向度分析

从转变强度来看，建筑用地 2000 年前后的主要转入来源和转出去向均为耕地，其次为林地。

从转变倾向度来看，各土地利用类型在 2000 年前后的转入倾向度都很大，尤其是耕地和林地，都属于随机性转变。在 2000 年前后，除了耕地的转出倾向度相对较大，为随机性转变外，其他土地利用类型的转出倾向度都小于 1%，为系统性转变。

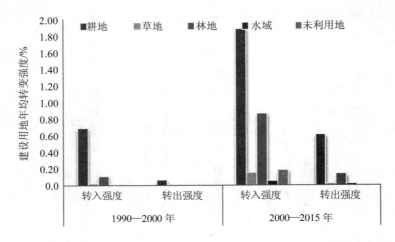

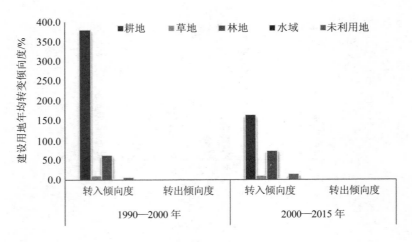

图 15-9　建设用地转变强度和倾向度变化

15.4.6　未利用地转变强度和倾向度分析

从转变强度来看，未利用地 2000 年前后的主要转入来源和转出去向均是水域，其次是耕地。

从转变倾向度来看，耕地 2000 年前后的转入倾向度都小于 1%，为系统性转变，耕地的转出倾向度都大于 1%，为随机性转变。草地和林地 2000 年前后的转变倾向度都相对较小，为系统性转变。水域 2000 年前后的转变倾向度都很大，为随机性转变。建设用地 2000 年前后的转入倾向度都相对较大，为随机性转变；建设用地 2000 年前的转出倾向度相对较小，为系统性转变，建设用地 2000 年后的转入倾向度相对较大，为随机性转变。

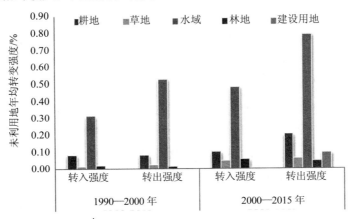

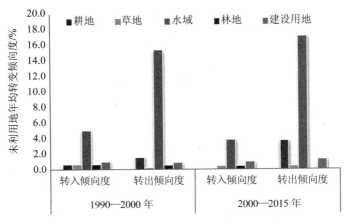

图 15-10　未利用地转变强度和倾向度变化

15.5 实证结果

15.5.1 模型适配度检验

PLS 路径模型包括结构模型与观测模型两部分。路径模型是否有效主要检验两个部分：模型参数估计的有效性以及内外部方程的预测能力。观测模型是整个结构方程模型的基础，需要对自然、社会、经济、政策以及植被覆盖状况这 5 个潜变量的观测模型进行信度效度检验。相关检验标准为：① Cronbach's α 表示信度系数，该值大于 0.6 方可说明问题设置的一致性；② 组成信度值要大于 0.6，否则认为模型内部不符合一致性；③ 平均数提取量要求大于 0.5，才能认为本组模型与其他组有较好区别度。需要说明的是，政策潜变量的观测变量只有一个，其标准化系数为 1。

R^2 代表内生潜变量能够被内部模型解释的程度，一定程度上反映模型设定的准确度。在 PLS 路径模型中，R^2 大于 0.67 表示高度解释能力，R^2 在 0.33 左右表示中度解释能力，R^2 在 0.19 左右表示解释能力薄弱，检验结果见表 15-5。

表 15-5 模型适配度分析

| 构面 | 信度效度检验 | | | | | | 模型预测能力评估 | |
| | Cronbach's α | | 组成信度（C.R.） | | 平均数提取量（AVE） | | R^2 | |
	2000—2010 年	2010—2015 年	2000—2010 年	2010—2015 年	2000—2010 年	2010—2015 年	2000—2010 年	2010—2015 年
自然因素	0.682	0.684	0.788	0.790	0.502	0.489	—	—
经济因素	0.598	0.595	0.758	0.614	0.491	0.500	—	—
社会因素	0.594	0.601	0.602	0.647	0.605	0.608	—	—
政策因素	—	—	—	—	—	—	—	—
林草覆盖	0.603	0.600	0.598	0.650	0.497	0.497	0.417	0.404

注：Cronbach's α 标准＞0.6；组成信度标准＞0.6；平均数提取量标准＞0.5。

表 15-5 统计结果表明，各变量 Cronbach's α 值均大于 0.6，表示观测模型中，各观测变量的选取和评价具有一致性；自然、社会、经济 3 个外生潜变量的组成信度均大于 0.6，表明各观测模型内部具有一致性；平均数提取量一栏中相应指标也符合标准，表明自然、社会、经济这 3 个观测模型之间具有较好的区别度。以上 3 个判定指标表明观测结果具有良好的内部一致性与外部独立性，表明观测模型设定与指标选取是合理的。

R^2 代表内部结构模型被解释的程度，反映假说模型的预测能力。在不同时间段，内生潜变量（林草面积）能够被自然、经济、社会和政策外生潜变量解释的程度均大于 40%，模型内部结构整体拟合效果较好。

15.5.2　观测变量、控制变量参数估计

表 15-6 的统计结果表明，2000—2010 年、2010—2015 年各观测变量的系数均通过显著性检验，表明各观测变量对相应的潜变量均有显著的促进作用。

表 15-6　观测模型标准化参数估计

构面	指标	2000—2010 年	2010—2015 年
自然因素	坡向	0.484***	0.488***
	高程	0.894***	0.898***
	坡度	0.484**	0.498***
	年均温度	0.784***	0.783***
	年均降水	0.576***	0.565***
经济因素	人均用电量	0.363***	0.241
	土地经济密度	0.733***	0.327*
	人均粮食产量	0.644***	0.851***
	人均纯收入	0.849***	0.595***
社会因素	非农就业比重	0.921***	0.833***
	第三产业增加值比重	0.248**	0.535***
政策因素	实施强度	1	1
植被覆盖	林地面积	0.306**	0.359**
	草地面积	0.926***	0.926***

注：***表示 $p<0.01$；**表示 $p<0.05$；*表示 $p<0.1$。

①自然因素观测模型。相较于其他观测变量，平均高程、年均气温和年均降水量3个指标的系数较高；其次是坡度、坡向，表明地形因子和水热因子能够很好地表征自然因素潜变量，共同作用于天然植被恢复与人工植被建设。

②经济因素观测模型。2000—2010年，农村居民人均收入水平和土地经济密度作为主导因子对经济因素潜变量的表征程度较高，其次是人均粮食产量、农村人均用电量；2010—2015年，人均粮食产量和农村居民人均收入水平两个因子对经济因素潜变量的表征程度较高，其次是土地经济密度、农村人均用电量。

③社会因素潜变量观测模型。两段时期内，农村非农从业人员比重载荷系数均大于第三产业增加值比重的载荷系数，说明第三产业增加值比重对社会因素潜变量的表征程度相对较弱。

④内生潜变量观测模型。草地面积对植被覆盖状况的表征程度远高于林地面积的表征程度，表明草地是反映研究区植被覆盖状况的主导因子。

15.5.3　植被覆盖与各影响因素的内部结构关系

从SmartPLS 3.0软件的估计结果可以看出，不同影响因素对植被覆盖的作用大小及路径影响在不同时期有所差异。

（1）政策因素与林草面积增加。2000—2010年，政策因素对植被覆盖状况的直接影响路径系数为0.148，且在10%的显著水平下通过显著性检验，表明工程实施凸显出阶段性成果。2000—2010年是退耕还林工程实施的第一阶段，为实现林草植被的天然恢复与人工植被的重建，国家在工程第一阶段推行强有力的补贴政策（包括粮食补贴、现金补贴及农林业技术指导），在确保粮食安全的情况下，促进坡耕地退耕与植树种草的顺利进行；2010—2015年，该直接影响路径系数为0.111，但没有通过显著性检验。可能的原因在于：①2010—2015年是退耕还林工程实施的第二阶段，为了进一步巩固第一阶段的成果，国家继续给予现金补贴，但相较于第一阶段，第二阶段的补贴力度仅为第一阶段的一半；②由于第一阶段退耕与植树种草的力度较大，难以在有限的土地面积上进一步种植或补植，导致政策因素对林草面积增加的影响不显著；同时通过实地调研走访发现，部分林种有枯死现象。

（2）自然因素与林草面积增加。两段时期内，自然因素对林草面积的增加均有显著正向作用，路径系数分别为 0.606、0.594，且在 1% 的显著水平下通过显著性检验。研究区的水热条件较地形因子而言，有助于林草生长恢复，尤其对草地、部分林木的促进作用十分显著。

（3）政策因素与经济社会发展。2000—2010 年，政策对经济因素的直接作用路径系数为 0.705，对社会因素的直接作用路径系数为 0.642，两者均通过显著性检验。表明在工程实施的第一阶段，研究区人民生活水平得到了整体改善：一是强有力的退耕现金补贴弥补了农民因失去土地导致的边际成本；二是由于退掉的均是低产的边际土地，农民仍通过加大农业生产技术投入，改变种植结构与种植方式，从低回报的纯粮食生产活动逐步转向较高利润的经济作物种植继而保证粮食安全；三是将土地、劳动力等生产要素进行重新配置，实现劳动力向第二产业、第三产业转移，拓宽农民的创收渠道；四是加大基础设施建设，优化能源结构，减少对资源的过度攫取程度。2010—2015 年，政策对经济因素呈显著抑制作用（–0.57），对社会因素的推动作用为 0.388 且通过显著性检验。表明这种推动作用的效果较第一阶段有所减弱。

（4）经济、社会因素与林草面积增加。估计结果表明，2000—2010 年经济和社会因素对林草面积增加的路径系数分别为 0.178（未通过显著性检验）、0.218；2010—2015 年，路径系数分别为 0.19、0.185。结果表明，在第一阶段，研究区的生产要素、经济与社会结构实现大幅度调整，其中土地经济密度该指标在第一阶段对经济因素的表征程度远高于在第二阶段的表征程度，地区的经济活动活跃，一定程度经济发展对林草面积增加的效果不显著；伴随时间推移，研究区实现人力资本与物质资本的调整与重组，促进县域经济发展，刺激消费需求拉动经济增长，降低对资源的胁迫作用，巩固和维生态建设成果。

（5）基于上述验证结果，计算得出退耕政策对林草面积增加起到的中介效应、直接效应与总效应的大小。由表 15-7 统计结果可知，2000—2010 年，政策变量的直接效用为 0.148，中介效用为 0.265，总效应为 0.413，中介效用占总效用的比重为 64.16%；2010—2015 年，政策变量的直接效用为 0.111，中介效用为–0.036，总效应为 0.102，中介效用占总效用的比重为 35.29%。从中得知，退耕还林工程实施第一阶段的效果比第二阶段的效果显著。

表 15-7　内生潜变量与外生潜变量的效应

路径	直接效应		中介效应		总效应	
	2000— 2010 年	2010— 2015 年	2000— 2010 年	2010— 2015 年	2000— 2010 年	2010— 2015 年
政策→林草面积	0.148	0.111	—	—	—	—
政策→经济因素→林草面积	—	—	0.125	−0.108	0.273	0.003
政策→社会因素→林草面积	—	—	0.140	0.072	0.288	0.183

15.6　结论与讨论

主要结论如下：

（1）退耕还林（草）工程实施 15 年以来，研究区草地生长与恢复的态势明显优于林地。作为研究区的两种主要土地利用类型，林地所占比重降至 18.24%，草地面积比重增至 34.63%。其中，草地整体恢复水平提高，主要得益于高覆盖度草地面积的增加，灌木林和其他林地对林地面积增加有显著贡献。

（2）2000—2010 年，政策实施对经济与社会因素的直接推动作用最强，分别为 0.705 与 0.642；其次为自然因素对植被覆盖的直接正向效应（0.606）；再次为社会、经济因素对植被覆盖的直接正向效应（0.218 与 0.178）；最后为政策对植被覆盖的直接正向效应（0.148）。2010—2015 年，自然因素对植被覆盖的直接正向效应最大（0.594）；其次为政策实施对经济与社会因素的直接推动作用（−0.57 与 0.388）；再次为经济、社会因素对植被覆盖的直接正向效应（0.19 与 0.185）；最后为政策对植被覆盖的直接正向效应（0.111）。

（3）2000—2010 年政策实施的总效应为 0.413；2010—2015 年的总效应为 0.102。表明工程第一阶段的实施效果比第二阶段的实施效果显著。

（4）基于上述统计结果，自然因素是研究区植被生长与恢复的制约性因素，需要进一步推行"宜林则林，宜草则草"，切实有效地改善生态环境。

第 16 章　延边州：发挥生态优势 打造生态产业

16.1　重点生态功能区建设

16.1.1　国家和吉林省主体功能区规划逐步落实

《全国主体功能区规划》将中国国土空间划分为重点开发、优先开发、限制开发、禁止开发四种类型，《吉林省主体功能区规划》将延边州限制开发区域主要功能定位为重点生态功能区，被纳入国家和吉林省重点生态功能区的面积占全州面积的 76%，禁止开发区域的主要功能定位为特殊的重点生态功能区，包括延边州境内的各类国家级自然保护区、风景名胜区、森林（湿地）公园和重要水源地等。

"十二五"以来，延边州深入贯彻实施主体功能区战略，积极开展生态环保等示范试点，成功入选第一批国家生态文明先行示范区，延吉、图们、和龙纳入国家级生态文明示范工程试点。"十二五"期间，延边州共向中央和吉林省财政申请生态建设及环境保护方面专项投资 31.05 亿元，其中退耕还林工程 7.53 亿元，天保工程、水土保持工程、小流域治理工程以及环境保护与资源综合利用项目共 23.52 亿元，有力推动延边州生态功能区建设。

为贯彻落实国家、吉林省主体功能区规划，进一步推进国家生态文明先行示范区建设，延边州政府于 2016 年 5 月出台了《深化落实主体功能区实施方案》，以镇村为基本单元，确定不同区域的主体功能，将落实主体功能区与延边州"十三五"生态建设、绿色转型发展目标、任务、措施等有效衔接，突出主体功能区定位，明确开发方向，完善开发政策，控制开发强度，规范开发时序，提高开发效率，探索建立源头预防、过程控制、损害赔偿、责任追究的生态文明制度体系，依法治理生态环境，努力推动延边州形成人口、经济、资源环境相协调的空间开发格局。

16.1.2　退耕还林、森林抚育经营有序开展

自 2015 年 4 月 1 日起，延边州所有重点国有林区天然林全面停止商业性采伐，并通过政策扶持、资金注入，加大造林和森林抚育经营力度，使森林资源得到休养生息。退耕还林工程是延边州新中国成立以来建设面积最大、涉及面最广、投资最大、成效最好的造林工程。

"十二五"以来，延边州在严格限采的同时强化造林管理，截至 2016 年 4 月，全州完成人工造林 126.9 万亩，退耕还林封山育林 51 万亩，荒山荒地造林 86.4 万亩。2010 年以来，全州林地面积增加 360.7 hm²，有林地面积增加 13 768.6 hm²，森林覆盖率提高 0.4 个百分点。通过实施退耕还林工程，增加了有林地面积，改善了生态环境，促进农村经济结构调整和农民增收，水土流失和风沙危害也明显减轻。

16.1.3　森林资源管护体制不断完善

按照国家和吉林省林地管理政策要求，延边州强化林地管理，依法办理各项征占用林地手续，严格执行林参间作用地审批，完善森工企业和县（市）林业局森林病虫害联防机制，积极开展林业有害生物防治。加大森林防火宣传力度，加强日常巡护，完善责任体系，应急减灾能力全面提升。严格按照公益林资金管理办法使用资金，确保补偿资金及时、足额发放到位。加强护林员监管，加大森林资源管护力度，对涉林违法犯罪活动严防严控，严厉打击，有效保证了延边州林地资源安全和可持续发展。

16.1.4　长白山生物种质资源保护良好

延边林区是中国重要的森林生态系统之一，野生动植物资源丰富。"十二五"以来，延边州加强自然保护区的建设和管理，目前延边州林区共建设了 14 个各级各类自然保护区，总面积 65.7 万 hm²，占吉林省自然保护区面积的 25.1%，其中

国家级 5 处，省级 8 处。保护区类型为森林生态类型 8 个，湿地生态类型 5 个，野生动植物保护类型 1 个，主要保护对象为野生东北虎、豹、各种野生鸟类、红豆杉、松茸、长白松、偃松等珍稀动植物。建立各类森林公园、湿地公园 18 个，总面积 143 629 hm²，其中，国家级森林公园 7 个、面积 105 348 hm²，省级森林公园 7 个、面积 29 093 hm²，湿地公园 4 个、面积 9 188 hm²。

"十二五"以来，延边州建立和完善了野生动植物管理和监测体系，严格依法管理，严禁乱捕滥采，打击猎捕野生动物和滥采珍贵野生植物行为。同时与国内外广泛开展科研交流，与国际组织开展管理能力、濒危物种监测、公众教育、反盗猎等方面的长期合作与研究，使保护区监测作业逐步实现标准化、数字化、科学化。

16.1.5　水资源开发利用有序进行

"十二五"期间，延边州开展重要水源地水环境治理和以河道整治为重点的水生态环境建设，推进"河畅、水清、岸绿、景美"工程。严格执行建设项目水资源论证制度，加强对重点饮用水水源地水质监测。加强入河口排污治理，强化污染源管理。严厉打击违法、违规采砂行为，维护河道采砂秩序。加大水土保持及节水工程建设，重点加强了水土流失治理、湿地公园保护与恢复工程等项目建设投资。改革传统用水制度，推广节水新技术、新工艺、新设备。推进汪清、和龙国家坡耕地水土流失治理工程试点县建设。敦化市香水水利枢纽工程、图们市石头河水利枢纽工程、汪清县西大坡水利枢纽工程、嘎呀河治理工程（含布尔哈通河）等一大批水利工程陆续开工建设。布尔哈通河水利风景区被评为国际级水利风景区。

16.1.6　矿区生态修复和土地复垦进展顺利

"十二五"以来，延边州坚持矿产开发和生态保护并重的原则，积极推进绿色矿山建设。建立矿山环境监督、检查制度和矿山环境治理、生态恢复责任机制，坚决关闭破坏生态环境的矿山。加大历史遗留矿山生态环境恢复治理力度，积极申报国家矿山地质环境恢复治理项目，2017 年争取到位资金 1.83 亿元。汪清县华鑫矿业有限公司百草沟金矿被列为第 4 批国家绿色矿山试点单位。

16.2　污染减排

"十二五"期间，延边州委、州政府认真贯彻落实党中央、国务院和吉林省委、省政府关于污染减排的重大战略部署，把污染减排作为转变经济发展方式、调整产业结构，促进经济社会又好又快发展的重要举措来抓，努力改变传统的资源依赖强、能源消耗大、环境污染重、经济效益差的粗放型发展方式，加强生态文明建设，推进经济社会发展和环境保护的和谐统一，污染减排工作取得了明显成效。延边州完成了"十二五"主要污染物排放总量控制指标任务，其中到 2015 年底化学需氧量排放量目标控制在 71 090 t，在 2010 年基础上削减 10 627.4 t，削减比例为–13.01%；氨氮排放量目标控制在 4 421 t，在 2010 年基础上削减 766 t，削减比例为–14.78%；二氧化硫排放量目标控制在 30 700 t，在 2010 年基础上增加 1 113 t，削减比例为 3.76%；氮氧化物排放量目标控制在 37 541 t，在 2010 年基础上增加 6 841 t，削减比例为 0.06%。

16.2.1　发挥政府主导作用，形成减排工作合力

"十二五"期间，国家将污染减排指标作为约束性指标，列入国家"十二五"规划，就是要把污染物排放总量约束在各地环境容量之内，使基本的生态环境得以保持和改善。延边州的发展在历史上形成了以资源型产业为主的产业结构，污染物排放总量大，GDP 排放强度高，造纸、水泥、建材等资源消耗型企业占用了主要的环境容量空间。为此，延边州充分发挥各级政府的主导作用，明确责任，把污染减排作为谋发展、惠民生、转变经济发展方式的政治任务，切实形成了齐抓共管的工作局面。

（1）成立了延边州节能减排工作领导小组和办公室。州长任组长，主管副州长任副组长，发改委、工信局、监察局、财政局、住建局、统计局、环保局等相关部门为成员单位。明确了领导小组、成员单位和职责分工。对各县（市）污染减排企业和污染减排项目实施领导包保责任制，建立了以政府为主导、环保部门监督、各相关部门密切配合的工作运行机制，形成了齐抓共管的工作格局。

（2）科学谋划"十二五"污染减排项目，为"十二五"污染减排工作奠定基

础。根据污染源普查数据和当前延边州污染企业治理水平以及国家"十二五"期间污染减排总体要求,研究制定了《延边州"十二五"主要污染物总量控制规划》《延边州环保局"十二五"主要污染物总量减排工作方案》《延边州"十二五"农业源减排方案》等指导性文件,合理确定了污染减排的目标任务。

(3)层层分解落实污染减排目标任务。州政府与全州8个县(市)政府逐年签订年度污染减排目标责任书,各县(市)政府又将污染减排项目落实到具体排污企业单位,细化了污染减排的目标任务和完成时间。

(4)将污染物减排工作纳入领导干部政绩考核,实行节能减排目标问责制,并将减排指标纳入县(市)政府绩效考核中实行"一票否决制"。

(5)采取挂牌督办制。为了及时掌握减排动态情况,定期对减排项目进行调度、督促、推进,及时解决存在的问题,每年都由州政府督察室、州发改委、环保局等部门组成联合督察组,对减排工程项目进展缓慢的县(市)和企业,进行现场督察督办。先后向3个县(市)发出了预警通知,并对5个县(市)在建污水处理厂进行了现场联合督察督办,约谈了5个县(市)政府主要负责人,督促县(市)和企业按要求的时限完成治理任务。为促进减排工作,州政府下发了《关于进一步加强主要污染物总量减排工作的通知》。

16.2.2　狠抓减排关键环节,转变经济发展方式

"十二五"期间,延边州减排工程实现了"五个全覆盖",即20万kW以上燃煤发电机组脱硫设施全覆盖、30万kW以上燃煤发电机组脱硝设施全覆盖、钢铁烧结脱硫设施全覆盖、日产熟料2 000 t以上水泥回转窑脱硝设施全覆盖、县级污水处理厂全覆盖。

针对延边州主要污染物重点行业排放情况,确定了化学需氧量和氨氮减排以造纸、城镇生活污水及规模化畜禽养殖场和养殖小区污染治理工程减排为重点,以城市污水处理厂,石岘纸业等重点污染源深度治理工程为支撑,确保实现延边州化学需氧量和氨氮污染减排任务;二氧化硫、氮氧化物减排以电厂(自备电厂)、集中供热等脱硫脱硝工程建设和设施改造为重点,实现工程减排,以机动车尾气治理促进氮氧化物减排任务完成。

(1)大力推进城市污水处理厂建设。全州8个县(市)9个污水处理厂均已

建成并投入运行，每年生活污水处理能力为 36.5 万 t，形成了减排能力。还完成延吉市污水处理厂中水回用年 5 万 t 工程、敦化市污水处理厂提标改造 5 万 t 工程、延吉市污水处理厂扩建 10 万 t 工程年底完成。

（2）积极推动集中供热工程等环境基础设施项目建设。各县（市）通过建设城市集中供热工程，对棚户区改造，增加供热管网，加大对燃煤小锅炉的淘汰力度，共取缔燃煤小锅炉 536 台，在降低煤耗的同时减少了废气排放。

（3）切实采取有效措施，全力推进企业减排工程建设。通过采取强力推动、限期治理、领导包保、定期调度、驻厂督促、跟踪服务等措施，确保减排项目按要求的时限完成。完成大唐珲春发电厂烟气脱硫脱硝工程、延边石岘白麓纸业股份有限公司烟气脱硫脱硝工程、吉林天池矿业有限公司八家子球团厂钢铁烧结烟气脱硫工程、德全水泥集团汪清有限责任公司熟料生产线脱硝工程、国电龙华延吉热电有限公司脱硫脱硝项目等十余项。

（4）加强机动车尾气排放的监督管理。州政府下发了《全州机动车排气污染防治工作实施方案》，全州各县（市）环保局均已安排管理人员派驻机动车检测线，共淘汰各种老旧机动车和黄标车 1.2 万辆，发放机动车"环保合格标志" 15 万余枚。

（5）加快推进规模化畜禽养殖场高效粪污治理设施建设，提高粪污资源化利用水平。完成 106 个农业源减排项目，全州 80% 以上规模化畜禽养殖场和养殖小区建成固体废物和废水存储处理设施，实现废弃物资源化利用。

（6）加大减排治理资金的投入。"十二五"期间，积极多方筹集资金投入减排治理重点项目，共投入 12 036.2 万元，其中州投入资金 2 439.2 万元，争取国家、省专项资金 9 597 万元。

16.2.3　加大环境监管力度，促进污染减排成果

"十二五"期间，延边州不断强化环境监管，坚持"管住新的，管好老的"的原则，开展了环保专项行动。

（1）深入开展了"整治违法排污企业保障群众健康""蓝天行动""图们江、松花江流域环境整治"等环保专项行动。对重点流域、重点排污企业进行专项治理，切实加强环境应急管理，强化监测监管。环保专项行动中全州共出动人员 1.5

万人次，排查企业 4 500 家次，共限期整改企业 250 家，停产治理 10 余家，取缔关闭 2 家，挂牌督办 2 家，对 50 家企业实施了行政处罚。

（2）加大环境现场执法力度和监测频次。对减排企业每月监测一次，对重点企业实行"驻厂式"监督，并要求国控重点污染源必须安装在线监测系统。目前延边州国控重点污染源企业全部安装了在线监测装置，对企业污染物排放情况进行实时监督，巩固污染减排成果，减轻污染减排压力。

（3）抓好环境应急监管。积极应对妥善处理环境突发事件，及时消除污染危害。编制了《延边州环境突发事件应急预案》，建立了重点风险源突发环境事故应急资料库，做到了"一厂一策、一源一策"。8 个县（市）政府与辖区内 139 家环保责任单位签订《环境安全工作责任书》，实行重点监管企业与环保双责任人制。

16.2.4　严格建设项目审批，源头控制污染增量

严格环境准入，采取上大压小、发展高新技术产业，加快结构调整，淘汰落后工艺和产能。坚决不上"两高一资"项目，严格控制新增污染物排放量，把污染物排放总量指标作为环评审批的前置条件。对超过总量控制指标的县（市），暂停审批新增污染物排放总量的建设项目。对新建项目按照最严格的环保要求建设治污设施。对影响饮用水源地安全、侵害群众权益、危害生态安全、没有环境容量地区的新建项目坚决不批。对选址不合理，国家明令禁止或使用淘汰工艺、技术和设备的项目，一律不予审批，杜绝项目污染。对安图骆驼集团蓄电池等 10 余个拟建项目进行劝退。对污染减排项目在资金申请、项目审批等环节实施"绿色通道"政策。

16.2.5　完善监测体系建设，确保减排技术支持

"十二五"期间，延边州国控重点企业在线自动监控设施传输率为 93.58%，有效率为 94.66%，有效传输率为 88.58%，达到了国家减排监测体系考核要求。延边州不断加强污染源自动监控工作。每年投入 40 余万元用于州污染源自动监控中心的运行维护。目前，11 个水、气国控重点污染源全部与省、州监控中心联网，上传数据。实现了污染源实时监控。具备安装在线监控设施条件的国控企业为 25 家，积极推进第三方运行维护。全州已联网监控企业为 20 家，纳入第三方运营的

企业为 10 家，进一步加强了监控平台数据管理。2015 年上半年 25 家企业自行监测完成率达到了 99.9%，结果公布率达到了 100%，完成了吉林省环保厅制定的 75% 和 85% 的目标。监督性监测结果公布率为 100%，完成了吉林省环保厅制定的 100% 的目标。

为了更加科学准确掌握城市环境空气质量状况，延吉市投入了 452 万元建设 3 个空气自动监测站，于 2015 年 1 月 1 日建成运行。图们、龙井、安图、汪清、和龙先后共投入 750 万元建成空气自动监测站，正在进行调试；珲春、敦化的空气自动监测站正在进行设备招标和采购。预计年底前均能投入运行。不断完善减排监测体系和监测能力的建设，为污染减排起到了保驾护航作用。

16.2.6　污染减排成效显著，环境质量不断改善

"十二五"期间，延边州通过加快结构调整，淘汰落后工艺和产能，采取对延边晨鸣纸业的关停、对延边石岘白麓纸业等重点工业污染源的有效治理及全州 9 个城市污水处理厂的投入使用等措施，使延边州主要河流水质有了一定改善。2014 年全州 9 条河流 33 个监控断面中， Ⅰ～Ⅲ类水质（良好以上）断面 23 个，占 69.7%，比 2010 年 60.7% 增加了 9 个百分点。2014 年达到水域功能目标的断面为 21 个，比 2010 年 15 个增加 6 个断面，提高了 18.2 个百分点。

"十二五"期间，延边州通过加大城市集中供热工程和重点工业企业脱硫脱硝设施的建设力度，城市环境空气质量显著好转，全州 8 个县（市）环境空气质量均达到国家二级标准。主要城市延吉市大气污染物二氧化硫和可吸入颗粒物从 2010 年的 0.030 mg/m^3 和 0.087 mg/m^3 下降至 2014 年的 0.018 mg/m^3 和 0.07 mg/m^3。下降比率分别为 40.0% 和 11.5%。2014 年延吉市好于环境空气质量二级标准的天数为 337 天，占全年总天数的 92.3%。比 2010 年增加 6 天。

16.3　绿色产业

"十二五"期间，延边州高举生态文明建设旗帜，大力实施生态强州战略，以生态竞争力主导产业竞争力，以生态效益带动经济效益，先后荣获"中国最佳生态环境投资城市（地区）""中国十佳空气质量城市排行榜榜首"等荣誉，并成

为全国首批生态文明先行示范区。

16.3.1 绿色产业谱生态经济新篇章

安图县以丰富的优质矿泉水资源闻名州内外，现已探明境内共有 106 处矿泉泉眼，日涌量 56.8 万 t，水质被权威鉴定机构——德国弗莱森研究所确认为世界一流矿泉水。为立足资源禀赋，让水产业成为县域经济发展的绿色引擎，"十二五"期间，安图县委、县政府坚持"高定位、高标准、建名厂、创名牌"的发展思路，全力建设长白山高端矿泉水生态产业园，构建了以二道白河镇为核心、两江镇和松江镇为配套产业区的"一心两翼"发展格局，规划建设研发质检中心、物流中心等配套基础设施，以打造成产业集聚、功能完备、科技领先的世界一流矿泉水基地。截至 2015 年年底，园区已落户广州恒大、韩国农心、台湾统一等 10 家知名品牌企业，累计完成投资 28 亿元，园区产能达到 300 万 t，产业开发势头强劲，现已成为安图县重点打造的百亿级产业。

安图县大做水文章，仅仅是延边州推动绿色产业、大力发展生态经济的一个缩影。放眼全州，各县（市）在积极淘汰落后产能的同时，纷纷立足实际，抢抓绿色发展机遇：延吉市重点发展高技术产业和先进制造业，龙井市大力发展特色农产品加工产业，图们市着力发展电子、IT、动漫产业等。

"十二五"期间，延边州坚定不移发展生态工业，重点培育具有良好成长性的矿泉水、人参、绿色食品和生物医药等生态健康产业。通过加快推进敖东工业园、敖东延吉国药基地、华康工业园等项目建设，进一步做大做强现代医药产业；通过抓好韩正人参、龙泉农工贸、亚泰林下参、恒大人参产业园等项目，不断强化人参等特色资源的精深加工与科技投入力度；大力扶持木制品产业转型发展，强力支持企业利用境外资源走高端和集约化发展之路……一系列重点项目和产业，成为驱动延边州经济发展和生态保护的"绿色引擎"。

山清水秀生态美，百家争鸣万花开。在做实做稳农业、工业等第一、第二产业基础上，延边州积极推动第三产业的发展，充分利用自然生态、边境区位、民俗文化等优势，以培育"生态天堂、魅力延边"品牌、打造东北重要旅游目的地为核心，突出旅游设施项目建设、国际旅游合作、旅游大通道建设等重点，大力开发生态观光、养生健身、休闲度假旅游产品，加快旅游业向多元化、专业化、品质化转型发展。

16.3.2　生态新城畅享生活之美

一座城市因水而灵动，作为延边"母亲河"的布尔哈通河，纵贯全州 4 个县（市），全长 242 km，流域内居住着全州一半人口。然而近年来，布尔哈通河因生活垃圾、污水排放、建筑采沙等原因，变得浑浊不堪。

进入"十二五"以来，延边州制订布尔哈通河综合治理工作方案，出台相关保护条例，对全州各条河流的水环境依法进行保护，采取严格审批制度，依法整顿和规范采沙行为，通过掩埋、清运河岸及河床垃圾，整治排污口等一系列措施，加大宣传力度，不断提高全社会的环保意识，整治工作初见成效。同时，延边州还对嘎呀河、珲春河等域内河流一并开展清洁治理，不断加强滨河休闲景观建设，让延边的水环境得到整体提升。

清新的空气和湛蓝的天空是每一个城市所追求的生态福利。"十二五"以来，延边州通过实施减排治理重点项目，共投入 12 036.2 万元，完成减排工程 206 个；对高耗能、低产能、高污染的企业坚决关停并转；对机动车尾气排放加大监管力度，取缔烧原（散）煤锅炉，全部采用液化气、地源热泵等清洁能源。深入开展"冬季清洁空气行动"，全州撤并淘汰改造燃煤小锅炉 191 台，淘汰各种老旧机动车和黄标车 12 142 辆，空气质量稳步提升。据统计，2014 年延吉市好于环境空气质量二级标准的天数为 337 天，占全年总天数的 92.3%，全州其他县（市）环境空气质量均达到国家二级标准。

16.3.3　绿色沃野激活新农村发展潜力

2017 年以来，延边州按照"试点先行、分步推进"原则，在和龙市西城镇金达莱民俗村、敦化市大桥乡兴隆村开展了"光伏暖民"试点工程，在村民家的屋顶安装分布式光伏发电装置，在屋内安装蓄热电锅炉、暖气片、水暖地板等设施用于冬季供暖。同时，采用"发电量全部上网，峰谷电价电采暖"新模式，使 171 户村民受益于"阳光"，实现增收致富与生态环保相得益彰。

脏、乱、差，曾经是延边州农村环境的真实写照。2011 年，延边州通过启动为期 3 年的村屯环境集中整治活动，将全州 478 个行政村纳入整治示范村范围，投资 2.5 亿元对农村危房进行改造，对农村环境进行绿化、亮化、美化，农村面貌焕然一新，农村环境清洁率达到 80%。

2015 年 4 月 1 日，国家全面停止国有林区天然林商业性采伐。安图林业有限公司在全州林业系统率先实施改革分流、工作重心向基层林场转移，昔日 326 名依托木材生产的一线工人从"伐木工"变身"护林人"，从事木材生产的一线工人全部分流到 6 个基层林场，充实到资源管护、营林生产、森林防火等护林一线。

安图林业有限公司的变化不是个例。"十二五"开局以来，长白山森工集团各林业公司纷纷依托绿色资源、推进绿色转型发展。截至 2015 年年末，长白山森工集团共实施重点项目 262 个，预计实现收入 11 亿元、利润 6.17 亿元。转型发展让林业职工没有了后顾之忧，最大限度地投入到森林管护、森林培育、人工造林中来。"十二五"期间，长白山森工集团累计完成人工造林 4.3 万亩，补植补造 62.1 万亩，森林改造培育 12.78 万亩，中幼龄林抚育 567.31 万亩，延边重点国有林区森林生态功能得到进一步提升，森林质量得到进一步提高，全州有林地蓄积量由 2010 年的 136.3m^3/hm^2 增加到 2015 年的 143.6m^3/hm^2。

16.4　新农村建设

"十二五"时期，是延边州新农村建设取得重大突破的关键时期。新农村建设由试点阶段全面转向深入实施阶段，州委、州政府围绕全省新农村建设"千村示范、万村提升"工程，结合延边实际，先后开展了"集中整治村屯环境""村屯环境提升""创建美丽乡村"等工程，精心打造新农村样板，全面整治农村环境，加快农村基础建设，创建美丽乡村，农村整体面貌实现了历史性的大改观、大突破。2011 年以来，全州共打造魅力乡村 40 个、精品村 173 个、标兵村 201 个，美丽乡村示范带 14 条，打造美丽庭院 1.2 万户、干净人家 2.9 万户，农村环境清洁率达到 80%。图们市水口村等 6 个行政村纳入全国美丽乡村建设试点，和龙市金达莱村、安图县万宝镇红旗村被评为中国最具魅力休闲乡村，敦化市雁鸣湖镇等 9 个乡镇获国家级生态乡镇称号。

16.4.1　高位谋划，强力推动，科学引领新农村建设

多年来，延边州委、州政府始终坚持规划引领、生态优先原则，遵循"先基础设施建设、后环境综合整治、进而建设美丽乡村"工作思路，科学谋划新农村建设布局，高位引领和提升实践水平。2011 年延边州启动了为期 3 年的村屯环境集中整治活动，按照"突出重点地域""突出村屯特色""突出重点任务"的原则，以绿化、亮化、农村危房改造、农户围墙大门、道路边沟、卫生垃圾治理六项任务为核心，以长珲高速，302、201 国道，201、202、203 省道两侧 447 个村屯为重点，全面打响了农村环境提升攻坚战。先后出台《中共延边州委、延边州人民政府关于集中整治村屯环境实施方案》等多项推动新农村建设政策性文件。

延边州委、州政府派出 8 位州级领导包保县市推进新农村建设；全州 8 县（市）分别实施了四套班子分片包保，主要领导包保乡镇，乡镇领导和干部包村的包保责任制，指导规划整治工作，协调解决困难。为持续推动全州村屯环境整治提质扩面，打造新农村建设升级版，2014 年，州委、州政府在系统总结过去三年村屯环境集中整治工程经验的基础上，制定出台《州委州政府关于创建"美丽乡村"的实施意见》，规划美丽乡村建设的结构和批次，明确 228 个精品村、200 个标兵村建设目标，落实农房改造、村屯绿化美化、农村垃圾污水处理、道路交通建设、农村安全饮水、人畜分离、围墙大门改造、农村环境清洁八大工程责任部门，使新农村建设的每一步都有章可循、有序推进。5 年来，州委、州政府、州人大、州政协四个领导班子先后召开以改善农村人居环境为重点的新农村建设大型工作会议、现场会议 7 次，出台政策文件 10 个，开展调研和视察 21 次，审议通过相关议案 24 件。

16.4.2　强化举措，催生动力，机制保障新农村建设

积极探索建立"投入激励、资金整合、督查考核、社会帮扶"的共建共享机制，充分调动基层组织和基层群众创建热情，全力推进新农村建设。一是建立投入激励机制。延边州财政连续 3 年列支 300 万元专项资金，用于美丽乡村创建专项资金，各县（市）也分别由财政列支 500 万～2 000 万元，本着奖励先进和重点扶持的原则，充分发挥资金的导向和推动作用，对群众积极性高、进度快、成效

明显的重点村实施以奖代补，激发农民群众参与新农村建设的积极性和主动性。二是建立资金整合机制。为了更好地求得新农村建设资金效益最大化，形成资金的整体合力，延边州政府在争取省级支农整合资金的基础上，要求各县（市）财政、发改以及各涉农部门紧密配合，以项目带动、产业带动相结合的方式，进行支农资金整合，有效改变了以往农村环境整治多头管理、项目分散、效率不高的状况。三是建立督查考核机制。将新农村建设列入全州目标责任考核体系，考核结果纳入党政领导干部政绩考核；制定了《集中整治村屯环境工作考核办法》《创建美丽乡村工作考核办法》等，确定具体验收和奖励办法，明确责任范围、工作标准和完成时限。四是建立帮扶机制。全州安排 99 个州直部门和单位包保帮扶主要交通干线上的重点整治村屯，348 个县（市）直部门和单位帮扶重点村，300多家企业开展"村企共建"活动。

16.4.3　突出重点，集中攻坚，整体提升新农村建设

集中整治农村环境。坚持每年春秋两季在全州开展农村环境卫生集中整治活动。重点清理沿公路线、铁路线、旅游线、环城镇郊区"三线一环"地带，农户房前屋后和村屯周边垃圾污物，以点带片、以线带面，带动全州农村面貌改变。强化农村环境治理长效机制建设，制定出台《延边州农村生活垃圾处理长效机制运行办法》，明确生活垃圾设施的运营管理主体和相关责任，落实运行维护资金，安排专兼职保洁员和保洁经费，建立农村垃圾"户分类、村收集、乡中转、县处理"模式，实现了农村环卫设施、农村保洁员队伍、日常保洁制度三个全覆盖。2011 年以来，全州共新建垃圾场 1 147 个，购买垃圾车 1 345 台，投入垃圾箱 26 844 个，固定保洁人员 2 188 名。积极推进农业面源污染治理。组织开展农业清洁示范区建设，推广绿色有机无公害种养殖、清洁种养殖和废弃物资源化利用等技术，积极推进汪清地膜科学利用等示范项目建设。全州推广测土配方施肥130 万亩/次，减少化肥使用量 260 t，秸秆还田 40 万亩，敦化市、黄泥河林业局等县（市）政府和林业局对废弃木耳菌袋等废弃物回收出台资金扶持办法。加强农村生态环境保护，汪清新民村、珲春防川村等村屯先后启动以电代柴试点，开展湿地资源普查，研究具体保护办法，并先期制定出台《延边州永久基本水田划定保护工作方案》。加强基础设施建设。优先建设农民群众需求最迫切的房屋、道

路、安全饮水、垃圾收运、绿化美化等基础设施，稳步推动公共资源、公共服务进一步向农村延伸。5 年以来，全州累计投入新农村建设资金 47.6 亿元。其中，延边州财政投入专项资金 4.5 亿元，整合涉农资金 28 亿元，社会帮扶 3.6 亿元，乡村和农民自主投入 10.3 亿元，争取省级新农村建设专项资金 1.08 亿元。先后启动实施基础设施、社会事业和产业发展建设项目 3 782 个，完成 2 379.32km 的农村道路硬化和 966 处村改水工程；改扩建（新建）村部 752 个，新建休闲广场668 个，卫生所 765 个，改造农村危房 39 890 户；新建农户围墙、栅栏 294 万延长米；修整边沟 147 万延长米；开展绿化（植树、栽花）568.9 万株，安装路灯共计 21 104 盏。

16.4.4 创新载体，打造品牌，典型示范新农村建设

为了推动美丽乡村创建活动进一步深入，扩展工作方式方法，探索完善农村环境整治模式，延边州先后开展十佳魅力乡村、特色乡镇、美丽村官、美丽庭院、绿色农产品生产基地和休闲农业旅游示范单位评选活动，并实行政策激励。对被评为"特色乡镇"的乡镇政府给予 10 万元奖励，连续两次获得"十佳"特色乡镇称号的乡镇党政负责人，享受上一职级工资待遇；对被评为"十佳"魅力乡村的行政村给予 5 万元奖励。通过各项评选活动的开展，选取打造了一批可学、可复制的典型，有效地激发了基层和农民参与热情，将提升农村环境工作触角延伸到村、到户、到人、到产业。延吉市朝阳川镇等 7 个乡镇、珲春市敬信镇防川村等40 个行政村分别通过特色乡镇、魅力乡村验收，建设成为"产业聚集、生态环境良好、村容镇貌优美、文化活动鲜明"的美丽乡村地域品牌。

第 17 章　多伦县：从风沙源到生态大县的精彩蜕变

　　20 世纪 70—80 年代，多伦受自然灾害和开荒、超载放牧等因素的影响，生态环境一度急剧恶化。当地流传着一句"种一坡，打一车，收一簸箕，煮一锅"的顺口溜，正是当年全县农牧业生产的真实写照。恶劣的生态环境不仅直接威胁着当地经济社会可持续发展，而且给京津冀地区的生态安全带来了巨大隐患。为了从源头上遏制生态环境恶化趋势，多伦县委、县政府带领全县人民进行了艰苦卓绝的努力。

17.1　大规模开展生态建设

　　近年来，多伦县委、县政府确定了"生态固基"发展战略，坚持因地制宜、因害设防，宜乔则乔、宜灌则灌、宜草则草的原则，一手抓种树，一手抓禁牧，"飞、封、造、禁、移、调"多措并举对沙化土地进行综合治理。

　　经过多年的治理，多伦的生态建设虽然取得了一定成效，林草植被恢复较快、流动沙丘趋于固定，但工程建设速度相对较慢、经济效益明显偏低。为进一步提升林业整体水平和发展后劲，多伦县在资金严重短缺的情况下，不等不靠、超前建设，依托国家项目资金引导和贷款，于 2011 年启动了百万亩樟子松造林工程，计划用 5 年时间完成樟子松造林 130 万亩，使森林覆盖率提高到 50% 以上，实现生态大县目标。

17.2　出台生态政策鼓励社会参与

　　百万亩樟子松造林工程启动以来，多伦县制定了《关于加快林业发展推动生态大县建设的决定》，编制了《多伦县百万亩樟子松造林工程总体规划》，出台了《多伦县百万亩樟子松造林工程实施管理办法》等一系列政策办法，按照"谁投资谁所有、谁经营谁受益"的原则，进一步改革生态建设管理体制、创新生态建设经营机制，吸引了区内外 30 多家绿化企业、县内 55 个农民林业合作社参与工程建设。

工程建设中，多伦县本着"小政府、大市场"的原则，林业部门负责规划设计和检查验收，施工、管护分别交给承包造林主体和受益主体；根据检查验收结果兑现造林补贴、确定林权归属；进一步完善林业产权制度，明晰林地使用权，落实林木处置权、受益权；允许依法继承、转让和合理开发林地资源，进行多项间种以及发展森林旅游业等。这些体制机制的改革创新，使全县生态建设步入了良性健康发展轨道，并呈现出"速度快、质量高、成本低"三大特点，彻底解决了长期以来制约林业发展的"活不了、投入少、管不住、富不起来"的突出问题。

多伦县 2011 年至今，百万亩樟子松造林工程累计投资 14.6 亿元，完成樟子松造林 106 万亩；新建种苗基地 265 处；通道景观绿化里程 225 km。实现了境内交通干线绿化全覆盖、工矿企业绿化全覆盖、农田防护林林网全覆盖。其造林规模和速度在全国行政区划单位中名列前茅。在造林工程的实施中，该县坚持对"山、水、林、田、路、矿、沙、景"实行综合治理，统筹开发"农、林、水、牧、游"，形成了多功能、多效益的林业复合体系。同时，加强政策调控和市场保护，采取谁有苗木谁承包、优先选择农民林业合作社承包造林的方法，最大限度减少中间环节费用支出，使造林成本大幅下降。

与此同时，按照"谁投资、谁受益"的原则，广泛吸引社会资金投入工程建设，4 年多累计吸引企业、林业农民合作社、个人等社会投资 8.4 亿元，占工程建设总投资的 58%。针对资金严重短缺的实际，该县积极协调农发行贷款 1.4 亿元用于资金周转，形成了国家、集体、企业、个人等多元化的投入格局。

为走出一条大地增绿、农民增收的可持续发展路子，多伦县从林种树种选择到低产低效林改造，充分考虑了经济效益的体现。引导农民调整产业结构，发展林下种养业、林副产品加工业、森林旅游业和种苗产业，着力打造经济生态复合型林业，从而增强了林业持续发展的内生动力。林业的发展让更多的农民从农牧业生产转移到林业经营上来。目前，全县农民年人均纯收入中有 40% 来自林业。

为更好地推动林业发展，多伦县还专门成立了林权交易服务中心，开展了林权证抵押贷款、林权流转等业务，对森林资源实行资产化管理、资本化运作，进一步盘活了林业经济。同时，建立森林保险制度，将林木纳入保险范围，保护了林木所有人的利益。

17.3　调整产业结构

多伦县在工程建设中，坚持建管并重、统筹谋划的原则，通过政策引导和项目扶持，大力推动农村产业结构调整和落后生产经营方式转变：实行全年禁牧，有效解决粗放的畜牧业生产经营方式与林业发展的突出矛盾；全县农牧业生产由过去的广种薄收、粗放经营彻底向以肉、乳、菜、薯、林五大高产高效农牧业产业化模式转变；进一步建立健全了以森林公安、草监局、乡镇护林大队和村组生态防护员为管护队伍的四级管护网络，全面落实管护责任。

通过十几年大规模的生态建设，多伦县林地面积由 2000 年的 54 万亩增加到现在的 293 万亩，森林覆盖率由 2000 年的 6.8%提高到现在的 31%，项目区林草植被盖度由 2000 年的不足 30%提高到现在的 85%以上，实现了由沙中找绿到绿中找沙的历史性巨变。由于生态建设方面的成绩突出，该县先后获得全国绿化先进集体、全国退耕还林先进单位、北京奥运会特别荣誉奖、全国绿化模范县、全国国土绿化突出贡献单位，全国生态文明示范工程试点县、全国京津风沙源治理工程先进单位、全国林业信息化示范县等多项荣誉。

如今的多伦大地焕发出了前所未有的生机与活力。县委、县政府全面贯彻落实习近平考察内蒙古重要讲话精神，朝着经济快速发展、生态良性循环、社会日臻和谐的目标奋力前行，着力打造宜居、宜业、宜游的生态文明县。

第 18 章　彭阳县：坚持生态立县 一张蓝图绘到底

彭阳县位于宁夏东南部，属黄土高原干旱丘陵沟壑残塬区，是宁夏中南部生态脆弱典型区，自 1983 年建县以来，历届县委、县政府坚持进行生态建设，团结带领广大干部群众，发扬勇于探索、团结务实、锲而不舍、艰苦创业的"彭阳精神"和领导苦抓、干部苦帮、群众苦干的"三苦"作风，坚持不懈地改土治水、植树造林、治穷致富，取得了"山变绿、水变清、地变平、人变富"的初步成效。

18.1　彭阳生态建设经验

截至 2016 年底，全县林木保存面积由建县初的 27 万亩增加到 203.87 万亩，森林覆盖率由建县初的 3%提高到 26.7%，累计治理小流域 106 条 1 779 km²，水土流失治理程度由建县初的 11.1%提高到 76.3%，年减少泥沙流量 680 万 t。先后荣获全国绿化模范县、全国经济林建设示范县、全国生态建设先进县、全国退耕还林先进县、全国生态建设突出贡献先进集体等荣誉称号，被评为"中国名特优经济林——仁用杏之乡"，被国家林业局命名为"全国首批农民林业专业合作社示范县"和"国家级林下经济示范基地"。阳洼流域、茹河水利风景区被命名为"国家水利风景区"，彭阳旱作梯田入选"中国美丽田园"梯田景观。2005 年，全国人大十届三次会议将"彭阳经验"列为全国人大 1798 号建议案，在黄土高原同类地区推广。2007 年 4 月和 2008 年 8 月，中央领导视察彭阳，对生态建设等工作给予了充分肯定。2014 年 3 月，自治区党委组织部、党校将彭阳小流域治理区确定为宁夏首批干部教育培训现场教学基地；8 月 27 日，国家林业局在彭阳县召开全国"三北"工程黄土高原综合治理林业示范项目现场会，总结推广"坚持生态立县不动摇的'彭阳理念'，坚持艰苦奋斗不松劲的'彭阳精神'，坚持综合治理不停歇的'彭阳路子'和坚持规模推进不换档的'彭阳速度'"的彭阳生态建设经验。2015 年以艰苦奋斗为主题的"阳洼、大沟湾小流域综合治理体"被自治区人力资源和社会保障厅、公务员局确立为全区公务员特色实践教育基地，承接全区各级、各类公务员教育培训。

18.2　认准路子，坚持"生态立县"方针不动摇

认识决定思路，思路决定出路。建县初期，面对荒山秃岭、水土流失严重的现状，彭阳县委、县政府从可持续发展的长远战略出发，认真分析论证，深刻认识到山区贫困的根子在山，发展的潜力在林。30 多年来，无论形势如何变化，思路如何调整，领导如何更替，历届县委、县政府始终坚持"人接班、事接茬，一张蓝图干到底"，保证了生态建设的持续性。

最初，探索推行"三三制"农业经营模式（农、林、牧各占 1/3）和"1335"家庭单元模式（户均 1 眼井窖，人均 3 亩基本农田，户均 3 头大家畜，人均 5 亩经济林）。2000 年国家实施退耕还林（草）工程后，提出"10 年初见成效、20 年大见成效、30 年实现彭阳山川秀美"的宏伟目标，建设"生态型新农村"，并全面启动实施"813"生态提升工程（用 3～5 年时间，打造 8 个生态乡镇、100 个生态村、30 000 户生态户），力争将彭阳建设成为"生态经济强县、生态文化大县、生态人居名县"。2009 年，制定出台了《关于加快推进生态、经济、社会科学发展若干问题的决定》，提出了建设以"大花园、大果园"为蓝图的"生态家园、致富田园、和谐乐园"的构想。2011 年，县第七次党代会提出了以创建"全国生态文明示范县"为目标，围绕大六盘生态经济圈建设，扎实开展生态环境保护工作。2013 年，设立乡镇生态绿化基金，整山头、逐流域巩固造林成效，由追求数量扩张、保土治水向注重质量提升、加速成林转变，掀起了新一轮生态绿化提升工程热潮。2014 年，出台了《关于深化改革推进经济社会发展若干问题的决定》，全面启动国家生态文明示范县创建活动，开展国家重点生态功能区建设与管理试点县工作，巩固提升生态文明建设成果。2016 年，彭阳县第八次党代会提出了牢固树立绿水青山就是金山银山的理念，把生态文明建设放在更加突出的战略位置，注重增色与增景相结合、增绿与增收相结合、生态与旅游相结合，着力培育绿色

优势，打造天蓝、地绿、水清、城净、宜居、宜游的美丽彭阳。这些思路和目标的提出，从方向上确立了生态建设在县域经济发展中的主导地位，找到了生态建设与经济社会发展的最佳结合点，有效推动了全县生态建设持续快速发展。

18.3　集成创新，实行综合治理

彭阳县降雨量少且集中在秋季，既缺水又水土流失严重，恶劣的自然环境决定了绿化不仅仅是简单地栽树，而是改土治水与植树造林兼容的综合工程。

彭阳县委、县政府始终坚持因地制宜，积极吸收外地先进经验，并不断集成创新，探索出以小流域为单元，"山顶林草戴帽子，山腰梯田系带子，沟头库坝穿靴子（即山顶封山育林，涵养水源；山坡退耕还林还草，保持水土；坡耕地修建高标准水平梯田，蓄积天上水；干支毛沟修建谷坊、塘坝、水窖，拦蓄径流发展灌溉，并适当开发沟坝地）的综合治理模式"，推行山、水、田、林、路统一规划，梁、峁、沟、坡、塬综合治理，重点抓了以农田为主的温饱工程、以窖坝为主的集雨工程、以林草为主的生态工程和以道路为主的通达工程"四大工程"，形成了"农田建设先行开路，林草措施镶嵌配套，水保工程截流补充，科技培训提高素质，扶贫开发促进增收"的格局。总结推广鱼鳞坑、水平沟整地，截杆深栽、雨季抢播柠条等旱作林业技术体系，特别是"88542"（沿等高线开挖深 80 cm、宽 80 cm的水平沟，筑高 50 cm、顶宽 40 cm 的外埂，回填后面宽 2 m）隔坡反坡水平沟整地技术。通过扩穴深挖和表土回填，不仅改善了土壤结构和质地，而且有效增加了土壤含水量，大大提高了苗木成活率和生长量。

近年来，结合"新农村建设、产业培育、区域经济发展、当地群众意愿"，采用"上保（山顶塬面修建高标准基本农田，保水保土，保障口粮）、中培（山腰坡耕地培育优质高效特色经济林，退耕还林区嫁接改良，调整种植结构，增加农民收入）、下开发（川道区发展设施农业，推动农业现代化，实施生态移民，实现生态修复，整治河道改善环境）"的生态经济开发治理模式，实现了生态、经济和社会效益相统一。

18.4　产业跟进，着力发展绿色经济

既要绿水青山，也要金山银山。坚持将生态建设同产业开发相结合，全力推动生态林业大县向生态经济强县转变，立足生态资源优势，采取流域生态经济沟、庭院经济、设施栽培和嫁接改良提升"四种模式"，大力发展以杏子为主的生态经济林 53.2 万亩，年产鲜杏达 11.1 万 t，杏干、杏仁产量达到 0.6 万 t，年产值达 7 900 万元。

积极稳妥推进集体林权制度改革，盘活集体林地资源，大力发展林果、林禽、林蜂、林草等林下经济产业，拓宽了贫困群众的增收致富渠道。坚持"家家种草、户户养殖"的发展模式，大力发展草畜产业，全县以紫花苜蓿为主的饲草面积达到 115 万亩，畜禽饲养总量达到 220 万个羊单位。退耕还林的实施，把一部分农民从繁重的土地耕作中解放出来，自发外出务工，形成了数量可观的劳务经济。

同时，生态建设中打造的示范流域和红色文化资源的开发，形成了以"红色"和"绿色"为品牌的"一线双色"旅游格局，以看山花、赏瀑布、游梯田为特色的生态旅游正在打响做亮，一批自然景观优美、生态环境良好的旱作梯田和示范流域，已成为人们休闲观光的好去处。

18.5　持之以恒，大力弘扬艰苦奋斗的精神

彭阳县立地条件差，造林难度大，生态建设能取得今天的成就，靠的就是锲而不舍的信念、团结务实的作风、艰苦奋斗的精神。

当前，生态文明建设已成为彭阳县各级党委的中心工作之一，形成了自上而下"推动"，自下而上"主动"的良好局面。全县先后建立机关单位义务植树基地近 40 处 10 万亩，历届县级领导干部都有自己的造林绿化联系点，乡镇党委书记、乡镇长每年各抓一个百亩以上的造林绿化示范点，村组干部群众围绕庄院田埂、荒山沟道年复一年坚持不懈植树造林。彭阳生态建设的"成绩单"，是 25 万回汉各族人民一年一年、一锹一锹挖出来的，凝结着广大人民群众的

心血和汗水。

　　据测算，彭阳干部群众按照"88542"标准修整的鱼鳞坑带可以绕地球三圈半，被国际友人称为"中国生态长城"。在千千万万造林绿化大军中，涌现出了倾尽心血培育浇灌了 10 万亩针叶林的"全国劳模"吴志胜；身残志坚、孑身一人染绿和沟村 200 亩荒山沟道的"全国绿化祖国突击手"李志远；营建果园 160 多亩、创建"杨万珍模式"的"全国劳模"杨万珍；带领 100 多名农民技术员组成的专业造林队伍，足迹遍及彭阳梁梁峁峁、沟沟岔岔的"全国先进工作者"杨凤鹏等。他们用自己的模范事迹和不改变家乡面貌誓不罢休的"愚公"精神，潜移默化影响着更多的干部群众参与到生态建设中来，形成了以干部为先锋、以农民为主体、全民共同参与的生态建设合力。正是有这么一支可亲可敬、不计得失、甘于奉献的干群队伍，才有了彭阳生态的一步步崛起。

18.6　建管并重，创新长效推进机制

　　彭阳县委、县政府牢固树立"三分造七分管"的理念，切实抓好育林护林工作。在工作责任上，大力推行"年初建账、年中检查、年底结账"的工作责任制，把生态建设纳入年终考核，统一进行考核验收。实行县级领导包乡、部门包村、乡镇干部包点的目标责任制，逐级签订责任书，使级级有压力，人人有担子，形成一级抓一级、层层抓落实的良好局面。

　　在投入机制上，实行农、林、水、牧等资金捆绑，项目联合，集中使用，使有限的资金发挥最大的效益。特别是 2013 年设立了乡镇生态绿化基金，每年至少拿出 1 200 万元，采取"以奖代补"形式，发挥乡镇主体作用，整山头、逐流域推进生态绿化提升工程。在服务机制上，全面推行科技承包责任制，组织科技人员深入一线，严把关键环节，跟踪指导服务，并定期、不定期地举办不同类型的综合治理培训班，提高了生态建设的技术含量。在管理机制上，严格落实护林员管理办法，完善管理监督网络，严格目标管理，确保治理一片，巩固一片，见效一片。加快国有林场建设，将移民迁出区生态修复与建设纳入林场统一管理。严格推行禁牧封育，改变了传统养殖方式，实现了舍饲圈养和草原植被全面恢复的历史性转变，提高了生态环境的自我修复能力。

　　彭阳县将继续认真贯彻落实党的十九大精神，牢固树立绿水青山就是金山银山的理念，大力实施生态立区战略，着力做好增绿、宜居、治污"三篇文章"，不断培育绿色优势，深入实施蓝天、碧水、净土"三大行动"，完善绿色发展长效投入、科学决策、政绩考核、责任追究机制，走生态优先、富民为本、绿色发展的新路子，努力打造天蓝、地绿、水清、城净、宜居、宜游的美丽彭阳。

第 19 章 恩施州：积极创建全国生态文明示范区

党的十八大以来，湖北省恩施土家族苗族自治州按照省委"一红一绿"战略和州委"生态立州"发展战略要求，以全国生态文明示范区创建为抓手，积极开展生态环境建设与保护，美丽恩施建设取得丰硕成果。

19.1 生态文明示范区创建全面推进

按照恩施州委六届七次全会《关于推进生态文明、建设美丽恩施的决定》，围绕创建国家生态文明建设示范区（国家级生态州）的目标，全州广泛开展了环保模范城市、生态县（市）、生态乡镇、生态村、自然生态保护区和生态旅游示范区等生态创建活动。

恩施州委、州政府已成立生态文明建设示范区创建工作领导小组，已颁布实施《恩施土家族苗族自治州创建国家生态文明建设示范区规划（2015—2022 年）》《恩施州 2017—2020 年生态文明建设行动方案》《恩施州创建国家级省级生态文明建设示范县（市）奖励办法》《关于进一步明确生态环境和资源保护工作职责的通知》等一系列重要文件，全州正大力实施生态经济培育行动、节能减排行动、大气污染防治行动、水污染防治行动、土壤污染防治行动、美丽城乡建设行动、生态屏障修复行动、风险防控行动、生态文化培育行动、制度创新行动等十项行动，逐步向实现生态经济、环境质量、节能减排、风险防控、绿色生活、制度创新六大具体目标，2020 年努力建成国家生态文明建设示范区的总体目标迈进。

从 2017 年起，恩施州已明确对成功创建国家级、省级生态文明建设示范县的县（市），分别给予 2 000 万元、1 000 万元的财政奖励。全州进一步明确了各级相关部门生态环境和资源保护的职责。目前，全州 8 个县（市）均编制了国家生态文明建设示范县创建规划，其中鹤峰县已于 2017 年 5 月中旬通过省级技术评估，除来凤县创建规划正在申请人大审议外，其他 7 个县（市）规划均已颁布实施。全州已建成省级环保模范城市 1 个（恩施市）、州级生态县 1 个（鹤峰县）、省级以上生态乡镇 39 个、生态村 394 个；建立各类自然保护区（小区）45 个，总面积 20.36 万 hm^2，占全州国土面积的 8.5%，其中国家级自然保护区 5 个，居湖北省第 1 位；建立省级生态旅游示范区 3 个，州生态体验基地 1 个。

19.2　生态文明体制改革取得初步成效

按照恩施州改革总体方案，目前，全州生态文明体制改革已取得阶段性成效，州环保局已牵头完成建立环境质量信息公开制度、企业环境信用评价制度、环境质量目标考核制度、环境违法行为有奖举报制度等改革任务，基本完成首批企业环境信用评价和排污权核定，试点开放了排污权交易市场，配合省环保厅划定了生态保护红线，并积极争取将红线面积调减至 15 463 km^2，占全州面积的 64%。

恩施州人大常委会牵头制定的《恩施州山体保护条例》《恩施州酉水河保护条例》已出台实施；州统计局、州审计局已分别完成全州自然资源资产负债表编制和领导干部自然资源资产审计；州物价局牵头完成了全州燃气价格改革；州住建委构建的农村垃圾治理体系发挥了积极作用。环保行政审批制度改革取得了实效，全州环保部门开展了"红顶中介"清理，厘清了行政审批权力和责任，规范了建设项目环评审批及验收程序，制定了州级责任 210 项、县级责任 197 项的审批权力和责任清单，建立了"七不批"环评审批制、一个窗口受理、一张网络、一周办结。

19.3　环境保护工作取得显著成效

19.3.1　主要污染物排放总量得到控制

全州认真落实减排目标责任制，积极推行工程减排、结构减排、监管减排等措施，建立齐抓共管的部门联动机制，总量减排合力不断增强。截至 2016 年底，全州化学需氧量排放总量 4 万 t、氨氮排放总量 0.47 万 t、二氧化硫排放总量 1.53 万 t、氮氧化物排放总量 1.33 万 t，分别较 2010 年下降 4.6%、9.44%、9.13%、5.93%，圆满完成省下达的"十二五"及 2016 年主要污染物总量减排任务目标。

19.3.2　大气污染治理成效显著

全州大力推行"三禁三治"（禁烧、禁煤、禁鞭，治理扬尘、治理机动车尾气、治理非煤矿山），实施"天更蓝"专项治理。

恩施州政府相继出台了《恩施州大气污染防治实施方案》《州城大气污染防治十条》《恩施州大气污染防治行动计划实施情况考核办法（试行）》《恩施州环境空气质量生态补偿暂行办法》《恩施州城重污染天气应急预案（试行）》《恩施州机动车排气污染防治管理办法》《关于加强秸秆垃圾露天焚烧监管工作的通知》等重要文件，建立了州城空气质量改善联席会议制度，实行了州城与县（市）联防联控。全州空气质量持续向好发展，近年来，全州县（市）城区空气质量优良天数平均在 340 天以上，其中纳入省考核的州城恩施市空气质量优良天数和 PM_{10} 年均值均居全省第 2 位。

19.3.3　水污染治理成效明显

全州大力推行"三污同治"（工业废水、生活污水、农业面源污染共同治理），以清江、酉水、唐崖河、忠建河、溇水、郁江等主要流域为治理重点，实施了"水更绿"专项治理，州人大常委会开展了《清江保护条例》立法后评估，州政府相继出台了《关于加强清江保护工作的意见》《恩施州水污染防治行动计划工作方案》《恩施州跨界断面水质考核办法（试行）》《恩施州长江环保专项整治行动工作方案》《恩施州清江七要口断面水质达标工作方案》等重要文件，恩施州成立了以州长任主任的州清江保护委员会，清江流域相关县（市）也成立相应工作机构，组建工作专班，明确工作目标，开展了"垃圾乱倒""污水乱排""房屋乱建""河道乱挖"等问题专项整治，层层落实保护责任，形成了全民保护体系。

恩施市完成了"一江九水五库"水质取样分析，开展了清江河水体保护综合整治。利川市争取清江污染治理项目资金 1.8 亿元实施流域综合治理，制定了清江保护工作考核办法和实施细则。全州开展了长江环保整治专项行动，全面落实

"查""关""治""罚""复""退"的整治要求，对长江干流，清江、酉水、溇水等干流及其一级支流进行了整治。开展了贯彻执行《湖北省水污染防治条例》"零点行动"，对流域重点排污企业、工业园区及重点河段进行了专项督查，对部分违法企业实施了行政处罚。全力推进了清江水布垭库区"清网行动"，拆除网箱 4 579口。集中治理了长江干线非法码头，对纳入治理的 12 个非法码头，依法取缔 3个，规范和提升 9 个。全州实施了清江恩施城区段开发利用与综合治理工程、清江上游环境治理及生态保护利用亚洲开发银行贷款项目等一批清江保护重点项目，截至 2016 年年底，全州已建成县（市）城区污水处理厂 10 座，日污水处理能力 19.5 万 t，城区污水集中处理率达 81.81%；已建成乡镇污水处理厂 7 座，日污水处理能力 1.5 万 t，乡镇污水处理率达 17%。

从 2016 年起，恩施州对跨县（市）行政区域的河流交界断面和出州境断面水质实行了考核管理，按月通报。全州水环境质量保持稳定，主要河流监测断面水质达标率和城区集中式饮用水水源地水质达标率均为 100%。

19.3.4　环境监管执法得到加强

恩施州政府出台了《关于切实加强环境监管执法的通知》等文件。全州先后开展了环境执法大检查、全州环保专项行动、全州环保执法综合督查、州城大气污染专项整治巡查、全州环境安全环境隐患大检查、环境违法建设项目及工业园区（经济开发区）专项清理等监管执法行动，加强了对重点减排项目、建设项目、饮用水水源地、危废管理及处置等执法监管，按照《新环保法》等法律法规要求，全州立案查处各类环境违法企业 628 家次，实施行政处罚 249 家次，处罚金额755 万元。

全面建立了"网格化"环境监管体系。全州共建设二级网格 8 个和三级网格88 个，各网格已实现网格边界清晰、责任主体明确、目标任务具体，确保辖区内污染源得到有效控制。建立了环境行政执法与刑事司法衔接机制，州环保部门联合公安、检察、法院等部门出台《关于加强协作配合依法打击环境违法犯罪行为的通知》。

建立了环境违法行为有奖举报制度。州政府出台《恩施州环境违法行为有奖举报实施办法（试行）》，开通了州级"12369 环保热线"投诉平台，该平台自开通以来，共受理举报 718 件，已办结 648 件，对符合奖励条件的 93 件，共核定奖励资金 15.04 万元。全州清理出的 57 个环境违法违规建设项目已全部完成整改。

19.3.5　突出环境问题得到整改

2016 年中央环境保护督察前，全州先后组织开展了全州污染源和环境风险隐患排查、环保综合督查等多次排查清理活动，共清理出各类环境问题 189 个（含省环委会交办的 6 个突出环境问题、《2016 年湖北省环境保护综合督查通报》（第 8 期）通报恩施州的 23 个环境问题），针对排查出的问题，恩施州均扎实进行整改。

2016 年 11 月 26 日至 12 月 26 日，在中央第三环境保护督察组对湖北省开展环境保护督察期间及之后，中央环保督察组交办的信访件及 2017 年 4 月的反馈意见，全州狠抓各类问题整改。2016 年年底，恩施州办理中央环境保护督察组交办件工作得到了中央环境保护督察组好评，省配合中央环保督察工作协调联络组专门发文予以通报表扬。

19.3.6　环境风险防范能力得到加强

辐射环境管理逐步加强。全州先后组织开展了放射源及射线装置动态更新、核技术利用辐射安全综合检查等行动，共安全收贮废弃放射源 23 枚，对全州 144 家放射源及射线装置使用单位进行全面检查，建立了辐射环境监管信息台账，实现了放射源、射线装置、移动通讯基站、输变电站监管的全覆盖。

涉重金属、化学品、危废企业环境管理得到加强。全州已全面摸查现有危险废物产生单位基本情况，进一步落实各项危险废物管理制度，规范危险废物转移行为，将州域内涉重企业、磷化工企业纳入日常监察重点，有效规避了环境风险。

环境应急管理得到加强。全州已先后制定完善《恩施州突发环境事件应急预案》《恩施州辐射事故应急预案》等预案，开展了突发环境事件应急演练，启动了州城污染天气应急响应，建立了环境应急专家库。州环保局先后与州消防、水利、交通等部门签订合作协议，建立应急联动工作机制，成功应对处置沪蓉高速公路恩施市境内二甲苯罐车侧翻污染环境、鄂渝高速利川凉雾段交通事故引发危险化学品泄漏等多起环境突发事件。

19.3.7　农村环境面貌得到改善

全州大力实施农村环境连片整治。州累计投资超过 3 亿元，共实施环境整治村庄 300 余个，使恩施州部分重点景区周边及公路沿线的村庄环境得到很大改善，初步形成了具有恩施特色的农村环境连片整治模式。

农村面源污染得到一定控制。州政府已出台《关于深入治理农业面源污染的意见》《恩施州养殖业污染治理实施方案》，全州 8 个县（市）均完成畜禽规模养殖"三区"划定并予以公布；全州关闭禁养区畜禽养殖场（小区）23 户，实施规模化养殖场治理项目 195 个。

19.3.8　环保长效机制逐渐建立

成立了恩施州环境保护委员会、清江保护委员会、生态文明体制改革领导小组等组织机构。完成了环委会成员单位及部门职责的调整，各项工作常态化、精细化，各成员单位责任明确、工作具体，形成了齐抓共管格局。

认真落实了中央、省关于领导干部生态环境损害责任追究、自然资源资产离任审计的有关要求，建立了严格的环境准入机制、监管机制和考核机制，严格执行了评优评先、表彰奖励、干部选拔任用实行环保一票否决，切实做到"源头严控、过程严管、后果严惩"。

19.3.9　环保能力建设得到加强

全州累计投入 12.93 亿元用于节能环保投入，重点支持了城市环保基础设施、节能减排重点工程、污染减排监管体系等建设。

全州环境监管能力得到很大提升，已建立较为完善的环境质量和重点污染源监测网，8 个县（市）均已建成 6 因子（指具备监测二氧化硫、二氧化氮、可吸入颗粒物、一氧化碳、臭氧、细颗粒物 6 项指标）的空气自动监测站，并已实时发布数据。州内清江流域跨县（市）行政区域断面已建成水质自动监测站 4 座。全州环境监察、监测标准化建设取得积极成效，全州 9 个环境监察机构，现有恩施市、利川市、宣恩县 3 个环境监察大队通过标准化建设达标验收。全州 9 个环境监测机构，现有恩施市、利川市等 5 个环境监测站通过标准化建设达标验收。

19.4　公众生态文明意识不断提升

全州通过每年开展纪念"六·五"世界环境日、环保世纪行等活动，重点宣传了《新环保法》《新大气污染防治法》《湖北省水污染防治条例》《清江保护条例》等环保法律法规和"绿色决定生死，既要金山银山更要绿水青山"等生态文明理念，让环保宣传走进了社区、乡村、学校、机关和企业。

恩施州先后在州城硒都广场举办了国际生物多样性日宣传图片展、核与辐射安全文化知识图片展，向广大群众普及生物多样性和辐射安全知识。在州委党校主体班、全州环保大会上，多次就《新环保法》等法律法规向各级党政干部进行培训。举办了全州环保法律法规进企业活动，州环保局派出 8 个县级领导带队的宣讲团分赴 8 个县（市）同步开展环保法律法规宣讲活动，向千余州内各重点企业法人就新环保法、大气污染防治法等法规法律内容进行普及宣传。

开展了全州农村生活垃圾分类指导活动。结合精准扶贫，州环保局印制了 10 万份《参与垃圾分类、建设美丽恩施》宣传单，分发至各县（市）、乡镇（街道办）、村（社区），向广大民众发出了生活垃圾分类处理的倡议、提供了生活垃圾分类收集处理参考图。开展了"文化惠民·环保同行"大型文艺宣传推广活动，州环保局联合州民族歌舞团，通过文艺演出等形式，在全州 8 个县（市）广泛宣传了节能减排、垃圾分类、绿色出行等理念，全方位地展示恩施州近年来环保工作的重点和亮点。

第 20 章　黔南州："兴水润州"大力推动水生态文明建设

近年来，黔南州认真贯彻落实习近平总书记对贵州提出的守住发展和生态两条底线的重要指示，进一步增强生态文明建设引领经济社会发展的理念，着眼于基本州情、水情和同步小康建设用水需求，抢抓黔南州入选全国第二批 105 座水生态文明城市建设试点机遇，以破除长期制约发展的工程性缺水难题为目标，着力于"严格水管理、提升水安全、改善水环境、修复水生态、彰显水文化"，切实解决洪涝灾害、水土流失和水体污染等问题，促进了人与自然、人与人、人与社会的和谐发展。

20.1　党委和政府"双轮驱动"

黔南州党委、政府高度重视、高位谋划，是黔南全面推进水生态文明建设的根本动力和组织保障。

贵州省委、省政府提出"打造生态文明先行区，走向生态文明新时代"的发展目标和省水利厅提出"全面推进水生态文明建设"等八项水利改革，为黔南开展水生态文明建设指明了方向。围绕中央、省委决策部署，着力实施生态立州战略，统筹推进经济、政治、文化、社会建设，采取了一系列重大举措，生态文明建设从理论到实践取得了进展。

黔南州委十届四次全会把"加快推进水生态文明建设"作为深化生态文明体制改革，进一步加强生态文明建设的重要内容。州政府组织制定了《建设黔南生态文明示范州规划（2013—2020 年）》《黔南州水生态文明建设指导意见》等规划和规范性文件，大力推进生态文明建设，并把"加强水资源节约保护，推进全州水生态文明创建，以饮用水水源和剑江河等城镇水系为重点，建设一批水生态保护示范区，推进全州河道生态综合治理，给河道生态修复留足土地空间"写进了近年的政府工作报告。

"视之重，备之妥"，州委、州政府的高度重视和果敢决策，为黔南全面推进水生态文明建设迈出了关键坚实和铿锵有力的一步。

20.2 立法和规划"双管齐下"

推进水生态文明建设，黔南注重地方立法，强化规划引领，突出体系建设。

20.2.1 注重地方立法

黔南州第十三届人民代表大会第五次会议和州十三届人大常委会第三十四次会议分别审议通过《黔南州剑江河流域保护条例》和《黔南州樟江流域保护条例》，并启动《黔南州涟江流域保护条例》立法调研，水资源保护地方性立法逐步加强。在全省率先出台地方水污染防治生态补偿办法——《黔南州乌江流域水污染防治生态补偿实施办法（试行）》，积极推行排污权有偿使用和交易、生态补偿、执法联动机制、第三方治理等，水污染防治工作进一步加强。水资源保护地方立法工作走在贵州省前列。

20.2.2 强化规划引领

编制并通过水利部审查，由贵州省政府批复了《黔南州水生态文明城市建设试点实施方案（2015—2017 年）》，印发了《关于加快推进水生态文明建设的指导意见》，全面强化对全州水生态文明建设的指导。编制完成《全州水资源综合规划》，启动《黔南州水资源保护规划》《江河湖库水系连通规划》《重点区域水资源配置规划》等 7 项规划编制工作，正在积极谋划编制《黔南州水利战略发展规划》，为今后一个时期全州水资源优化配置、开发利用和科学管理提供可靠依据。水资源规划推进速度位列贵州省第一方阵。

20.2.3　突出体系建设

实行最严格水资源管理制度，制定落实用水总量控制、用水效率控制、水功能区限制纳污"三条红线"，明确各县（市）2015年、2020年、2030年阶段性水资源管理控制指标，形成了州、县两级水资源管理控制指标考核体系。2014年、2015年、2016年连续3年最严格水资源管理制度考核结果荣获贵州省第一。

20.2.4　全面推行河长制

黔南州、县均出台了全面推行河长制工作方案、联席会议制度、责任单位工作职责，建立了覆盖州、县、乡（镇）、村的四级河湖管理体系。明确州四大班子领导分别担任33条河道河长。设立州县两级河长办，树立河长公示牌，每条河道均明确了责任单位和责任人。开展"保护母亲河·河长大巡河"生态日主题活动，配合省级和州本级开展了33条河道巡河活动。

编制印发《黔南州"百千万"清河行动执法检查和宣传教育活动实施计划》，启动州内33条河道清河行动联合执法工作，12个县（市）积极落实"清岸清水"活动，全州共聘请580名河道保洁巡查人员，深入推进河道保洁与监管常态化、制度化、规范化。

立法保障，规划引领，体系支撑，黔南水生态文明建设逐步迈上法制化、规范化管理轨道。

20.3　生态和特色"理性释放"

黔南的希望在于守住生态、黔南的发展在于用好生态。牢牢守住生态和发展两条底线，着力构建"河畅、水清、岸绿、景美"的水生态文明格局，是黔南水务工作开展水利工程建设追求的永恒目标。

20.3.1　突出水工程建设

抢抓中央和省加大水利建设投入力度的重大历史性机遇，着力加快推进水利建设"三大会战"和"三年行动计划"骨干水源工程建设。"十二五"以来，全州大力实施水利建设"三大会战",计划建设 67 座水库工程。目前,累计开工建设50 座,开工项目个数是"十一五"期的 7 倍。福泉凤山、都匀石龙、独山甲摆 3座大型水库列入国家"十三五"规划,大型水库实现"零"突破。

抢抓黔南州入选全国第二批 105 座水生态文明城市建设试点机遇,坚持以水生态文明建设为引领,将水利项目与水生态文明建设高度融合,规划建设试点项目 90 个,总投资 73 亿元,目前已完成投资 53 亿元。以都匀剑江河、福泉沙河、惠水涟江等城镇水系为重点,大力推进水生态保护与修复,对城镇重点河段进行水生态文明综合治理。

目前,重点打造的"都匀毛尖"茶博园杉木湖水域工程、十里剑江沿河风景名胜区、"张三丰太极文化"福泉古城沙河水生态、惠水涟江水文化公园、荔波鸳鸯湖风景区、龙里莲花湿地公园等以"水"为主题,一批具有黔南民族特色的水生态示范工程建成并发挥效益。"中国天眼"平塘天文小镇水环境治理工程、都匀"两河汇"水生态工程、荔波樟江水生态修复工程等项目正紧锣密鼓建设中。黔南"河畅、水清、岸绿、景美"的水生态文明城市新格局基本形成。

启动河湖水系连通项目建设,优化城市水生态建设格局。组织开展了都匀杨柳街"小黄河"生态修复工程、龙里贯城河生态补水等一批河湖水系连通项目,不断修复区域受损水体,全州水生态、水环境明显改善。全州已建成的水利工程供水能力达到 12.78 亿 m^3,灌溉面积达 297 万亩,灌溉面积率达 41%,解决了330.68 万农村人口饮水安全问题,污水处理能力达到 31.1 万 t/d。随着工程建设的稳步推进,全州工程性缺水问题逐年得到缓解。

都匀"小黄河"综合治理,是全州开展水生态文明建设的成功典范。都匀剑江河上游的杨柳街河,在都匀城北与斗篷山茶园河汇合成为都匀人引以为荣的"母亲河"——剑江河。20 世纪 70 年代以来,其源头杨柳街镇境内的煤矿由于数十年无序及过度开采,污水侵蚀严重,导致清澈的杨柳街河变成一条浊浪的"小黄河",并逐步向都匀市区逼近,其水质和环境影响附近群众的生产和生活。为加快污染日趋严重的剑江和上游杨柳街河的治理,州、市决定在沙包堡办事处陆家寨剑江河修建了拦水堰一座,用于净化杨柳街河水质,实施筑坝治污,湿地绿化,成功打造了剑江河三江堰水生态保护区及滨河景观度假区。为治理"小黄河",采取截断封堵污染源头，重塑河道地形形成亲水环境，利用人工湿地和拦水堰沉淀净化水质，并通过园林景观赋予文化内涵，达到了既改善环境，又提高市民生活质量的多赢效果。通过水环境修复和水景观打造，昔日的"小黄河"如今已变成都匀市民休闲度假的好去处。

20.3.2　突出水环境治理

始终按照"生态之州·幸福黔南"的发展定位和努力实现"以水惠民、以水兴业、兴水润州"的目标要求，积极推进水生态文明与工业化、城镇化和农业现代化紧密结合和协调发展，坚持走绿色化发展道路。

一是加大重点水域的综合治理。按照"整县推进"原则，结合"美丽乡村·四在农家"六项行动等创建，对全州 12 县（市）"城市腰带"贯城水域和部分重点乡镇进行水生态、水环境靓丽工程治理，目前全州重点水域治理河道 25 条、治理河长 98 km。

二是从治理城镇生活污水、工矿企业排污入手，建设污水处理厂、污水管网和雨污分流等工程实现截断入河污染源。全州建成城镇生活污水处理厂 65 座，污水处理能力 31.1 万 t/d，县城以上均具备污水收集处理能力。在建污水处理厂 13 座，2017 年全州污水处理能力达 34 万 t/d。

三是推动农村环境卫生整治，截断农村垃圾入河污染。贵定、福泉等县（市）先行先试，按照"村收、镇运、县处理"模式，利用全省农村环境综合整治"整县推进"项目建设契机，加大对农村垃圾集中清理和整治，截断农村垃圾入河污染。同时，加大对河道沿岸村寨环境综合整治，因地制宜地开展垃圾转运设施工程建设，河道沿岸村寨环境卫生得到明显改善。启动垃圾集中焚烧、垃圾焚烧发电等县级垃圾收集处理系统工程建设，加快垃圾减量化、资源化处理进度。

四是大力实施水土保持小流域综合治理，积极发展茶叶、刺梨、精品水果等经济林，念好"山字经"，种好"摇钱树"。狠抓重点流域农业投入品源头管控，从源头降低农业污染源。对规模以上养殖业推广污水处理设施建设，制定养殖规划，加大畜禽业污染打击力度。拆除乌江干流等非法网箱养殖，有效减少畜禽、水产等养殖业对水体的污染。

五是积极推进"绿色黔南"六项行动计划，大力实施绿色水域护佑工程，强化对州内主要河流流域、主要水库积水区域的生态保护力度。开展水土流失治理、水源涵养林培育以及清洁型小流域综合治理等，提升流经县（市）城区、主要集镇、主要旅游区河段沿岸的绿化、美化水平。

六是组织开展流域水环境健康评估，对河湖生态健康进行综合摸排诊断。

七是推进主要河流及水源地水质监测体系建设。目前已实现全州 25 个重要水功能区水质监测，全州Ⅲ类及以上水质的河长已占总评价河长的 90%以上，2015年水质达标率为 90.9%。集中式饮用水水源地水质达标率、城乡生活垃圾无害化处理率位居贵州省第一方阵。

20.3.3　突出水文化创建

推进水生态文明建设过程中，注重文化元素的培育，积极依托黔南地域文化特色、民族文化精髓，着力推进水生态文明与民族文化、林业经济、旅游产业的有机结合，积极创建黔南民族水文化品牌。成功申报了 5 个国家级水利风景区和 12 个省级水利风景区。同时，着力推进人亲水、水亲人的河湖美化和城市湿地公园建设，着力打造了都匀剑江沿河十里风光带、瓮安雍阳河滨水风光带、贵定少数民族生态旅游园等一批具有民族特色的水景观风貌和水生态文化品牌。

20.4　启示和思考"深度并存"

几年探索，黔南水生态文明建设红利持续绽放。

美丽乡村因"水"而美，宜居城镇因"水"而靓，滨水地价因"水"而升，生态旅游因"水"而旺，百姓生活因"水"而甜……人民群众共享水生态文明建设成果的获得感逐年增强。

热度之余，需作冷静思考。必须看到，黔南水生态文明建设仍步履艰难，主要表现为：一是水务一体化改革动力不足，全社会共同推动水生态文明建设的强劲势头尚不明显。二是受经济下行压力等客观因素影响，引入市场机制和社会资本参与水生态文明建设步履艰难。三是"河长制"工作起步较晚，省、州、县合力推进"河长制"的体制机制未健全。这些问题和困难，必须找准症结所在，全力攻克难点、奋力突破盲点，以创新的思维、战略的眼光在更高层面推进水生态文明可持续发展。

黔南将在学习借鉴全国先进地区成功经验、"借他山之石为我所用"的基础上，重点围绕贵州省委、省政府提出的"大扶贫、大数据、大生态"主战略目标要求，以落实最严格的水资源管理制度为核心，以"严格水管理、提升水安全、改善水环境、修复水生态、彰显水文化"为目标，全面推进水生态文明建设再上新台阶。

第一，围绕"大扶贫"，加快绿色经济建设。按照坚持向少数民族贫困村、易地扶贫搬迁安置点、"三山"地区倾斜的原则，将水生态治理项目优先列入水利扶贫发展规划。通过开展水源地保护、河道生态治理、农田水利建设等，在为贫困地区提供稳定水安全保障的同时，既改善区域水环境，也带来优美水景观，为贫困群众提供舒适健康的宜居环境。结合"美丽乡村·四在农家"六项行动计划、"绿色黔南"三年行动计划等，加大对农村生活污水、农村垃圾、改厕改圈等综合整治，打造贫困村寨优美生态环境，扮靓乡村，不断提升贫困地区土地资源价值，吸引优质资源集聚，拉动域外资本向贫困地区投资。加大贫困地区产业结构调整，通过开展少数民族水文化宣传，擦亮黔南水生态文明品牌，大力发展绿色旅游业，全面助推"大扶贫"。

第二，围绕"大数据"，提高水务信息化水平。积极整合防汛抗旱指挥系统、水利工程视频监控系统、水资源监督管理系统、重要水库河段监测系统、水土保持监测网络系统、电子政务等子系统信息化资源，加快建设"黔南州水资源管理云"信息化数据中心，实现水资源精细管理，增强水生态、水环境监测监管能力，推动水务公共数据全面整合与应用共享。全面推动水生态文明建设与"大数据"无缝对接，进一步加强水旱灾害监测预测预警，为推动工程安全、水安全提供基础保障。厚植先进管理理念，完善信息化管理体系，逐步提升水资源"大数据"信息化管理水平。

第三，围绕"大生态"，全面推行河长制。全面推进河长制，是中央做出的重大决策部署，是推进生态文明先行示范区建设的重要形式，是着力绘就"百姓富，生态美"多彩贵州宏伟蓝图的庄重承诺。按照中央关于全面推行河长制的意见要求，建立健全制度，协助各级河长指导开展河流水资源保护、水域岸线管理、水污染防治、水环境治理、水生态修复、水事案件执法等工作，逐步制定"一河一策""一库一策"综合治理措施，全面建立覆盖州县乡村四级的河长体系。坚定不移实行最严格水资源管理制度，持续推进水生态项目建设，确保水生态文明城市建设取得阶段性成果，初步构建"水管理、水安全、水环境、水生态、水文化"五位一体水生态文明体系。持续举办"水生态文明·黔南论坛"，加大宣传力度，提高论坛影响力，全面提升水生态文明黔南品牌知名度和美誉度。

第21章 三江源：打造生态之窗 引领生态文明

青藏高原被称为"世界屋脊"和地球"第三极"，孕育了我国的母亲河黄河、长江和流经六国的澜沧江—湄公河、恒河、印度河等国内外著名的河流。三江源地区地处青藏高原腹地，是我国和亚洲最重要河流的上游关键源区，是欧亚大陆上发育大江大河最多的区域，起着各江河水文循环的初始作用，被誉为"中华水塔"。独特的生态环境造就了世界上高海拔地区独一无二的大面积湿地生态系统，使得在地势高寒、大气储水能力甚差的半干旱气候区内可以储存生命之水，加上高原大地形的加热，强化了三江源区的局部降水，长江、黄河、澜沧江得以同源于此。

21.1 三江源是重要生态屏障

青海三江源区是长江、黄河、澜沧江三大河流的发源地，被誉为"中华水塔"，每年向中下游供水 600 亿 m^3，具有青藏高原生态系统和生物多样性的典型特点，是我国江河中下游地区和东南亚区域生态环境安全及经济社会可持续发展的重要生态屏障。区域动植物区系和湿地生态系统独特，自然生态系统基本保持原始的状态，是青藏高原珍稀野生动植物的重要栖息地和生物种质资源库。青海三江源国家级自然保护区占源区总面积近一半，是整个地区生态类型最集中、生态功能最重要、生态体系最完整的区域，也是青藏高原生态系统的核心保育区，在我国西部生态与环境保护体系中具有重要的战略地位。

历史上，三江源地区曾是水草丰茂、河流与湖泊水资源丰盛、野生动物种群丰富的高原山地森林、高寒湿地和高寒草原草甸的自然原始区域。20 世纪 90 年代后期，随着全球气候的变暖，人类无限制的经济活动，使其极脆弱的高原生态系统和环境质量呈现不断恶化的态势，出现了黄河水量减少或断流，湿地萎缩，高原草原植被退化，沙化土地不断扩大等生态问题，直接威胁着区域经济社会和江河源下游的生态安全与经济可持续发展。这一严峻的形势和状况引起了国家和各级政府的广泛关注，从 1999 年起国内科学家加大了对三江源区的科学考察和研究。三江源区独特的地质构造，特殊的自然环境和孕育的湿地河流，使其成为 20 世纪 90 年代社会关注的核心区域和焦点。认为三江源区是高海拔地区物种多样性的资源宝库，是我国江河中下游地区可持续发展的生态屏障，是生命禁区人类文明发展的源区，建立三江源保护区意义重大，提出了"保护三江源区"的建议和对策。世纪之交，党中央、国务院做出了西部大开发的战略决策，其主要内容之一就是生态环境建设，特别是加强江河源区和上游地区的生态建设与自然保护，这是关系到 21 世纪中华民族生存与发展的重大问题。为了贯彻党中央的战略决策，保障长江、黄河流域和澜沧江中下游的生态安全，满足国家可持续发展的需要，国家林业局、中国科学院、青海省等有关部门经过考察和反复论证，决定在三江源区抢救性地建立三江源自然保护区。2000 年 5 月 23 日，青海省人民政府批准建立了三江源省级自然保护区；2003 年 1 月，国务院批准晋升为国家级自然保护区。该保护区以湿地、森林、草原、草甸生态系统和高原珍稀野生动植物为主要保护对象，由 18 个保护分区组成，总面积 15.23 万 km^2。其中核心区面积为 3.12 万 km^2，缓冲区面积为 3.92 万 km^2，实验区面积为 8.19 万 km^2，分别占保护区总面积的 20.5%、25.8% 和 53.7%。三江源自然保护区是我国海拔最高、面积第二大、高原物种多样性最为集中的超大型国家级自然保护区，也是中国建立的第一个涵盖多种生态类型的自然保护区群。

党中央、国务院历来高度重视三江源生态环境治理和高原生物多样性保护工作。2005 年 8 月，三江源自然保护区生态保护和建设工程（一期工程）启动实施，总投资 75.07 亿元，经过十余年的不懈努力，三大类 22 项工程全面完成并通过国家总体验收。2011 年年底，国家批准设立三江源国家生态保护综合试验区，总面积 39.5 万 km^2。2014 年 1 月，三江源生态保护和建设二期工程正式启动实施，截至目前，工程实施进展顺利。通过三江源一期、二期工程的实施，经过持续保育修复，三江源区生态系统退化趋势得到初步遏制，生态系统服务功能有所提升，重点生态建设工程区生态状况明显好转。

党的十八届三中全会提出建立国家公园体制。青海省抢抓机遇，依托三江源生态保护成效，率先启动申报三江源国家公园。2015 年 12 月 9 日，中央全面深化改革领导小组第十九次会议审议通过了《三江源国家公园体制试点方案》（以下简称《试点方案》），2016 年 3 月 5 日，中办、国办正式印发《试点方案》，6 月 7 日，青海省委、省政府决定三江源国家公园管理局正式挂牌成立，体制试点全面启动。三江源国家公园体制试点，是我国生态文明建设的重大实践，是新形势下全面深化改革的一项重大战略举措。目前，各项工作全面推进，取得明显成效。

伟大的事业，需要伟大的实践。建立国家公园体制，不仅体现了当今世界的主流理念和中国特色社会主义的战略布局，同时也彰显了中国特色社会主义道路自信、制度自信、理论自信和文化自信，国家公园建设的目标已成为我国全面建成小康社会的重要组成部分。按照"四个扎扎实实"的重大要求，紧扣"四个转变"，牢固树立了保护优先的理念，着力破解了"九龙治水"，在大美青海，在三江大地迈出了建设具有中国特色国家公园的坚实一步。

21.2　以保护优先理念推进国家公园体制试点

中华民族延续五千年不曾中断，不是历史的偶然和世界的例外，而是中华民族在长期历史和实践中正确处理人与自然、人与社会、人与人、人与自身的关系，并把这种实践升华为理论，凝聚为精神价值理念，并深刻地影响着人们的思维方式和行为方式，成为指导人们实践的原则和规则。中华民族比世界上任何民族都更加懂得尊重自然、保护自然、顺应自然。

我们自始至终贯彻这一理念，深入把握三江源生态系统的特殊性，确定生态保护优先的原则，突出三江源自然资源的持久保育和永续利用，突出三江源自然生态保护的原真性、系统性、典型性、完整性，采取最严格的生态保护政策，执行最严格的生态保护标准，落实最严格的生态保护措施，强调三江源国家公园建设的核心是保护生态，目标是实现生态、生产、生活联动共赢，切实以生态保护优先理念统领体制试点各项工作，实现筑牢国家生态安全屏障的目标，为中华民族提供可持续发展的生态供给。

21.3 以体制机制创新推动国家公园体制试点

三江源国家公园体制试点是一项创新性体制机制综合改革探索，涉及面广、情况复杂，没有现成的模式可供借鉴，没有成熟的经验可以照搬，是顶层设计和"摸着石头过河"的结合，探索的艰辛和挑战不言而喻。坚决贯彻落实中央和省委决策部署，突出问题导向，强化改革担当，找准"堵点"、打通"梗阻"、突破利益"藩篱"，啃硬骨头、涉深水区，统筹推进体制试点。

（1）组建管理体制。通过人员划转和职能整合，组建省、州、县、乡、村五级综合管理实体，实现生态全要素保护和一体化管理。同时，对 3 个园区所涉 4 县进行大部门制改革，精简县政府组成部门，形成了园区管委会与县政府合理分工、有序合作的良好格局，彻底解决"九龙治水"和监管执法碎片化问题，从根本上解决政出多门、职能交叉、职责分割的管理体制弊端，为实现国家公园范围内自然资源资产、国土空间用途管制"两个统一行使"和三江源国家公园重要资源资产国家所有、全民共享、世代传承奠定了体制基础。同时，设立了玉树市人民法院三江源生态法庭，为三江源国家公园生态环境保护提供了有效的司法保障。

（2）优化重组各类保护地。遵循山水林草湖是一个生命共同体的理念，对三江源国家公园范围内的自然保护区、国际和国家重要湿地、重要饮用水水源地保护区、水产种质资源保护区、自然遗产提名地等各类保护地进行功能重组、优化组合，实行集中统一管理。可可西里申报世界遗产工作有效推进。

（3）完善生态保护机制。制定并落实了园区生态管护公益岗位设置实施方案。目前共有 9 975 名生态管护员持证上岗，培训、评估、考核等工作有序开展。组建了乡镇管护站、村级管护队和管护小分队，构建远距离"点成线、网成面"的管护体系。

（4）创建社会参与机制。一方面，强化生态保护与改善民生有机统一，处理好牧民群众全面发展与资源环境承载能力的关系，推动国家公园建设与牧民群众增收致富、转岗创业、改善生产生活条件相结合，生态保护与精准脱贫相结合，建立国家公园共享共建长效机制，使牧民群众能够更多地享受改革红利，充分调动其参与保护生态的积极性，积极主动参与国家公园建设。另一方面，主动建立与三江流域省份和新疆、西藏等周边区域的生态保护协作共建共享机制。与世界自然基金会、中国绿化基金会、中信银行等企业和社会组织开展战略合作，全方位引导支持生态保护工作。同时，广泛开展宣传，营造三江源国家公园体制试点的良好氛围。

21.4　以政策制度建设保障国家公园体制试点

按照"抓创新就是抓发展，谋创新就是谋未来"的指示精神，紧盯体制试点方向性、全局性、突破性，从政策、规划、立法等多个方面加大创新制度供给，努力以创新思维谋划总体设计、制定部署意见、落实配套政策，并注重各项政策规划配套组合，推动各项举措向试点的关键点聚拢。

编制《三江源国家公园总体规划》及三江源国家公园管理规划和生态保护、生态体验和环境教育、产业发展和特许经营、社区发展与基础设施等 5 个专项规划。制定印发了三江源国家公园科研科普、生态管护公益岗位、特许经营、预算管理、项目投资、社会捐赠、志愿者管理、访客管理、国际合作交流、草原生态保护补助奖励政策实施方案等 10 个管理办法。颁布了《三江源国家公园条例（试行）》，为国家公园内生态保护提供法律依据。研究编制了《三江源国家公园管理规范和技术标准指南》，明确了当前国家公园建设管理工作的基本标准。在健全政策制度和法律法规的基础上，加强生态环境监管，加大执法监督力度，对破坏生态环境的行为进行严厉惩治，充分发挥司法途径在保护生态环境中的作用。

实践中，成立了玉树市人民法院三江源生态法庭，为三江源国家公园生态环境保护提供了有益的探索。开展全新的执法监督工作，全面强化三江源国家自然保护区、可可西里自然保护区保护与建设，完成了专项打击、巡护执法、案件侦办、维护稳定、森林草原防火等工作，开展了代号为"2016 三江源碧水行动""绿剑 3 号""绿剑 4 号"等 6 次专项行动和 4 次常规巡护执法以及保护分区各派出所之间联合执法行动，查处各类违法犯罪案件 29 起。特别是，结合当前全国环保大督查的总要求，组织 8 个专项督查组在园区内外全覆盖的执法行动。

21.5 以人才科技和资金支撑助推国家公园体制试点

三江源国家公园体制试点是一项复杂的系统工程，专业性强、创新点多、技术密集、标准设置高，绝不能简单化对待，更不能降格以求、降低标准。体制试点启动实施以来，瞄准三江源国家公园建设人力资源开发滞后、科技支撑作用薄弱和资金短缺这一最大短板，加强人才队伍、科技、智慧国家公园等配套支撑体系建设和项目建设。

（1）建立人才科技保障。在青海大学生态环境工程学院开设国家公园专业，首批 80 名学生已入班学习，2018 年面向全国招生。成立三江源国家公园体制试点咨询专家组，并与航天科技集团、中科院等科研院所签订战略合作框架协议，三江源天地一体化生态监测等一批科研项目启动实施，科技支撑力全面增强。同时，对省州县乡村干部、生态管护员、技术人员组织开展了全面系统的业务培训 35 场次、3 000 多人次，并组织有关人员到美国黄石国家公园和加拿大班芙国家公园等地进行专项考察，全面提升公园管理水平。

（2）建立资金项目保障。建立以财政投入为主，社会积极参与的资金筹措保障。通过分批安排专项资金和整合现有项目，统筹实施了三江源国家公园展陈中心、生态大数据中心等 8 大类生态保护能力建设项目。2017 年安排 10 亿元专项资金，重点实施标志性建筑、保护站标准化、森林公安派出所、巡护道路、生态监测、综合服务中心等必要的基础设施项目。

面对艰巨的试点任务，集中力量探索创新、攻坚克难，敢于"第一个吃螃蟹"，敢于"跳起来摘桃子"，坚持遵循依法建园、绿色建园、全民建园、智慧建园、和谐建园、科学建园、开放建园的理念，初步建立了三江源国家公园规划体系、政策体系、制度体系、标准体系、机构运行体系、人力资源体系、多元投入体系、科技支撑体系、监测评估考核体系、项目体系、经济社会发展评价体系，取得了实实在在、有目共睹的成效和突破性进展。一方面，保护合力全面形成、保护措施全面强化、保护成效全面增强、保护水平全面提升；另一方面，基础设施条件逐步改善、管理水平有序提升、公众参与积极性提高、名片形象日益彰显，夯实了三江源国家公园体制试点的思想基础、组织基础和群众基础。实践证明，三江源国家公园建设顺应时代潮流，适应发展规律，符合各族人民利益，彰显国家形象，具有广阔前景。

凡是过去，皆为序章。青海省第十三次党代会全面描绘了未来5年三江源国家公园建设的美好蓝图，鲜明提出了国家公园建设的战略任务。"千里之行，始于足下"，三江源国家公园建设正走在一条希望的道路上，站在新起点上，开启新的征程，三江源国家公园将深入贯彻创新、协调、绿色、开放、共享的发展理念，高举"四个扎扎实实"的旗帜，按照实现"一个同步，四个更加"战略目标，以"四个转变"为着力点，乘势而上、顺势而为，扎实推动三江源国家公园建设行稳致远。一是坚持规划引领、依法建园，全面完成体制试点任务，将三江源国家公园建成青藏高原生态保护修复示范区和中国生态文明建设的典范。二是始终把水资源涵养和保护作为三江源国家公园建设的首要任务，确保实现整体恢复、全面好转、生态健康、功能稳定的生态修复目标。三是统一行使自然资源资产管理和国土空间用途管制，设立三江源国家级保护基金，建立以财政投入为主、社会积极参与的资金筹措保障机制。四是探索建立牧民群众、社会公众参与特许经营机制，全面落实生态管护公益岗位"一户一岗"。五是以形象标识、影视作品、文创产品、网上国家公园等为载体，加强国家公园宣传推介，形成群众主动保护、社会广泛参与、各方积极投入的良好氛围。通过不懈地保护建设，使人们能够感受到三江源的壮美辽阔磅礴，让这里成为江河湖泊的不竭之源，森林草甸的丰润沃土，野生动物的栖息乐园，处处展现人与自然和谐相处的绚丽画卷。

习近平总书记曾深刻指出："正确的战略需要正确的战术来落实和执行，落实才能出成绩，执行才能见成效。做任何一项工作，不能浅尝辄止、虎头蛇尾，而要真抓实干，善作善成。"三江源国家公园体制试点是时代赋予的神圣使命，也是党中央、国务院交给的一项重要责任，要认真贯彻党中央、国务院和青海省委、省政府的决策部署，不负重托、不辱使命，凝聚力量，一步一个脚印向前推进，一点一滴抓出成果，像爱护眼睛一样爱护三江源，像珍惜生命一样珍惜三江源，坚决筑牢国家生态安全屏障，确保三江清流源源不断滋润华夏大地。

第22章　克拉玛依区：新疆生态文明建设先行者

2013 年 1 月，克拉玛依区被环保部正式授予"国家生态区"称号，成为新疆当时唯一的国家级生态区，自动转为国家生态文明试点示范区，在良好的生态环境基础上，克拉玛依区委、区政府进一步强化落实党中央、国务院提倡的"建设生态文明"的号召，牢固树立"绿水青山就是金山银山"的理念，在上级环保部门的大力指导和全区各部门的共同努力下，围绕"1245"战略布局①，全面启动国家生态文明示范县创建工作，通过积极推进重点生态工程，构建生态安全屏障，加大污染防治力度，落实环境保护责任，辖区自然资源和生态环境得到良好的保护，生态文化得到大力弘扬，全区经济发展活力不断增强，社会各项事业全面进步。

22.1　生态之城克拉玛依区

"克拉玛依"是维吾尔语"黑油"的音译。克拉玛依油田是新中国成立后于 1955 年开发的第一个大油田。克拉玛依市是我国唯一一座以石油命名的城市，因石油而诞生，又以石油工业为依托不断发展、壮大。克拉玛依区是克拉玛依市党、政、军机关和国家特大型企业——新疆油田公司、克拉玛依石化分公司机关所在地，是全市政治、经济、文化和商业中心。全区面积 3 833.58 km²，总人口 28.41 万，有汉族、维吾尔族、哈萨克族、俄罗斯族等 39 个民族。区辖小拐乡政府、五五新镇办事处和天山路、胜利路、银河路、昆仑路 4 个街道办事处，61 个社区居

---

① "1245"战略布局："1"是指紧紧围绕建设现代化生态精品城区发展目标；"2"是指加快打造区域商贸物流中心和区域创新中心"两个中心"；"4"是指继续实施科教强区、商贸活区、环境塑区、文化兴区"四大战略"；"5"是指全力推进企业总部集聚区、高端服务业承载区、智慧城市核心区、城市休闲旅游发展区、高品质城市示范区"五区"建设。

委会，4个行政村。"没有草，没有水"，甚至连"鸟儿也不飞"，这是人们关于克拉玛依往日的最深记忆。在时光的匆匆流逝中，克拉玛依也经历了新的蜕变。如今的克拉玛依，花红草绿，生机盎然。一座现代化的石油城市在准噶尔盆地万古戈壁荒原上，傲然崛起，一跃成为全国石油、石化工业的重要基地、新疆天山北坡经济带中举足轻重的城市。

22.2　以生态文明建设规划为基础，构建生态建设五大体系

22.2.1　打造低碳经济区

克拉玛依是典型的资源型城区，石油工业是地区经济发展的支柱。2013年以来，克拉玛依区立足区位优势，不断优化功能布局，加快调整产业结构，提出了构建"市区一体、主辅协同、政区（园）共建"的工作机制和深化"一中心、六平台"建设的发展思路，加强供给侧结构性改革，着眼区域总部集聚区建设，努力提升金融、信息、旅游三大新兴产业和其他生产性服务业、生活性服务业发展质量，积极构建"双创"生态环境，加快培育新供给、新动力，全力推动经济转型升级、创新发展。近年来，单位GDP呈逐年下降的良好态势。

重点项目扎实推进。经四路总部经济带、城南商业区等项目顺利实施，国际家居建材城投入运营，食品产业园一期、国际汽车城项目汽修汽配市场主体建设完成，再生资源循环经济示范园一期厂房全部完工。完成城南商务区、西南科技园区的配套路网建设，南新湿地公园二期项目、龙山滑雪场山体绿化景观提升工程、西戈壁地质公园外配套项目。完成了经七路、丰源路、汇源路等道路建设，城区功能日趋完善。

加快推进现代服务业发展。一是积极推动金融产业发展。大力发展地方法人金融机构，引导地方企业组建融资租赁公司；进一步做大聚升、聚力、聚合公司规模，发挥产业发展基金的引导作用。提升小微金融服务中心的功能。支持智慧金融服务平台建设，采用互联网、大数据技术，聚集各类金融资源，稳步构建多元化、多层次、多渠道的区域性金融投融资信息服务体系，为实体经济发展营造良好的普惠金融服务环境。二是不断提升信息产业发展质量。积极引进云智创投、

亿赞普等大数据、云计算应用类企业落户，挖掘应用需求，推动产业健康持续发展。依托国家"智慧城市"研究中心西北分中心，以智慧城市群概念的推广为载体，参与将社会治理、居民消费、公共服务、企业服务等领域的应用成果转化为产品对外推广。大力推进工业信息化，支持企业 ERP 系统应用和 MRO 工业品超市的推广。加快发展电子商务，积极引进国际化、全国性平台进驻运营，引导电子商务协会聚合网商资源，打造集公共服务和商业服务为一体的本土电子商务门户，促进国际家居建材城、西域玉都等专业市场，以及本地餐饮、家政等生活性服务机构进行"互联网+"改造。三是全面促进文化旅游产业发展。加快景区景点开发，启动西戈壁七彩雅丹景区、小拐乡哈萨克风情园及生态休闲健身公园二期建设。丰富商业文化业态，扩充完善金龙湖、一号井等景区旅游服务功能，提升西域玉都和文化创意产业园品牌效应。编制五彩紫砂产业开发可行性报告及产业扶持方案，研发紫砂系列产品，推动产业快速发展。深化"四地五师"旅游联动，加快打造新疆自驾游品牌线路。大力发展展会赛事经济，进一步提升城市的辐射力和影响力。推动文化产业向旅游等相关领域渗透融合，进一步提升文化旅游、文化创意、节庆活动等特色文化产品品质。四是持续推进商贸物流业发展。围绕完善城市基本功能、激发城市发展活力，加快小微企业园、建筑施工基地、食品产业园区一期，以及再生资源循环经济示范园一期的建设步伐。全力支持锦泰物流园保税库、北疆物流集散中心的建设运营。

　　稳步推进现代生态农业建设。《小拐乡总体规划（2015—2030 年）》已通过评审。小拐乡路灯改造、饮用水工程等 6 个惠民项目顺利实施，农牧民生产生活条件进一步改善。借助"互联网+"模式，建立了小拐乡农副产品销售网络和微商销售平台。健全地下水源开发利用监管机制，村镇饮用水卫生合格率达 100%。扎实开展农村集体土地清理整顿工作，并被确定为自治区级农村集体承包经营权确权登记办证工作试点县（区）。大力发展现代畜牧业，吸引疆内外有实力的畜牧企业入驻，自治区草原畜牧业转型项目和 3 000 亩退耕还草项目顺利实施，助推传统畜牧业转型升级。加快自治区饲草料应急救灾储备库、小拐国营牧场养殖示范基地、市国营牧场育肥基地和活畜交易市场建设，畜禽养殖场粪便综合利用率达100%。继续深化与科研院所的合作，加大新品种、新技术、新机具的推广应用，不断增强农业产业化发展的驱动力。成立小拐乡农村土地流转中心，引导土地向企业、农民合作社和种植大户有序流转，促进土地农业产值和经济效益双提升。农村产权交易和动物防疫信息化管理平台成功组建。0.5万亩高标准农田建设项目已进入招标阶段。组织开展"乡村旅游节"等大型活动。哈萨克风情园一期400亩公益林和赛马场跑道建设全面完成。

22.2.2　构建优美生态环境体系

（1）推进区域生态保护和建设

开展了前山涝坝地区造林封育工程。建设近郊防护林体系，提升道路防护林体系，完善从荒漠戈壁到城区周围的"三位一体"防护生态安全保障体系，完成了城东、城北、城西近30 km长的生态防护林体系建设和城南碳汇林基地7万亩生态林体系建设，600 km^{2}的玛依格勒荒漠植被成为防止和控制土地沙漠化的第一道天然荒漠植被绿色生态屏障。加强草原牧场的生态修复，杜绝过度放牧造成草场退化、沙化。加强对森林、林木和林地的保护管理，确定玛依格勒森林公园面积2.6万 hm^2，荒漠天然林总面积6万 hm^2，阿依库勒景区占地面积4 500 hm^2，截至2016年，森林覆盖率达22.86%。

（2）加强环境管理

结合城市管理"大联动"数字化平台监督体系进一步充实环境监管网格化，基本实现了行政区内监管无死角。严把建设项目审批关，坚持达标排放、以新带老、清洁生产、总量控制等审批原则，加强公众参与，进一步规范审批行为，简化办事程序，进一步优化经济发展环境。实施"蓝天工程"，制定《克拉玛依区"蓝天工程"实施方案》，对燃煤锅炉"煤改气"、餐饮业油烟治理、挥发性有机物、扬尘污染综合治理。积极防范和有效应对重污染天气状况，提高预防、预警、应对能力，在门户网站发布克拉玛依区空气质量状况公报，重污染天气按日发布空气质量状况公报并启动应急预案。2016年克拉玛依区空气质量优良率达95.4%。全面控制主要污染物总量。制定了《克拉玛依区主要污染物排放总量控制计划》，对主要污染物总量指标进行分解，与辖区企业签订《主要污染物总量控制责任书》，坚持总量控制与建设项目审批挂钩，对未取得总量指标或主要污染物排放总量超过分配的总量指标的建设项目，一律不予审批和验收，在此期间克拉玛依区每年主要污染物排放总量均在下达的总量控制目标范围内，重点行业污染物排放量进一步下降，主要污染物排放总量得到有效控制。

（3）加强草原牧场的环境保护工作

倡导推行轮牧、家庭圈养等模式，加大禁牧期检查执法力度，查处随意放牧和乱开滥采行为，使牲畜存栏数与草场载畜量相适应，杜绝过度放牧造成草场退化、沙化，有效保护了生态环境。

22.2.3 建设生态宜居体系

以提高人民群众生活质量为根本出发点，在城区基础设施建设和环境综合整治方面先后开展了一系列建设改造工程，城区环境面貌得到显著改善。

（1）加大城区的绿化建设和管理工作力度

实施"增绿添彩"工程，依托现有公园绿地设施，实现一园一景，在重点道路节点打造主题景观小品，完成建成区绿化硬化全覆盖，确保城区地面无裸露，努力形成"三季有彩、四季有景"的慢行休闲、观光采风城市旅游环境。实施环境功能区划，将外围区域荒漠生态修复工程与城市功能性建设有机结合，儿童公园、森林公园、汽摩运动文化主题公园、城南商业区等 19 个绿化工程项目按节点稳步推进。

（2）完善城市基础设施建设

坚持从加强城市建设、优化城市环境出发，鼓励引导社会资本积极投入市政基础设施建设领域，助推公共服务设施完善升级。采取项目化管理模式，确保了餐厨废弃物处理场等一批重点民生项目按照时间节点顺利推进。第一污水处理厂日处理污水达 10 万 m³，处理后的水质达到国家二级污水综合排放标准，净化的污水小部分用于克拉玛依碳汇林灌溉，大部分排放至中拐、大拐地区形成天然湿地并形成 5 万亩芦苇田，对处理后的污水再次进行生物净化，对缓解克拉玛依市的水资源紧张状况起到了积极的作用；第二污水处理厂污水处理已达到国家一级排放标准，处理后的中水可用于绿化、工业及农田使用，城镇污水处理率达 100%；餐厨垃圾处理厂已进入方案设计审查阶段；生活垃圾填埋场二期建设项目已全部完成，日处理能力已达 570 t，卫生填埋场占地面积 27.19 万 m²，近期库容 273.45 万 m³，总库容 715.36 万 m³，生活垃圾无害化处理率达 100%；城南垃圾转运站建设项目已投入使用。

（3）着力增强城市综合治理能力

牢固树立"只要到克拉玛依定居就是克拉玛依人"的理念，坚持规划引导、繁荣市场、突出特色、方便群众原则，加快推动交易市场、停车场等专业性园区建设，优化城区生产生活空间。加大公租房建设力度。完善物防、技防设施与生活、文化、卫生等设施配套。坚持小区化管理理念，按照"网格化、精细化、常态化、规范化"的要求，做好市民化服务。

（4）加强环境应急管理与风险控制，防范环境风险

制定了《突发环境事件应急预案》《重污染天气应急预案》《辐射环境事件应急预案》。将应急救援物资及救援力量进行数字化管理，依托防灾减灾应急综合应用管理平台可以有效进行资源的一键调度，全区各类专兼职队伍 194 支。每年开展重污染天气应急演练，加强环境应急能力建设。对辖区重大环境风险源进行排查治理，克拉玛依区内无饮用水水源地、重金属企业、尾矿库企业、化工园区等风险源，建立了重大环境风险源管理台账；组织企业开展环境安全隐患排查治理专项行动；开展辖区油田涉危专项执法检查，对油田单位的危险废物产生及处置、转移、贮存、污染防治设施、场地管理、环境应急预案编制及落实等情况全面检查，督促企业落实主体责任，进一步消除环境风险隐患，无重特大突发环境事件发生。

22.2.4　培育和谐文明生态文化体系

运用报纸、电视、广播、广告栏、宣传栏、网络多种宣传渠道和形式，广泛深入地开展生态文明建设宣传活动。充分利用"六·五"世界环境日等纪念日，围绕"环保六进"（进机关、进企业、进学校、进社区、进乡村、进单位），加大对《环保法》《大气污染防治法》《水污染防治法》《新疆维吾尔自治区环境保护条例》等法律法规以及党中央关于生态文明建设的系列决策部署的宣传教育力度，将宣传范围向机关、企业、学校、街道、社区全面延伸，环境信息公开率达 100%。

持续开展"绿色学校"创建，环境保护渗透到教学体系中，辖区内小学、幼儿园环境保护普及率达到 100%。开展市民素质提升、文明交通出行等 10 项工程计划，全国城市文明程度指数测评顺利通过。倡导勤俭节约的消费观，广泛开展绿色生活行动，推动全民在衣、食、住、行、游等方面加快向勤俭节约、绿色低

碳、文明健康的方式转变。

22.2.5　推进生态文明制度体系建设

不断推进生态文明制度体系建设，编制了《克拉玛依区生态文明建设示范区规划（2016—2025 年）》《克拉玛依区生态文明建设发展战略》，为克拉玛依区可持续发展提供科学管理依据。强化顶层设计，成立了"克拉玛依区生态环境保护工作领导小组""克拉玛依区生态文明建设工作领导小组"。印发了《克拉玛依区生态环境保护工作责任分工》，分解落实《国家生态文明建设示范县指标》和《克拉玛依市环保目标责任书》各项任务，签订《环境保护目标责任书》并纳入绩效考核管理。强化党政领导干部生态环境和资源保护责任，对工作推进不力、成效不明显的相关部门，依据党政领导干部生态环境损害责任追究办法严肃问责。建立生态文明建设工作例会制度，定期召开工作例会，听取各责任部门的工作进展汇报，讨论研究重点建设项目和有关政策措施，对下阶段的工作进行部署。建立政府绿色采购、绿色考核机制体系，政府绿色采购比例达到80%。生态文明建设工作占党政实绩考核的比例达到20%。根据国务院办公厅《关于印发控制污染物排放许可制实施方案的通知》（国办发〔2016〕81 号）中的要求，制定《克拉玛依区排污许可证发放工作方案》，开展固定源排污许可证核发工作。根据水利部、环境保护部联合印发的《关于印发贯彻落实〈关于全面推行河长制的意见〉的实施方案》的要求，全面推行河长制。

通过多年来全区各部门的不懈努力，克拉玛依区生态文明建设工作取得了可喜的进展，见到了明显的成效。但生态文明建设是一项长期的工作，必须常抓不懈。当前和今后一个时期，克拉玛依区要紧紧围绕 "打造现代化生态精品城区"战略目标，继续坚持和不断完善提出的发展思路、发展目标和战略措施，解放思想，开拓创新，促进克拉玛依区经济、环境、社会又好又快发展，为建设美丽克拉玛依做出更大贡献。

第23章 杨凌示范区：利用科技优势
推进生态文明

杨凌示范区位于关中平原中部，东距西安 82 km，西距宝鸡 86 km，面积 135 km²，下辖县级杨陵区，有 2 个镇 3 个街道办事处，总人口 24 万。2016 年，全区生产总值 118.9 亿元，财政总收入 17.8 亿元，城乡居民人均可支配收入达到 35 510 元和 14 959 元。1997 年，国务院批准成立杨凌农业高新技术产业示范区，实行"省部共建"的建设管理体制。杨凌作为华夏农耕文明的重要发祥地，素以"农科城"著称于世，区内有西北农林科技大学和杨凌职业技术学院两所高校，聚集了农林水等 70 多个学科、近 7 000 名科教人员，科技优势明显。

23.1 杨凌示范区推进生态文明建设

党中央、国务院一直非常重视示范区建设，先后作出一系列重大战略部署。2010 年，国务院下发《关于支持继续办好杨凌农业高新技术产业示范区若干政策的批复》（国函〔2010〕2 号），明确提出通过 5～10 年的努力，使杨凌示范区发展成为干旱半干旱地区现代农业科技创新的重要中心、农村科技创业推广服务的重要载体、现代农业产业化示范的重要基地、国际农业科技合作的重要平台、支撑和引领干旱半干旱地区现代农业发展的重要力量。自成立以来，特别是"十二五"以来，杨凌示范区全面贯彻国务院《批复》精神，高举现代农业旗帜，坚持现代农业示范和经济社会发展"两手抓"，全力推进农业现代化、工业化、城市化、城乡一体化等四化同步建设，示范区各项事业取得显著成效，较好地履行了国家使命，促进了经济社会长足发展。杨凌示范区牢固树立和贯彻创新、协调、绿色、开放、共享的发展理念，以生态园林城市创建和全国水生态文明城市建设试点为抓手，不断健全完善生态文明建设制度体系，大力推进生态文明建设，景观优美、现代宜居、文明开放、人民幸福的世界知名农科新城正在形成。

23.1.1 农业科技创新能力显著增强

实施"区校一体、协同创新"战略，累计建成省部级以上科研平台62个，充分发挥国家农业科技园区和全国高校新农村发展研究院"两个协同创新战略联盟"、杨凌第六产业研究中心、中美食品安全研究中心等协同创新平台作用，统筹资本、技术、人才等创新要素，加快世界知名农业科技创新城市建设，促进各类创新资源聚集发力。全区研究与试验发展经费投入占GDP比重达到5.6%，年均引进博士以上高层次人才100名以上，新审定动植物新品种200多个，新增科技成果和专利申报5 000多项。"杨凌农科"品牌在中国品牌价值评价中测评价值达661.9亿元，位列全国区域品牌第二名。大力推进"大众创业、万众创新"，积极推进杨凌示范区全国第二批"双创"示范基地建设，打造"农"字头的创新创业示范高地，出台支持大学生创业等40多项优惠政策，建成企业孵化园、众创田园、创业工场、大学生创业孵化基地等平台，发展技术创业团队500多家，孵化企业700家，大学生领办企业150多家。

23.1.2 科技示范推广能力水平明显增强

按照"服务陕西、带动旱区、广泛辐射"的思路，积极探索多元化的农技推广新模式。不断健全完善农技推广体系。制定出台了面向旱区的《农业科技推广规划》和《职业农民培训规划》，协同两所大学，与省内外有关市县开展科技合作。累计在18个省（区）建成示范推广基地306个，助力打赢全省、全国脱贫攻坚战贡献"杨凌力量"，实现了省内56个国定贫困县和秦巴山区杨凌基地全覆盖，西藏阿里基地已基本建成，正在试运行，吕梁山区、六盘山区等国家扶贫攻坚重点片区建设杨凌基地正在布局建设。连续成功举办了24届农高会，近五届每届展览展示农业科技成果7 500项以上，参展参会人数达160万人次以上，成交额累计达6 427亿元，展会国际化、市场化、专业化水平明显提升，2016年"杨凌农高会"品牌价值达615.99亿元，位列全国农业区域品牌价值测评第一名。积极搭建示范推广的新载体，建成国家（杨凌）旱区植物品种权交易中心、国家（杨凌）

农业技术转移中心、农产品质量安全认证中心等"六个中心",坚持发布中国农业产业投资、旱区农业技术发展、现代农业发展"三个报告"。"杨凌农业云"服务平台正式启用,从多个维度服务全国现代农业发展。与此同时,建成了与 15 个省份、51 个示范基地互联互通的农业科技远程信息服务平台,在推进农业科技推广信息化方面探索了新模式。大力推进现代农业示范园区建设,建成了 100 km² 的现代农业示范园区,食用菌、畜牧等产业实现了规模化、标准化、生态化、品牌化发展,形成了一批具有较大影响力的特色农产品品牌。深入推进第一、第二、第三产业融合发展,示范区从传统农业向现代农业转变的格局加速形成,农民收入增幅连续多年全省领先。坚持"走出去""引进来"相结合,先后同 60 多个国家和地区建立了农业科技与产业合作关系。深入推进丝绸之路经济带现代农业国际合作中心建设,启动建设中哈、中美等 8 个国际合作园区,建成各类国际合作平台 13 个,组织实施国际合作项目 120 多个,成立了中国旱作农业技术援外培训基地,承办援外培训项目 69 期,累计培训了 106 个国家近 1 600 名学员。

23.1.3　城乡一体化发展取得明显成效

以加大体制机制创新为突破口,坚持"全域杨凌"一体化发展。从 2012 年起,对涉及城乡居民的 31 项政策全部实行一体化,农村居民在低保、养老、医疗保险等方面与城市居民享受同等政策待遇,在全省率先实现城乡政策一体化。按照"一城两镇、五个新型社区、若干个美丽乡村"的布局,统筹推进城乡基础设施建设、产业发展和公共服务一体化,五泉省级重点示范镇入选首批中国特色小镇。涉及民生的教育就业、医疗卫生、脱贫攻坚等各项事业快速发展,群众生产生活水平明显改善。加快建设"三河两渠"综合治理工程,渭河水景观工程、湿地生态公园等项目建成投用,天蓝、地绿、水清、景美、人与自然和谐相处,已成为杨凌城乡主色调。坚持将经济发展作为第一要务,经济发展势头更加强劲。我们坚持把打基础、促转型作为干好工作的重要抓手,强力推动经济转型升级,全力推进中国(陕西)自贸试验区杨凌片区"一号工程"建设,奋力追赶超越,示范区经济社会发展取得了新进展、新成效。

23.2　杨凌示范区的经验

23.2.1　明确目标任务，强化组织领导

制定印发《杨凌示范区推进生态文明建设实施方案》，明确了生态文明建设和改革总体要求、主要目标、重点任务及分工，对生态文明建设和改革工作做出具体安排。强化对生态文明建设的组织领导，建立生态文明建设和环境保护"党政同责、一岗双责"工作机制，形成主要领导亲自抓，分管领导直接抓，一级抓一级，层层抓落实的组织领导体制。不断夯实环境资源保护工作责任，确保经济发展既有速度和质量，又达到生态环境友好。

23.2.2　深化供给侧结构性改革，推进经济持续较快发展

（1）全面落实主体功能区规划，不断优化国土空间开发

科学划定了城镇发展边界、基本农田红线、生态保护红线，确定了"一城二镇五社区"的扁平化、开放式城乡空间总体结构。按照"多规合一"思路，正在组织杨凌城乡总体规划修编（2017—2030年）工作。制定《杨凌示范区划定并严守生态保护红线实施方案》，作为生态管控的刚性约束。

（2）实行差别化市场准入政策，不断提高经济发展质量和效益

围绕履行国家使命和发展自身经济，确定特色现代农业发展和生物医药、农产品加工、涉农装备制造等涉农工业为主导产业，积极培育健康休闲养老业、现代物流业、文化体育旅游业等新兴产业，出台了一系列支持优势主导产业和新兴产业发展的政策措施，加大土地、资金、人才等资源要素供给，培育发展新动能，促进经济总量上台阶。严格项目入区决策，从发展规划、产业政策、总量控制目标、技术政策、准入标准、用地政策、环保政策等方面，进行认真评审，坚决限制多晶硅、风电制造、平行玻璃、钢铁、水泥、电解铝等落后过剩工业产能项目入区建设。严格城市建设用地供给，加强项目用地前置审查力度，实行差别化的项目供地政策，从严控制用地规模，不断提升建设用地利用率。

（3）深化农业供给侧结构性改革，加快特色现代农业发展

深化农村产权制度改革，全面完成农村土地承包经营权确权登记颁证工作，积极开展全国农村承包土地经营权抵押贷款试点；推进农村金融体制改革，开展全省金融改革试点区工作，积极构建多层次、广覆盖、可持续的农村金融服务体系。实施设施农业改造提升工程，推广新型高效生态农作模式，积极推广双拱双膜大棚、基质袋装栽培、水肥一体化、碳基营养肥、无公害农药5项技术，建成杨凌职业农民创业创新园和现代农业精准扶贫示范园。推进第一、第二、第三产业融合发展，编制《杨凌现代农庄集群建设总体规划》，推进集循环农业、创意农业、农事体验于一体的田园综合体建设。基本完成种子产业园基础设施建设，优化种业发展环境，培育壮大现代种业，已吸引15家种子企业入驻园区。积极培育新型农业经营主体，支持龙头企业、农民专业合作社、家庭农场等新型农业经营主体建立利益连接机制，发展示范区级以上农业产业化经营重点龙头企业40家，国家级示范社4个，各类省级示范社26个，省级示范家庭农场15家，累计培训职业农民4 000余人。

（4）持续聚焦用力，做大做强主导产业

深入实施《中国制造2025》，出台了《中国制造2025》杨凌示范区生物医药智能装备制造和新材料产业推进政策，《中国制造2025》杨凌示范区绿色制造实施方案，全面实施主导产业升级、工业园区腾飞、百亿产业链培育、小巨人成长四大工程，加快生物医药、农产品加工、涉农装备制造三大主导发展。具有世界先进水平的大型动物口蹄疫疫苗海利动物疫苗成功落户杨凌，步长医药工业园、杨凌医药生产基地、得安制药GMP生产基地、嘉禾药业原料药生产项目等一批医药产业项目正在加紧建设，其中总投资10亿元的步长医药工业园项目即将建成，2018年可望正式投厂。陕西农产品加工贸易示范园区基础设施建设加快推进，园区公共服务中心投入使用，企业加速器建设顺利，园区承载能力进一步提升，全区目前已聚集农产品加工企业260余家。建成投用占地面积387亩的杨凌富海加工贸易产业园区，吸引杨凌美畅新材料金刚线锯生产、韩国SJ-TECH株式会社半导体配件生产等一大批项目入园建设，美畅新材料已成为全球最主要的金刚线供应商，产品占据全球金刚线市场份额的50%以上，陕西农康农业机械装备制造有限公司年产5 000台大型轮式拖拉机建设项目实现了"当年立项、当年建设、

当年生产、当年销售"的杨凌速度。

（5）积极谋划布局，不断培育壮大新兴产业

编制《杨凌示范区战略性新兴产业规划（2015—2020 年）》。加快实施"互联网+农业"行动计划，将大数据与云计算产业培育成为示范区战略性新兴产业新的增长极，加快建设完善杨凌农业大数据中心、杨凌安全农产品和农资综合运营服务中心，研发"互联网+农产品+农资+金融+物流+服务"的综合解决方案，建设国内安全农产品、农资等消费和采购平台。充分发挥杨凌农业科技示范推广基地、基层职业农民、农业科技资源以及农资企业等影响力，深化挖掘农产品数据资源，积极打造国内领先的"农科城"品牌农产品和农资交易中心。印发实施《关于推进杨凌文化体育旅游产业融合发展的意见》，实施农文旅融合发展，打造全域旅游品牌，2016 年被农业部认定为全国休闲农业和乡村旅游示范区。成功举办了国际马拉松赛、自行车赛、汽车越野场地赛等群众体育赛事，开展特色采摘体验活动，不断宣传杨凌旅游品牌，打造消费热点，增加旅游综合收入。

23.2.3　深入推进资源节约利用，切实推进可持续发展

（1）切实推进能源节约

认真落实《"十三五"节能减排综合工作方案》《"十三五"能源消耗总量和强度"双控"考核体系实施方案》，严格节能评估审查，凡新上项目能耗效率及排放强度必须达到国内先进水平。加强日常节能监管，对全区规模以上工业企业实行能源利用状况月报制度，广泛开展节能宣传，重点推进能源、建筑、交通领域节能，积极推广建筑节能新材料、新工艺、新技术，不断推进建筑节能工作，城市节能建筑比例 51%。制定了《杨凌示范区可再生能源建筑应用专项规划（2010—2020 年）》，大力推进地源热泵、太阳能等可再生能源建筑应用。建成便民公共自行车系统，投放便民自行车 1 000 辆。通过大力发展循环经济，不断降低全社会能源消耗水平。

（2）推进土地资源节约利用

严守耕地保护红线，完成永久性基本农田划定工作，确保永久性基本农田上图入库，落地到户，严禁侵占。积极推进"以税节地、以地控税"改革，开展"僵

尸企业"处置工作，针对不同情况，进行分类处理，对通过技术改造、债务重组化解、资产盘活无望的企业，以及长期闲置或投资额未达标准、土地利用效率低下、效益差的项目用地，采取督促开工、协议收回、有偿转让及依法处置等措施，积极盘活存量建设用地，提高土地利用效率。

（3）强化水资源节约利用

实施最严格水资源管理制度，全面落实取水许可、居民阶梯式水价和非居民超定额累进加价制度等，将用水总量、用水效率、水功能区纳污控制三大类 9 项指标作为水资源节约"三条红线"控制线落实到具体管理中。大力推进节水型社会建设，实施城镇供水管网改造工程，持续降低供水管网漏损率。积极发展管道输水、喷灌、滴灌等高效节水灌溉，全区农业节水灌溉面积达到 96%，其中高效节水面积占节水灌溉面积的 86%，全区农业年节水量达到 450 万 m^3，灌溉水利用系数由 0.50 提高到 0.73。进一步加大中水使用力度，杨凌华电热电联产项目建设的中水回用设施投入使用，年再生水利用率达到 150 余万 t，市政绿化灌溉中水使用量也在逐年增大。积极开展节水型企业、学校、小区创建活动，各行业用水效率和效益进一步提升。

23.2.4　加强生态环境保护，努力建设天蓝地绿水清新杨凌

（1）扎实推进铁腕治霾

制定实施杨凌示范区《"铁腕治霾保卫蓝天"2017 年工作方案》和《铁腕治霾专项行动方案》，明确任务、目标要求、工作措施，下大力气持续开展煤炭消减、低速及载货柴油汽车污染治理、秸秆等生物质综合利用、挥发性有机物污染整治、"散乱污"企业清理取缔、涉气重点污染环境监察执法、扬尘治理、铁腕治霾联防联治等专项行动。示范区 2017 年好于二级以上优良天数较上年明显增加。

（2）认真开展煤炭消费减量替代工作

制定实施《杨凌示范区燃煤锅炉清零行动计划》，累计拆除燃煤锅炉 81 台、3 612 蒸吨，基本实现清零目标。开展高污染燃料禁燃区建设工作，实施农村"气化工程"，对 51 个行政村 21 279 户进行气化改造，目前改气任务已经完成。实施了杨陵区川口村锣鼓产业园煤改电工作。积极发展清洁能源生产，组织实施了企业光伏发电示范和户用光伏发电工程。

（3）认真开展水污染防治

制定《示范区水污染防治工作实施方案》，明确工作重点、标准、时限、进度表和责任部门。严格限制审批新增入河排污口和地下水取水工程，出台了《杨凌示范区河渠水质断面设置及考核办法》，在漆水河、小漳河、高干渠、渭惠渠设置考核断面，压实了示范区水环境治理主体责任。重点开展涉水企业排污口整治工作，督查 15 家企业完成在线监测设备安装并调试运行。加快推进污水处理厂三期项目和第二污水处理厂项目建设。强化农村生产生活污水管理，对蒋周李社区微动力污水处理站及各村稳定塘管理运转情况进行检查核查，杜绝了农村生产生活污水直排河道问题。开展跨区域水污染防治协作工作，主动商函宝鸡、咸阳武功解决高干渠、渭惠渠、漆水河沿线污染问题，取得实效。

（4）推进农业面源污染治理工程

制定《杨凌示范区农业面源污染防治规划》，出台了《杨凌示范区土壤污染防治工作方案》，提出近远期治理目标，明确相关部门职责，细化 2017 年 5 项重点工作和 15 项具体措施。认真开展土壤环境质量现状监测，完成了 141 个样点的土壤样品采集任务，监测分析工作正在进行。实施测土配方施肥项目，开展化肥减量增效工作，控制化肥使用量。推行统防统治防治技术，大力提倡推广绿色防控技术，减少农药残留。整治畜牧养殖粪便排放面源污染，建成大中小型沼气工程 11 处，养殖企业建成有机肥项目 4 个，废弃物综合利用示范项目杨凌霖科生态有限公司和杨凌燎原沼气服务有限公司有机肥加工厂运行良好。建立健全病死畜禽无害化处理制度。

（5）大力推进"农科水韵、生态杨凌"建设

实施河渠水系整治和江河库渠联通联控联调试工程，加快"三河两渠五湖四湿地"重大工程建设，城乡水生态环境和城市人居环境得到了大幅改善。渭河杨凌段整治工程完成南北两岸 12.88 km 堤防加宽加固工程及堤顶道路工程，率先在全省实现全线竣工，北岸 11.8 km 防洪标准达到了百年一遇；高标准完成堤顶、背水坡及防护林带绿化工作，栽植乔木 3.3 万棵、灌木 15.2 万 m^2；基本完成渭河水面及生态景观工程，形成了 5 500 多亩碧波荡漾的蓄水景观区景观水面，建成湿地生态公园 430 亩，配套建成渭河体育运动公园，渭河杨凌段现已成为展示杨凌形象的重要窗口和杨凌及周边群众休闲、健身、娱乐的休憩乐园。漆水河、小

漳河综合治理已建成防洪道路工程，实现滨河道路与人行步道全线贯通，实施荒坡、道路绿化及景观美化，小漳河流域已成为杨凌的"后花园"，优美的生态环境吸引了一批家庭农场入驻，游人、户外采风等络绎不绝。实施高干渠、渭惠渠景观改造工程，实现了城区段河渠整治全覆盖。水系连通重点项目后稷湖水系连通、西片区雨水泵站集蓄利用工程、漆渭湿地公园、渭惠湿地公园、西农大生态水系等一批水系整治项目正在积极推进，项目建成后将形成四横三纵多点交汇贯通的城市水网体系，杨凌水生态文明城市将更加靓丽。

（6）积极创建国家园林城市

编制实施《杨凌示范区大地园林化规划（2013—2020）》，开展全域造林绿化美化工程，城市绿化覆盖率达到 45%，人均绿地面积 16.7 m²。"农科水韵·生态杨凌"的现代田园城市景象加速形成，一个农科特色鲜明、创新活力迸发、城乡融合发展、生态环境优美的农科新城正展现在世人面前。实施西宝高速、高铁、陇海铁路"千里绿廊"工程，绿化总长度 12 km，形成绿化面积 70 万 m²。实施城市道路绿化建设等工作，"六横五纵"主干道路绿化普及率达到 100%，林荫路推广率 78.73%，依据城区道路的地势和建筑特色，完成了神农路、西农路、邰城北路拓宽改造和景观提升工程，对新老城区街道路灯全部进行了节能改造，主要街道进行美化亮化，形成了"一街一景"的绿化景观格局。城市新增公园绿地 83.9 万 m²，栽植各类苗木 22 万余株。配套渭河、漆水河、小漳河综合治理，实施"三河两渠"生态景观工程，栽植各类花木 70 多万株，建成渭河湿地公园、小灵山湿地公园、凤凰岭湿地公园 3 处。渭惠渠完成景观花架、景观路、观水平台、休闲广场、人行步道等一系绿化美化景观工程，高干渠绿化全线覆盖，总绿化面积超过 8 万 m²。积极实施庭院增绿工程，通过拆违增绿、拆墙透绿、破硬植绿、缺株补绿、立体造绿等途径，抓好庭院绿化和居住区绿化工作，建成了田园居、恒大城、棠越湖居等一批环境幽雅、设施齐全、风景秀丽的生态园林示范小区。

（7）大力开展美丽乡村建设

邀请西安建筑科技大学规划学院对全区美丽乡村建设工作进行整体规划，逐村开展规划设计，编制了各村的建设规划及项目设计，制定印发了《改善农村人居环境建设美丽乡村工作实施方案》。加大毕公、新集、蒋周李、秦丰、斜王上 5 个新型农村社区美丽乡村建设力度，基本完成基础设施和公共服务设施配套建设。

健全完善城乡环卫清扫保洁长效机制，深入开展城乡环境卫生大整治活动，集中整治"三口"、消灭"十乱"，农村环境卫生水平进一步提升。

23.2.5　推进生态文明体制改革，建立长效保障机制

（1）开展重点污染源第三方治理试点

积极协调省业务厅局对华电杨凌热电公司 1#、2#机组污染物超低排放设施达标情况进行核准。协调督促华电杨凌热电公司与陕西省环境保护公司签订了第三方运营协议，目前污染物治理设备进行安装，经验收监测，烟气排放稳定达到了超低排放要求。

（2）建立主要污染物总量控制系统

目前，插卡式总量监管系统平台已在杨凌汇源果汁和陕西中兴林产两家公司启动运行，并通过省环保厅验收。为加强规范管理，正在修订《杨凌示范区国控污染源总量数字化监控体系管理办法》。

（3）建立全能耗强度和能源消费总量控制制度

制定印发《关于下达示范区 2017 年度节能目标任务和地区煤炭削减目标任务的通知》，将具体能源消费任务落实到具体部门和重点企业，实行能耗水平和能源消费总量双控制。积极推广合同能源管理，扩大政府节能产品采购范围，鼓励企业单位积极试点社会化、市场化方式推进公共机构节能管理。

（4）全面落实"河长制"

确定了杨凌示范区总河长、副总河长及区内各河渠示范区级、杨陵区级、镇（街道）级三级河长。将示范区各级河长名单在网站予以公示，在所有河渠显著位置设置了河长制公示牌。印发了《杨凌示范区河长制工作会议制度》《杨凌示范区河长制巡查制度》《杨凌示范区河长制信息共享制度》《杨凌示范区河长制督查考核制度》等工作制度，为水环境治理奠定了基础。

（5）建立生态指标约束考核机制

按照五大发展理念要求，明确将耕地保有量、单位 GDP 建设用地面积、万元生产总值能耗降低、地区能源消费总量、单位 GDP 二氧化碳降低、单位工业增加值用水量降低、主要污染物排放总量降低等 12 个资源环境指标作为"十三五"发展的约束性指标。同时，在《杨凌示范区推进生态文明建设实施方案》中又对

上述指标进行细化，形成可考的具体指标，纳入各级、各部门考核评价体系。

（6）建立环境保护机制

成立示范区环境保护督察巡查工作领导小组和专门机构，建立督察巡查工作机制，持续加大环境执法力度，严厉打击环境违法行为，初步建立起了常态化严格执法环境保护机制。

第 24 章　日喀则市：坚持绿色理念 筑牢生态屏障

　　2015 年 12 月 31 日，根据国家发展改革委等 9 部委印发的《关于开展第二批生态文明先行示范区建设的通知》（发改环资〔2015〕3214 号），将日喀则市列入第二批国家生态文明先行示范区。以国家生态文明先行示范区建设为载体，该市始终将绿色发展理念贯穿于经济社会发展的全过程和各领域，全面推进体制改革、制度创新、生态环境保护、节能减排、生态修复、生态社会等各项重点任务，生态文明先行示范区建设取得积极成效。

24.1　加快生态文明制度建设

24.1.1　加快推进生态文明体制改革

　　首先，制定《中共日喀则市委员会　日喀则市人民政府关于着力构筑国家重要生态安全屏障加快推进生态文明建设的实施意见》，明确了指导思想、基本原则、主要目标，从优化国土空间开发布局、调优经济发展结构、强化自然生态系统和环境保护、持续提高环境质量、建立健全生态文明制度体系、加强生态文明统计监测、强化组织领导等方面提出了具体实施意见。

　　其次，出台《中共日喀则市委、日喀则市人民政府关于深入实施生态珠峰战略大力推进生态文明建设的意见》，提出了一系列切合实际的举措，努力让生态屏障"保起来"、山川大地"绿起来"、城市乡村"美起来"、各族群众"富起来"、生态理念"树起来"，实现绿色发展、科学发展、可持续发展。

　　最后，先后出台《日喀则市水污染防治行动计划工作方案》《日喀则市白色污染防治行动实施方案》《日喀则土壤污染防治行动计划工作方案》《日喀则市委市政府关于落实环境保护"党政同责"和"一岗双责"责任制的通知》《日喀则市建设项目环境影响评价文件技术评估工作规程（试行）》《日喀则市环境保护综合督查工作方案》《日喀则市"十三五"生态环境保护规划》《关于成立日喀则市环境保护委员会的通知》《日喀则市全面推进河长制工作相关制度办法》《日喀则市绿地系统规划》《机场快速通道造林规划》《森林围城规划》等一系列文件，明确了市、县区党委、政府相关部门环境保护职责，为推进日喀则市生态文明先行示范区建设提供制度保障。

24.1.2　建立健全环境治理体制机制

首先，出台《日喀则市环境保护环境信息公开制度》，调整充实了日喀则市环境保护信息公开工作领导小组，明确了环境政务公开的主要内容，采取网络、政务公开栏、新闻媒体、会议、文件等相结合的方式，构建立体的生态环境信息公开体系。严格实施环境监理制度，完善建设项目事中事后监管。

其次，出台了《日喀则市环境保护局关于推广随机抽查事中事后监管的工作方案》，明确了基本原则，按照"双随机"的抽查机制，开展环境监察执法工作，切实落实了推进简政放权、放管结合、优化服务的部署要求。

最后，出台了《日喀则市环境监管网格化建设实施方案》，进一步落实环境保护属地监管责任，提高环境执法效能，建立"横向到边、纵向到底、环环相扣、全面覆盖"的环境监管网格化体系。

24.1.3　完善生态文明绩效考评和责任追究制度

首先，制定党政领导干部生态环境损害责任追究办法。出台了《日喀则市党政领导干部生态环境损害责任追究办法（试行）实施细则》，明确了责任追究适用范围，分别确定了对地方党委、政府主要领导、班子成员、工作部门领导成员、乡镇党政领导班子成员、党政领导干部的追责情形。强化了部门之间的沟通协调。

其次，制定《日喀则市目标绩效争先进位考核办法》，明确把生态环境保护作为全市工作的"四条底线"之一，实行环境保护"一票否决"。

最后，将生态文明建设纳入经济考核。按照生态文明先行示范区考核要求，科学设置和合理制定日喀则市国民经济考核指标体系，将生态文明建设和环境保护建设的主要指标纳入经济考核中。

24.1.4 组织开展了生态文明制度创新工作

首先，为认真贯彻党的十九大关于"加快生态文明体制改革、建设美丽中国"的战略部署，积极落实中央全面深化领导小组会议关于"加强自然资源资产管理、开展领导干部自然资源资产离任审计"的工作要求，日喀则市启动了市自然资源资产负债表编制工作，通过方案比选方式，明确市自然资源资产负债表编制单位，目前，中标单位正启动日喀则市自然资源资产负债表编制数据收集整理工作。

其次，开展生态空间格局与保护红线研究。联合上海市环境科学研究院，发布了《日喀则市生态空间格局与保护红线研究报告》，初步划分了重点生态功能红线区、生态环境敏感红线区、禁止开发红线区、综合生态保护红线区，提出了分级管控建议和管理措施等，为推进生态文明先行示范点奠定了基础。

再次，积极推进生态保护红线划定工作。为更好推进日喀则市生态保护红线划定工作，制定《日喀则市生态保护红线划定工作方案》，成立了工作领导小组，设立工作机构、成立专班，明确了工作责任，有力推进了工作落实。

复次，实行产业准入负面清单制度。积极配合自治区发展改革委开展了重点生态功能区产业准入负面清单调研工作，完成了 9 个边境县生态功能区产业准入负面清单编制工作。

最后，开展了资源环境承载能力试评价工作。积极配合自治区发展改革委组织开展了日喀则市各县（区）资源环境承载能力试评价工作，完成了日喀则市各县（区）资源环境承载能力试评价工作初稿编制工作。

24.2 加强生态环境保护

24.2.1 加快推进环保基础设施

日喀则市共实施垃圾污水项目 54 个，总投资 90 594 万元，其中垃圾无害化处理项目 47 个，总投资 48 882 万元，日处理垃圾能力 353.56 t；污水处理项目 7 个，总投资 41 712 万元，日处理污水能力 5.6 万 t。实现了日喀则市各县（区）医疗废物集中无害化处置，处置医废达到 181.28 万 t，跨市转移处置医废 0.97 t。制定了《日喀则市生活垃圾分类制度实施方案》，积极推进垃圾分类工作。

24.2.2　着力推进生态治理和生态修复

首先，日喀则市按照"坚持科学植树，因地制宜、适地适树，挖大坑、栽大苗、灌大水、施大肥，确保植一片、成一片、绿一片"的总体要求，2012 年以来日喀则市共完成各类造林 202.636 万亩，其中重点区域造林 10.9 万亩，拉萨及周边造林 23.2 万亩，退耕还林荒山地造林 9 万亩，高原生态屏障项目防护林建设 9.1 万亩，防沙治沙 122.94 万亩（包含封山育林）。

其次，制定了日喀则市《关于大力开展植树造林推进国土绿化工作方案》，2017 年开展了全市"五消除"安排部署会，与各县签订了《日喀则市"五消除"工作任务目标责任书》，计划对海拔 4 300 m 以下地区无树村（局）420 个，无树户 34 285 户；海拔 4 300 m 以上地区无树村（居）318 个、无树户 23 845 户开展科学试种，消除种树空白。

再次，退牧还草工程成效显著。目前全市退牧还草网围栏建设面积达 2 790 万亩，其中禁牧围栏面积 799 万亩，休牧面积 1 991 万亩，草地补播共实施 859.5 万亩，共禁牧 1 400 万亩，草原"三灭"累计完成 1 374 万亩。退牧还草项目工程区内与工程区外相比，工程区内植被高度、植被盖度均高于工程外，植被盖度由 47.1%提高到 61.02%，平均提高 13.61 个百分点；植被高度由 4.36 cm 增加到 6.97 cm，提高 37.49%，产草量提高 49.91%。

最后，有效落实草原生态保护补助奖励机制政策，兑现落实草奖资金 20.72 亿元，认真落实草畜平衡制度、切实减轻了草场承载压力、有效促进了草场植被恢复。

24.2.3　大力推进资源节约、循环利用

首先，严格淘汰落后产能。严格执行各项节能环保标准和严格落实淘汰落后产能工作。完成高新雪莲水泥公司淘汰落后产能任务，清理淘汰 20 万 t 水泥熟料生产线，节能 2 900 t（折标煤）/a，减排二氧化硫 240 t/a。完成高争水泥完成淘汰落后产能 10 万 t，完成了淘汰落后产能的初验、终验工作。对 15 家规模以上企

业在用锅炉和电机组使用情况进行专项监察，淘汰落后电机 252 台。

其次，扎实推进燃煤锅炉整治工作，自 2012 年以来，已完成辖区水泥制品行业及洗浴等服务行业共计 159 台燃煤锅炉淘汰工作。

再次，强化机动车污染防治。落实黄标车和老旧车辆淘汰任务，全市共淘汰黄标车、老旧车 2 937 辆。

最后，强化主要污染物总量控制，完成了自治区人民政府下达的将化学需氧量、氨氮、二氧化硫和氮氧化物排放总量控制在 5 921 t、741 t、353 t 和 4 561 t 范围内的既定目标任务。

24.2.4　稳步推进生物多样性保护

首先，野生动物疫源疫病防控监测能力成效明显。做好野生动物疫病检测和防控工作，加强野生动物疫源疫病监测工作和野生候鸟高致病性禽流感监测工作，指定专人负责管理，严格执行 24 h 值班制度和"日报告""零报告"制度，同时高度重视藏羚羊巡护工作。全市未发现野生动物及野生候鸟非正常死亡情况，也未发生破坏藏羚羊等野生保护动物的违法案件。

其次，陆生野生动物肇事补偿工作有序开展。2015 年，在全区率先开展野生动物肇事补偿商业保险试点，积极协调财政、保险公司等部门，探寻野生动物肇事补偿商业保险新路子，减轻了国家负担，减少了群众损失，提高了补偿效率，成功经验在全区得到推广。每年 18 个县（区）平均 165 个乡（镇）、730 个村、10 329 户农牧民受益。截至 2016 年总共兑现肇事损失补偿资金 6 839.12 万元，其中为试点县拨付资金 190.28 万元。

24.2.5　扎实推进江河湖泊湿地保护

首先，全面推行河长制，认真编制河湖"一河（湖）一策"方案。积极编制河湖"一河（湖）一策"方案的同时深入实地开展调研规划，严格实施区域用水总量控制、用水效率控制、水功能区限制纳污"三条红线"管理，处理好河湖管理保护与开发利用的关系，强化规划约束，促进河湖休养生息、维护河湖生态功能的理念。

其次，开展水资源保护试点建设。以水生态文明建设试点为重点，2015 年安排 699 万元在仲巴县实施水生态补偿试点工作，为有效保护雅江源头水质，提供了强有力的保证。

再次，建立了脱贫攻坚生态补偿岗位补助机制，2017 年，解决水生态保护和村级水管员 29 954 个生态岗位。

复次，实施了珠峰自然保护区湿地保护、桑桑湿地保护、日喀则城郊湿地保护与恢复重要湿地保护工程等 6 个湿地保护工程，总投资 1.65 亿元，有效保护重要沼泽湿地。完成第二次全国湿地资源调查工作，全市湿地面积达 88.62 万 hm^2。同时积极开展江萨国家湿地公园（试点）申报工作。

最后，开展河湖白色垃圾清理工作，提升公民保护河湖意识。全市动员村级河湖巡查员 33 034 人，开展白色垃圾清理工作，清理垃圾 1.6 万余 t。

24.2.6　强力推进白色污染防治

首先，深入推进"禁白"工作，积极签订"禁塑"目标责任书、"限塑令"承诺书，发放环保购物袋 10 万只，检查经营户 4 368 次，下架封存不合格塑料袋、塑料餐具 200 kg。

其次，加大农业白色污染整治力度。日喀则市农膜使用面积控制在 1.4 万亩，并成立白色污染专项督查小组，赴桑珠孜区、江孜、白朗和西农集团开展了专项督查工作。

24.3　推进生态社会建设

24.3.1　深入推进节能减排

首先，全面完成节能目标考核工作，成立了市节能减排工作领导小组，积极推进日喀则市节能减排工作，2016 年全市单位地区生产总值能耗为 0.508 2 t 标准煤/万元，单位 GDP 能耗持续下降，降低率为 7.3%，超额完成年度目标和实现"十三五"节能目标进度（2016 年日喀则市单位 GDP 能耗下降进度目标为 1.87%）。

其次，加强公共机构节能减排，2016 年公共机构综合能耗为 24 127.96 t 标准煤、单位建筑面积能耗为 0.006 t 标准煤/m^2、人均能耗为 0.263 t 标准煤，与 2015

相比分别下降 26.5%、40%、17.8%。

再次，合理制订并分配节能目标计划。初步拟定全市"十三五"期间，各县（区）GDP 能耗和单位 GDP 二氧化碳下降为 9%和 11%，年均下降 1.87%和 2.3%。

复次，加强固定资产投资项目的节能审查工作。严格按照国家、自治区相关节能审查规定，加强对项目可行性研究报告的节能审查力度，从源头上有效遏制了能耗不合理增长。强化后期监督检查，有效控制能源资源消费增量，确保实现节能目标。

最后，认真组织开展 2017 年节能宣传周和全国低碳日主题宣传活动，发放节能宣传资料 3 100 余份。

24.3.2　全力推进绿色低碳出行

首先，全市范围内投放 4 000 余辆 ofo 小黄车，并组织开展全市首届"绿色出行、低碳生活"骑行活动，倡导低碳出行，传递绿色环保理念，提高市民参与环保主题的积极性，促进生态和谐发展。

其次，2016 年全市碳排放量为 96.506 1 万 t，单位地区生产总值二氧化碳排放量为 0.514 t 标准煤/万元，碳排放强度持续下降，降低率为 3.97%，完成年度目标进度的 172%。

最后，开展绿色交通建设工程，逐步推进全市出租车油改气工作。

24.3.3　有序推进低碳城市

首先，始终把试点示范作为抓好生态文明工作的重要引领，组织编制了《低碳城市试点实施方案》，日喀则市被列为国家低碳城市 C 类城市。

其次，大力推广节能环保产品，完成高效照明节能灯推广 493 001 只，实施"金太阳"工程，共推广 33 334 个太阳能户用照明系统，投资 40 万元实施了仁布县仁玉路太阳能路灯示范项目。

最后，加强节水型社会建设，萨迦县和谢通门作为全市第一批节水型社会建设重点县，编制实施方案并有序推进。

24.3.4　持续推进循环经济发展

首先，大力实施农村沼气工程，建设实施了 18 个县（区）户用沼气 73 763 座，大中型沼气 6 座以及服务网点 53 个。

其次，逐步实施秸秆综合利用工程，实施了 5 个秸秆综合利用项目，总投资为 1 710 万元。

24.4　推动绿色生态产业发展

24.4.1　壮大珠峰清洁能源业

首先，调整优化能源结构，严格控制能耗增量和煤炭消费指标，以创建国家清洁能源示范城市为抓手，大力发展非化石能源。2016 年煤炭占能源消耗总量的 13.2%，比重下降了 3.4 个百分点。2016 年非化石能源占一次性能源总量比重为 40.9%，比重提高了 18.4 个百分点。

其次，积极推进太阳能综合开发利用，大力推进光伏产业项目，全市接入藏中电网的并网光伏电站共 12 座，总装机 23.5 万 kW。正在建设的光伏项目 10 个，总装机为 450 MW。

最后，推进桑珠孜区光伏+生态设施园区建设，全市大力推动以农光互补、牧光互补为主的桑珠孜区万亩光伏+生态农业产业示范园区建设。正式入园光伏企业 8 个，开工建设光伏+生态设施项目 8 个，计划光伏发电装机 400 MW，估算总投资 54.1 亿元。

24.4.2　壮大珠峰有机农业

首先，着力推进农业科技园区和白朗县现代蔬菜示范园建设，规划建设"一心两核六园区"现代农业示范区，不断提升农牧业综合生产能力。

其次，全市基本形成了青稞、马铃薯、蔬菜、藏系绵羊、奶牛、绒山羊、藏鸡、林下资源、亚东鲑鱼、江孜大蒜十大农牧业特色产业基地。农牧业产业化经营水平不断提高，现有 4 家自治区级龙头企业、13 家市级龙头企业，资产总额达

13.2 亿元，年产值 4.9 亿元。农畜产品年加工量 51 330 t，农畜产品销售率达到 85%
以上。岗巴羊、亚东木耳、帕里牦牛、艾玛土豆、谢雄藏鸡已成为日喀则市有机
产业的"名片"。

24.4.3　壮大珠峰特色旅游业

首先，日喀则市立足打造珠峰生态旅游文化圈，大力推进文化旅游深度融合，
不断挖掘特色精品旅游资源的文化内涵和发展潜力，着力将日喀则市建设成为世
界重要文化旅游地。全市游客接待量从 2012 年的 180 万人次增长到 2016 年 425
万人次，增长了 236%。

其次，加快推进旅游腹心区建设，规划建设珠峰文化旅游创意产业园区，切
实提升文化旅游品位与内涵。

24.4.4　壮大珠峰天然饮用水业

首先，全市生产运营的天然饮用水企业增加至 3 家，优质的淡水资源得到
初步开发。2016 年全市天然饮用水产量 8 970 t，实现产值 5 188.36 万元，2017
年 1—8 月，全市天然饮用水产量 11 042.3 t，实现产值 11 323 万元，同比分别增
长 146.3%、232.6%；销售包装饮用水 10 124.4 t，销售收入达到 4 191.9 万元，同
比分别增长 97.78%、112.4%。

其次，积极引进优质企业参与天然饮用水产业化开发，引导天然应用水企业
加大技术改造和设备更新，提高产品质量，维护日喀则市天然饮用水品牌形象。

24.4.5　壮大珠峰南亚物流业

首先，大力推进珠峰开发开放实验区、河东新区建设，完善覆盖城乡的商贸
流通网络体系和三级物流配送体系，促进商贸物流业发展。

其次，全力推进建设面向南亚合作交流的"桥头堡"，吉隆口岸基础设施日
益完善，并于 2017 年 9 月 1 日面向第三国人员扩大开放，大力推进吉隆口岸边境
经济合作区建设工作，加快对外开放步伐，不断发展壮大对外贸易，推动边贸物
流互联互通、融合发展。

参考文献

[1] 中共中央文献研究室. 习近平关于社会主义生态文明建设论述摘编[M]. 北京：中央文献出版社，2017.

[2] 中共中央宣传部. 习近平总书记系列重要讲话读本[M]. 北京：学习出版社，人民出版社，2014.

[3] 中共十九大开幕，习近平代表十八届中央委员会作报告（直播全文）[EB/OL]. http://www.china.com.cn/cppcc/2017-10/18/content_41752399.htm，2017-10-18.

[4] 中共十八大报告[EB/OL]．http://cpc.people.com.cn/n/2012/1118/c64094-19612151.html，2012-11-08.

[5] 李克强. 政府工作报告[M]. 北京：人民出版社，2011.

[6] 李克强. 政府工作报告[M]. 北京：人民出版社，2014.

[7] 李克强. 政府工作报告[M]. 北京：人民出版社，2015.

[8] 李克强. 政府工作报告[M]. 北京：人民出版社，2016.

[9] 水污染防治行动计划[M]. 北京：人民出版社，2015.

[10] 大气污染防治行动计划[M]. 北京：人民出版社，2013.

[11] 国家统计局. 全国各省、自治区、直辖市历史统计资料汇编（1949—1989）[M]. 北京：中国统计出版社，1990.

[12] 国家统计局人口和社会科技统计司. 中国社会统计资料[M]. 北京：中国统计出版社，2000.

[13] 中共中央 国务院批转水利电力部党委《关于全国水利会议的报告》（1965 年）[M]//中共中央文献研究室. 建国以来重要文献选编：第 20 册. 北京：中央文献出版社，1998.

[14] 毛泽东. 毛泽东著作选读：下册[M]. 北京：人民出版社，1986.

[15] 中共中央 国务院关于在全国大规模造林的指示（1958 年 4 月 7 日）[M]//中共中央文献研究室. 建国以来重要文献选编：第 11 册. 北京：中央文献出版社，1995.

[16] 曲格平. 我们需要一场变革[M]. 长春：吉林人民出版社，1997.

[17] 宋健. 创建现代工业新文明[M]//国家环境保护总局，中共中央文献研究室. 新时期环境保护重要文献选编. 北京：中央文献出版社，2001.

[18] 中国自然保护纲要[M]//国家环境保护总局，中共中央文献研究室. 新时期环境保护重要文献选编. 北京：中央文献出版社，2001.

[19] 温家宝. 实施可持续发展战略，促进环境与经济协调发展[M]//国家环境保护总局，中共中央文献研究室. 新时期环境保护重要文献选编. 北京：中央文献出版社，2001.

[20] 全国生态环境建设规划[M]//国家环境保护总局，中共中央文献研究室. 新时期环境保护重要文献选编. 北京：中央文献出版社，2001.

[21] 万里. 加快大江大河的治理[M]//国家环境保护总局，中共中央文献研究室. 新时期环境保护重要文献选编. 北京：中央文献出版社，2001.

[22] 国务院关于环境保护工作的决定[M]//国家环境保护总局，中共中央文献研究室. 新时期环境保护重要文献选编. 北京：中央文献出版社，2001.

[23] 国家环境保护总局，中共中央文献研究室. 新时期环境保护重要文献选编[M]. 北京：中央文献出版社，2001.

[24] 中国 21 世纪议程[M]//国家环境保护总局，中共中央文献研究室. 新时期环境保护重要文献选编. 北京：中央文献出版社，2001.

[25] 胡锦涛. 做好当前党和国家的各项工作[M]//十六大以来重要文献选编（中）. 北京：中央文献出版社，2008.

[26] 梁丽萍. 中国环境保护：探索前进、喜中有忧的 30 年——访原国家环保总局副局长王玉庆[J]. 中国党政干部论坛，2008（9）.

[27] 中共中央关于制定国民经济和社会发展第十一个五年规划的建议[M]//十六大以来重要文献选编（中）. 北京：中央文献出版社，2008.

[28] 环境保护部. "十二五"全国环境保护法规和环境经济政策建设规划[EB/OL]. http://www.zhb.gov.cn/gkml/hbb/bwj/201111/t20111109_219755.htm，2011-11-09.

[29] 国务院提出七大战略性新兴产业发展方向 [EB/OL]. http://finance.people.com.cn/GB/18033281.html，2012-05-31.

[30] "十二五"节能环保产业发展规划 [EB/OL]. http://www.gov.cn/zwgk/2012-06/29/content_2172913.htm，2012-06-29.

[31] "十一五"成就报告：环境保护事业取得积极进展[EB/OL]. http://www.zhb.gov.cn/zhxx/hjyw/201103/t20110311_201713.htm，2011-03-11.

[32] 周生贤. 深入贯彻党的十八大精神 大力推进生态文明建设 努力开创环保工作新局面[EB/OL]. http://www.zhb.gov.cn/gkml/hbb/qt/201302/t20130204_245877.htm，2013-02-04.

[33] 周生贤. 推进环保体制改革 探索中国环保新道路[EB/OL]. http://www.gov.cn/gzdt/2011-07/05/content_1899478.htm，2011-07-05.

[34] 庄锡昌，等. 多维视角中的文化理论[M]. 杭州：浙江人民出版社，1987.

[35] 卢风. 人类的家园[M]. 长沙：湖南大学出版社，1996.

[36] 北京大学中国持续发展研究中心，东京大学生产技术研究所. 可持续发展：理论与实践[M]. 北京：中央编译出版社，1997.

[37] 刘湘溶. 生态文明论[M]. 长沙：湖南教育出版社，1999.

[38] 刘思华. 刘思华选集[M]. 南宁：广西人民出版社，2000.

[39] 许启贤. 世界文明论研究[M]. 济南：山东人民出版社，2001.

[40] 曹凑贵. 生态学概论[M]. 北京：高等教育出版社，2002.

[41] 中国可持续发展林业战略研究项目组. 中国可持续发展林业战略研究（战略卷）[M]. 北京：中国林业出版社，2003.

[42] 廖福霖. 生态文明建设理论与实践[M]. 北京：中国林业出版社，2003.

[43] 卢风. 启蒙之后[M]. 长沙：湖南大学出版社，2003.

[44] 中国环境监测总站. 中国生态环境质量评价研究[M]. 北京：中国环境科学出版社，2004.

[45] 周海林. 可持续发展原理[M]. 北京：商务印书馆，2004.

[46] 国家环境保护总局. 全国生态现状调查与评估（综合卷）[M]. 北京：中国环境科学出版社，2005.

[47] 沈国明. 21世纪生态文明：环境保护[M]. 上海：上海人民出版社，2005.

[48] 章友德. 城市现代化指标体系研究[M]. 北京：高等教育出版社，2006.

[49] 本书编写组. 生态文明建设学习读本[M]. 北京：中共中央党校出版社，2007.

[50] 中国现代化战略研究课题组，中国科学院中国现代化研究中心. 中国现代化报告2007：生态现代化研究[M]. 北京：北京大学出版社，2007.

[51] 姬振海. 生态文明论[M]. 北京：人民出版社，2007.

[52] 薛晓源，李惠斌. 生态文明研究前沿报告[M]. 上海：华东师范大学出版社，2007.

[53]　杨通进，高予远. 现代文明的生态转向[M]. 重庆：重庆出版社，2007.

[54]　叶裕民. 中国城市化与可持续发展[M]. 北京：科学出版社，2007.

[55]　中共中央文献研究室. 科学发展观重要论述摘编[M]. 北京：中央文献出版社，党建读物出版社，2008.

[56]　中共中央文献研究室. 毛泽东邓小平江泽民论科学发展[M]. 北京：中央文献出版社，党建读物出版社，2008.

[57]　中共中央宣传部. 科学发展观学习读本[M]. 北京：学习出版社，2008.

[58]　中共中央宣传部理论局. 中国特色社会主义理论体系学习读本[M]. 北京：学习出版社，2008.

[59]　国家林业局宣传办公室，广州市林业局. 生态文明建设理论与实践[M]. 北京：中国农业出版社，2008.

[60]　国务院发展研究中心课题组. 主体功能区形成机制和分类管理政策研究[M]. 北京：中国发展出版社，2008.

[61]　中国科学院可持续发展战略研究组. 2008 中国可持续发展战略报告：政策回顾与展望[M]. 北京：科学出版社，2008.

[62]　江泽慧，等. 中国现代林业[M]. 北京：中国林业出版社，2008.

[63]　陈学明. 生态文明论[M]. 重庆：重庆出版社，2008.

[64]　李惠斌，薛晓源，王治河. 生态文明与马克思主义[M]. 北京：中央编译出版社，2008.

[65]　王玉梅. 可持续发展评价[M]. 北京：中国标准出版社，2008.

[66]　吴风章. 生态文明构建——理论与实践[M]. 北京：中央编译出版社，2008.

[67]　张慕萍，贺庆棠，严耕. 中国生态文明建设的理论与实践[M]. 北京：清华大学出版社，2008.

[68]　诸大建. 生态文明与绿色发展[M]. 上海：上海人民出版社，2008.

[69]　中国科学院可持续发展战略研究组. 2009 中国可持续发展战略报告：探索中国特色的低碳道路[M]. 北京：科学出版社，2009.

[70]　卢风. 从现代文明到生态文明[M]. 北京：中央编译出版社，2009.

[71]　严耕，林震，杨志华. 生态文明理论构建与文化资源[M]. 北京：中央编译出版社，2009.

[72]　严耕，杨志华. 生态文明的理论与系统建构[M]. 北京：中央编译出版社，2009.

[73]　左其亭，王丽，高军省. 资源节约型社会评价——指标·方法·应用[M]. 北京：科学出

版社，2009.

[74] 姜春云. 姜春云调研文集——生态文明与人类发展卷[M]. 北京：中央文献出版社，新华出版社，2010.

[75] 《生态文明建设读本》编撰委员会. 生态文明建设读本[M]. 杭州：浙江人民出版社，2010.

[76] 迟福林. 第二次改革——中国未来30年的强国之路[M]. 北京：中国经济出版社，2010.

[77] 严耕，等. 中国省域生态文明建设评价报告（ECI 2010）[M]. 北京：社会科学文献出版社，2010.

[78] 余谋昌. 生态文明论[M]. 北京：中央编译出版社，2010.

[79] 严耕，等. 中国省域生态文明建设评价报告（ECI 2011）[M]. 北京：社会科学文献出版社，2011.

[80] 胡锦涛. 坚定不移沿着中国特色社会主义道路前进，为全面建成小康社会而奋斗——在中国共产党第十八次全国代表大会上的报告[M]. 北京：人民出版社，2012.

[81] 严耕，等. 中国省域生态文明建设评价报告（ECI 2012）[M]. 北京：社会科学文献出版社，2012.

[82] 中共中央关于全面深化改革若干重大问题的决定[M]. 北京：人民出版社，2013.

[83] 卢风，等. 生态文明新论[M]. 北京：中国科学技术出版社，2013.

[84] 严耕，王景福，等. 中国生态文明建设[M]. 北京：国家行政学院出版社，2013.

[85] 严耕，等. 中国省域生态文明建设评价报告（ECI 2013）[M]. 北京：社会科学文献出版社，2013.

[86] 中共中央宣传部. 习近平总书记系列重要讲话读本[M]. 北京：学习出版社，人民出版社，2014.

[87] 中国生态文明研究与促进会. 生态文明建设：（理论卷/实践卷）[M]. 北京：学习出版社，2014.

[88] 严耕，等. 中国省域生态文明建设评价报告（ECI 2014）[M]. 北京：社会科学文献出版社，2014.

[89] 国家发展和改革委员会产业经济与技术经济研究所. 中国产业发展报告（2015）：我国产业创新与转型升级研究[M]. 北京：中国市场出版社，2015.

[90] 迟福林. 转型抉择：2020中国经济转型升级的趋势与挑战[M]. 北京：中国经济出版社，2015.

[91] 徐宪平. 中国经济的转型升级：从"十二五"看"十三五"[M]. 北京：北京大学出版社，2015.

[92] 严耕，等. 中国生态文明建设发展报告2014[M]. 北京：北京大学出版社，2015.

[93] 严耕，等. 中国省域生态文明建设评价报告（ECI 2015）[M]. 北京：社会科学文献出版社，2015.

[94] 国家发展和改革委员会产业经济与技术经济研究所. 中国产业发展报告（2016）：面向"十三五"的产业经济研究[M]. 北京：经济科学出版社，2016.

[95] 李志青. 中国经济新平衡：重建绿色发展[M]. 北京：中信出版社，2016.

[96] 乐文睿，马丁·肯尼，约翰·彼得·穆尔曼. 中国创新的挑战：跨越中等收入陷阱[M]. 北京：北京大学出版社，2016.

[97] 严耕，等. 中国生态文明建设发展报告2015[M]. 北京：北京大学出版社，2016.

[98] 朱彤. 国家能源转型：德、美实践与中国选择[M]. 杭州：浙江大学出版社，2016.

[99] 严耕，等. 中国省域生态文明建设评价报告（ECI 2016）[M]. 北京：社会科学文献出版社，2017.

[100] 余谋昌. 生态文化问题[J]. 自然辩证法研究，1989（4）.

[101] 申曙光. 生态文明及其理论与现实基础[J]. 北京大学学报，1994（3）.

[102] 叶文虎，仝川. 联合国可持续发展指标体系述评[J]. 中国人口·资源与环境，1997（3）.

[103] 谢洪礼. 关于可持续发展指标体系的述评（一）[J]. 统计研究，1998（6）.

[104] 谢洪礼. 关于可持续发展指标体系的述评（二）[J]. 统计研究，1999（1）.

[105] 杨开忠，杨咏，陈洁. 生态足迹分析理论与方法[J]. 地球科学进展，2000（6）.

[106] 浙江省发展计划委员会课题组. 生态省建设评价指标体系研究[J]. 浙江经济，2003（7）.

[107] 张丽君. 可持续发展指标体系建设的国际进展[J]. 国土资源情报，2004（4）.

[108] 俞可平. 科学发展观与生态文明[J]. 马克思主义与现实，2005（4）.

[109] 周景博. 中国城市居民生活用水影响因素分析[J]. 统计与决策，2005（6S）.

[110] 韩俊，崔传义，赵阳. 前车之鉴：巴西城市化过程中的贫民窟问题[J]. 书摘，2005（9）.

[111] 杜斌，张坤民，彭立颖. 国家环境可持续能力的评价研究：环境可持续性指数2005[J]. 中国人口·资源与环境，2006（1）.

[112] 潘岳. 论社会主义生态文明[J]. 绿叶，2006（10）.

[113] 耶鲁大学环境法律与政策中心，哥伦比亚大学国际地球科学信息网络中心. 2006环境绩

效指数（EPI）报告（上）[J]. 高秀平，郭沛源，译. 世界环境，2006（6）.

[114] 耶鲁大学环境法律与政策中心，哥伦比亚大学国际地球科学信息网络中心. 2006 环境绩效指数（EPI）报告（下）[J]. 高秀平，郭沛源，译. 世界环境，2007（1）.

[115] 关琰珠，郑建华，庄世坚. 生态文明指标体系研究[J]. 中国发展，2007（2）.

[116] 蒋小平. 河南省生态文明评价指标体系的构建研究[J]. 河南农业大学学报，2008（1）.

[117] 李艳梅，张雷. 中国居民间接生活能源消费的结构分解分析[J]. 资源科学，2008（6）.

[118] 钟明春. 生态文明研究述评[J]. 前沿，2008（8）.

[119] 北京林业大学生态文明研究中心. 中国省级生态文明建设评价报告[J]. 中国行政管理，2009（11）.

[120] 杨开忠. 谁的生态最文明[J]. 中国经济周刊，2009（32）.

[121] 严耕，杨志华，林震，等. 2009 年各省生态文明建设评价快报[J]. 北京林业大学学报：社会科学版，2010（1）.

[122] 钟茂初，张学刚. 环境库兹涅茨曲线理论及研究的批评综论[J]. 中国人口·资源与环境，2010（2）.

[123] 张志强，曾静静，曲建升. 世界主要国家碳排放强度历史变化趋势及相关关系研究[J]. 地球科学进展，2011（8）.

[124] 陈艳，朱雅丽. 中国农村居民可再生能源生活消费的碳排放评估[J]. 中国人口·资源与环境，2011（9）.

[125] 杨志华，严耕. 中国当前生态文明建设关键影响因素及建设策略[J]. 南京林业大学学报：人文社会科学版，2012（4）.

[126] 杨志华，严耕. 中国当前生态文明建设六大类型及其策略[J]. 马克思主义与现实，2012（6）.

[127] 孙东琪，张京祥，朱传耿，等. 中国生态质量变化态势及其空间分异分析[J]. 地理学报，2012（12）.

[128] 吴明红，严耕. 高校生态文明教育的路径探析[J]. 黑龙江高教研究，2012（12）.

[129] 余谋昌. 生态文明：建设中国特色社会主义的道路——对十八大大力推进生态文明建设的战略思考[J]. 桂海论丛，2013（1）.

[130] 徐礼来，闫祯，崔胜. 城市生活垃圾产量影响因素的路径分析——以厦门市为例[J]. 环境科学学报，2013（4）.

[131] 马昌盛. 2030 年：中国环境污染将跨越恶化拐点[J]. 产业聚焦，2013（6）.

[132] 马凯. 坚定不移推进生态文明建设[J]. 求是，2013（9）.

[133] 严耕，林震，吴明红. 中国省域生态文明建设的进展与评价[J]. 中国行政管理，2013（10）.

[134] 岳婷，龙如银. 我国居民生活能源消费量的影响因素分析[J]. 华东经济管理，2013（11）.

[135] 张高丽. 大力推进生态文明 努力建设美丽中国[J]. 求是，2013（24）.

[136] 孙小兵. 中国降低能耗强度的思路探讨[J]. 资源与产业，2014（1）.

[137] 李政大，袁晓玲，杨万平. 环境质量评价研究现状、困惑和展望[J]. 资源科学，2014（1）.

[138] 马晓微，杜佳，等. 中美居民消费直接碳排放核算及比较[J]. 北京理工大学学报，2014（4）.

[139] 张陈俊，章恒全. 新环境库兹涅茨曲线：工业用水与经济增长的关系[J]. 中国人口·资源与环境，2014（5）.

[140] 张峰玮，曾琳. 未来中长期我国居民生活用煤需求预测[J]. 中国煤炭，2014（6）.

[141] 曲建升，等. 中国城乡居民生活碳排放驱动因素分析[J]. 中国人口·资源与环境，2014（8）.

[142] 佟金萍，马剑锋，王慧敏，等. 水效率与技术进步：基于中国农业面板数据的实证研究[J]. 资源科学，2014（9）.

[143] 周茜，胡慧源. 中国经济发展与环境质量之困——基于产业结构和能源结构视角[J]. 科技管理研究，2014（22）.

[144] 蒋明康. 我国自然保护区保护成效评价与分析[J]. 世界环境，2016（5）.

[145] 张杰. 中国产业结构转型升级中的障碍、困局与改革展望[J]. 中国人民大学学报，2016（5）.

[146] 李景源，杨通进，余涌. 论生态文明[N]. 光明日报，2004-04-30.

[147] 潘岳. 论社会主义生态文明[N]. 中国经济时报，2006-09-26.

[148] 齐联. 致公党中央在提案中建议要建立生态文明指标体系[N]. 中国绿色时报，2008-03-06.

[149] 孙雪梅. 环境保护部：不转发展方式难减雾霾[N]. 京华时报，2013-03-16.

[150] 黄鑫，董碧娟，李哲，等. 服务业：新业态迸发新动力[N]. 经济日报，2015-05-29.

[151] 邹雅婷，余毅锟. 战略性新兴产业支撑大国崛起[N]. 人民日报（海外版），2016-11-29.

[152] 世界卫生组织. 世卫组织关于颗粒物、臭氧、二氧化氮和二氧化硫的空气质量准则 风险评估概要（2005 年全球更新版）[EB/OL]. http://www.who.int/publications/list/who_sde_

phe_oeh_06_02/zh/，2006-06-02.

[153] 申振东，等. 建设贵阳市生态文明城市的指标体系与监测方法[EB/OL]. http://www.stats.gov.cn/tjzs/tjsj/tjcb/zggqgl/200909/t20090910_37649.html，2009-09-10.

[154] 浙江省生态文明建设的统计测度与评价[EB/OL]. http://www.zj.stats.gov.cn/art/2010/1/18/art-281-38807.html，2010-01-18.

[155] 2011 中国林业发展报告[EB/OL]. http://www.forestry.gov.cn/portal/main/s/62/content-510360.html，2011-11-14.

[156] 2012 中国林业发展报告[EB/OL]. http://www.forestry.gov.cn/portal/main/s/62/content-570737.html，2012-11-02.

[157] 环境保护部开展华北平原排污企业地下水污染专项检查[EB/OL]. http://www.zhb.gov.cn/gkml/hbb/qt/201305/t20130509_251858.htm，2013-05-09.

[158] 2015 年国民经济和社会发展统计公报[EB/OL]. http://www.stats.gov.cn/tjsj/zxfb/201602/t20160229_1323991.html，2016-02-29.

[159] 历年中国环境状况公报[EB/OL]. http://www.zhb.gov.cn/hjzl/zghjzkgb/lnzghjzkgb/index.shtml，2017-06-05.

[160] 中国森林可持续经营标准与指标（中华人民共和国林业行业标准 LY/T 1594—2002）[S]. 北京：国家林业局，2002.

[161] 全国生态功能区划[R]. 北京：环境保护部，中国科学院，2008.

[162] 环境空气质量标准（GB 3095—2012）[S]. 北京：环境保护部，国家质量监督检验检疫总局，2012-02-29.

[163] 京津冀、长三角、珠三角区域及直辖市、省会城市和计划单列市空气质量报告[R]. 北京：中国环境监测总站，2013.

[164] Ronald W.Hepburn. Philosophical Ideas of Nature[M]//The Encyclopedia of Philosophy. Macmillan Publishing Co.，Inc.& the Free Press，1967.

[165] Christopher Belshaw. Environmental Philosophy[M]. Montreal & Kingston：McGill-Queen's University Press，2001.

[166] Cai DW. Understand the role of chemical pesticides and prevent misuses of pesticides[J]. Bulletin of Agricultural Science and technology，2008（1）：36-38.

[167] Arthur P.J.Mol，David A. Sonnenfeld. The Ecological Modernisation Reader[M]. London and

New York：Routledge，2009.

[168] The Ramsar Convention on Wetlands．The List of Wetlands of International Importance[EB/OL]．http://www.ramsar.org/cda/en/ramsar-documents-list/main/ramsar/1-31-218_4000_0_，2013-04-01.

附录 1

西部地区生态文明建设大事记

　　绿水青山就是金山银山。党的十八大以来，以习近平同志为核心的党中央将生态文明建设推向新高度，全国各地大力推进生态文明建设，从山水林田湖草的"命运共同体"初具规模，到绿色发展理念融入生产生活，再到经济发展与生态改善实现良性互动，积累了大量经验，取得了显著成效，美丽中国新图景徐徐展开。过去的五年里，西部生态文明建设和环境保护工作取得了喜人成绩，彰显了新常态下西部地区生态文明建设的新形象新亮点，更让我们看到了生态文明建设的上下共识正在凝聚、强大正能量加快汇集，"美丽中国"的共同愿景正一步步成为现实。经广泛征集和系统梳理后，现将最具有代表性的西部生态文明建设大事和重要新闻集中呈现。

　　2012 年 1 月 12 日　环境保护部组织、中央财政专项支持的科研任务"西部大开发重点区域和行业发展战略环境评价"项目启动会在北京召开。这是环境保护部首次启动西部大开发战略环评。

　　2012 年 2 月　国务院批复同意了《西部大开发"十二五"规划》，这是国务院批复的第三个西部大开发五年规划。

　　2012 年 2 月 20 日　国家发展改革委为贯彻党的十八大关于大力推进生态文明建设的精神，依据《中共中央　国务院关于深入实施西部大开发战略的若干意见》（中发〔2010〕11 号）关于"推进西部地区重点生态区综合治理"的部署和国家"十二五"规划纲要、《西部大开发"十二五"规划》有关要求，经商有关部门，编制了《西部地区重点生态区综合治理规划纲要（2012—2020 年)》。

2012 年 7 月 26 日　2012 生态文明贵阳会议"西部生态文明实现路径论坛"在贵阳国际生态会议中心举行。

2012 年 11 月 14 日　党的十八大通过的《中国共产党章程(修正案)》,把"中国共产党领导人民建设社会主义生态文明"写入党章。

2013 年 1 月　经党中央、国务院同意,外交部批准举办生态文明贵阳国际论坛,这是我国目前唯一以生态文明为主题的国家级国际性论坛。

2013 年 2 月 22 日　为深入贯彻党的十八大精神,落实 2013 年中央 1 号文件关于推进农村生态文明、建设美丽乡村的要求,农业部组织开展"美丽乡村"创建活动。

2013 年 3 月 29 日　西安浐灞生态区以优异的成绩通过水利部验收,正式成为全国第 6 个、西北地区首个国家级水生态系统保护与修复示范区。

2013 年 5 月 15 日　2013 中国(国际)水务高峰论坛——西部论坛暨西部水资源与生态建设展览会在西安曲江国际会展中心举行。

2013 年 5 月 24 日　习近平总书记在主持中央政治局第六次集体学习时指出,要正确处理好经济发展同生态环境保护的关系,牢固树立保护生态环境就是保护生产力、改善生态环境就是发展生产力的理念。

2013 年 6 月　经中央批准,将环境保护部原归口管理的"生态建设示范区"项目更名为"生态文明建设示范区"。

2013 年 7 月 19 日　在贵阳市举行的生态文明贵阳国际论坛 2013 年年会上,国家林业局为"中国最美森林"授牌,新疆天山西部雪岭云杉林获得"中国最美森林"称号。

2013 年 7 月 20 日　绿色增长与美丽中国梦——对话西部林业生态建设之路论坛召开,论坛围绕"生态修复和环境治理"板块,针对中国西部林业生态建设的重大政策实践问题,进行深入研讨,提出完善政策体系的实现路径,推动贵州和中国西部林业生态建设。

2013 年 7 月 22 日　"筑梦北纬 26 度,构建 IT 生态系统"世界 500 强高层圆桌峰会在贵阳召开。

2013 年 9 月 7 日　习近平总书记在哈萨克斯坦纳扎尔巴耶夫大学提出建设生态文明是关系人民福祉、关系民族未来的大计。既要绿水青山,也要金山银山,而且绿水青山就是金山银山。

2013 年 9 月 10 日　国务院发布《大气污染防治行动计划》十条措施，简称《大气十条》。2013 年 11 月 12 日，中共十八届三中全会提出了"加快生态文明制度建设"的要求，包括实行生态补偿制，完善对重点生态功能区的生态补偿机制，推动地区间建立横向生态补偿制度以及稳定和扩大退耕还林、退牧还草范围，建立吸引社会资本投入生态环境保护的市场化机制等措施。

2013 年 11 月 15 日　习近平总书记在对《中共中央关于全面深化改革若干重大问题的决定》作说明时指出："山水林田湖是一个生命共同体，人的命脉在田，田的命脉在水，水的命脉在山，山的命脉在土，土的命脉在树。用途管制和生态修复必须遵循自然规律。"

2013 年 12 月 6 日　中共中央组织部发布《关于改进地方党政领导班子和领导干部政绩考核工作的通知》，把生态文明建设纳入地方党政领导班子和领导干部政绩考核工作。

2013 年 12 月 18 日　国务院总理李克强主持召开国务院常务会议，部署推进青海三江源生态保护、建设甘肃省国家生态屏障综合试验区、京津风沙源治理、全国五大湖区湖泊水环境治理等一批重大生态工程。从根本上遏制生态整体退化趋势，使支撑民族长远发展的"中华水塔"坚固又丰沛。

2013 年 12 月　习近平总书记在中央城镇化工作会议上指出，让城市融入大自然，让居民望得见山、看得见水、记得住乡愁。

2014 年 1 月 10 日　青海三江源国家生态保护综合试验区建设暨三江源生态保护和建设二期工程启动大会在西宁召开。

2014 年 1 月 21 日　中央一号文件首次将保证农业的可持续发展置于核心地位，提出"实现高产高效与资源生态永续利用协调兼顾"。

2014 年 2 月 5 日　环境保护部印发中国首个生态保护红线划定的纲领性技术指导文件《国家生态保护红线——生态功能基线划定技术指南（试行）》。

2014 年 2 月 10 日　国家发展改革委公布了西部大开发九大重要领域。提出以更大的决心、更强的力度、更有效的举措，全力推进西部大开发不断迈向深入。

2014 年 3 月 5 日　李克强总理在 2014 年政府工作报告提出"我们要像对贫困宣战一样，坚决向污染宣战"，将治理环境污染提高到和反贫困战役同样的高度，彰显国家推进生态文明建设的决心。

2014年3月17日 国家林业局印发《国际重要湿地生态特征变化预警方案（试行）》，中国将对国际重要湿地生态特征变化实行由低到高的黄色、橙色和红色三级预警。

2014年4月17日 环境保护部和国土资源部发布《全国土壤污染状况调查公报》，就历时8年进行的全国性土壤污染情况对公众披露。

2014年5月 贵州省十二届人大常委会审议通过《贵州省生态文明建设促进条例》，这是我国首部省级生态文明建设条例。

2014年6月8日 国务院第161次常务会审议通过的西藏投资最大水利工程拉洛水利枢纽开工，这是西藏自治区水利发展史上投资最大的水利工程，将保障灌区45万多亩农田有效灌溉。

2014年7月2日 经中央批准，全国评比达标表彰工作协调小组批复环境保护部，同意在全国"生态文明建设示范区"项目中设立"中国生态文明奖"。

2014年7月3日 最高人民法院决定设立专门的环境资源审判庭，为生态文明建设提供坚强有力的司法保障。

2014年10月11日 四川省林业厅发布《四川省林业推进生态文明检核规划纲要（2014—2020年）》，四川首次划定了林地和森林、湿地、沙区植被、物种4条生态红线。到2020年，四川长江上游生态屏障全面建成。

2014年10月23日 党的十八届四中全会通过《中共中央关于全面推进依法治国若干重大问题的决定》，提出加快建立生态文明法律制度，用严格的法律制度保护生态环境。

2014年11月1日 中国生态文明论坛成都年会开幕，年会以"生态文明·创新驱动"为主题，深入研讨生态环境挑战下的生态文明建设理念、路径与制度选择等重要理论和实践问题。

2014年11月17日 国务院印发《关于依托黄金水道推动长江经济带发展的指导意见》，将"建设绿色生态廊道"作为重点任务之一。

2014年11月 国家发改委、国家林业局联合印发了《关于在西部地区开展生态文明示范工程试点的通知》，全国共有14个省市13个市州29个县区纳入本轮试点范围。

2014 年 12 月 25 日   2014 年西部大开发新开工 33 项重点工程，投资总规模为人民币 8 350 亿元。项目包括：川藏铁路拉萨至林芝段、新疆明水（甘新界）至哈密公路以及格尔木至库尔勒铁路等。这是我国为缩小地区发展差异所采取的重要措施之一。

2015 年 1 月 1 日   被称为"史上最严"的新《环境保护法》正式实施。

2015 年 1 月 19 日   习近平总书记在云南考察，强调要把生态环境保护放在更加突出位置，要像保护眼睛一样保护生态环境。

2015 年 3 月 16 日   环境保护部发布《环境保护部审批环境影响评价文件的建设项目目录（2015 年本）》，对审批建设项目目录进行调整。其中，火电站、热电站、炼铁炼钢、有色冶炼、国家高速公路、汽车、大型主题公园等项目的环评文件由省级环保部门审批。

2015 年 3 月   国家发展改革委、外交部、商务部联合发布了《推动共建丝绸之路经济带和 21 世纪海上丝绸之路的愿景与行动》，强调在投资贸易中突出生态文明理念，加强生态环境、生物多样性和应对气候变化合作，共建绿色丝绸之路。

2015 年 3 月 26 日   中国西部（四川）进口展及国际投资大会首场推介会在北京千禧大酒店举行。中国西部（四川）进口展及国际投资大会 10 月亮相成都。

2015 年 4 月 9 日   2015 中国成都国际环保产业博览会在成都世纪城新会展中心隆重召开。

2015 年 4 月 16 日   国务院正式发布《水污染防治行动计划》（简称"水十条"）。

2015 年 4 月 25 日   中共中央、国务院印发《关于加快推进生态文明建设的意见》，明确了生态文明建设的总体要求、目标愿景、重点任务、制度体系。

2015 年 5 月 29 日   经财政部、环境保护部共同组织专家评审，甘肃白银市等 30 个地市被确定为 2015 年重金属污染防治专项资金支持对象。

2015 年 6 月 18 日   习近平总书记在贵州视察时指出，要守住发展和生态两条底线。

2015 年 6 月 27 日   以"走向生态文明新时代——新议程、新常态、新行动"为主题的生态文明贵阳国际论坛 2015 年年会开幕。

2015 年 7 月 30 日   全国防沙治沙现场经验交流会在锡林郭勒盟多伦县召开。

会上，内蒙古自治区、山西省、宁夏回族自治区、青海省格尔木市、新疆和田地区做了典型发言。全国 30 个省市自治区及新疆生产建设兵团林业部门负责人参加会议。会议总结了经验，安排部署了到 2020 年防沙治沙的目标任务。

2015 年 9 月　《生态文明体制改革总体方案》出台，提出健全自然资源资产产权制度、建立国土空间开发保护制度、完善生态文明绩效评价考核和责任追究制度等制度。

2015 年 10 月　党的十八届五中全会通过了《中共中央关于制定国民经济和社会发展第十三个五年规划的建议》，提出创新、协调、绿色、开放、共享的新发展理念，其中，将绿色发展作为"十三五"乃至更长时期我国经济社会发展的一个基本理念。

2015 年 12 月 22 日　为规范建设项目环评文件审批，统一管理尺度，环境保护部印发火电、水电、钢铁、铜铅锌冶炼、石化、制浆造纸、高速公路 7 个行业建设项目环境影响评价文件审批原则（试行）。

2016 年 1 月　被称为中国环保事业有史以来最大规模行动的中央环保督查启动。一大批遗留问题将得到根本解决。

2016 年 1 月 5 日　在重庆召开推动长江经济带发展座谈会，习近平总书记强调，走生态优先绿色发展之路，让中华民族母亲河永葆生机活力。

2016 年 3 月 11 日　环境保护部部长陈吉宁就"加强生态环境保护"的相关问题回答中外记者的提问。陈吉宁表示，中西部地区在我国既是扶贫开发的重点区域，又是生态环境的敏感区域、脆弱区域，所以这个地区在"十三五"期间要面临补足两个突出短板的问题。

2016 年 4 月　我国首个国家公园体制试点在三江源地区实施，园区总面积12.31 万 km^2，划分为长江、黄河、澜沧江三个分园区，涉及玉树藏族自治州和果洛藏族自治州 4 个县。

2016 年 5 月 31 日　《土壤污染防治行动计划》历经 50 余次修改后出台，共10 条 35 款，简称"土十条"。"土十条"还对土壤安全利用提出了具体要求，明确指出重度污染的土壤严禁种植食用农产品。

2016 年 7 月 15 日　环境保护部印发《"十三五"环境影响评价改革实施方案》明确，战略规划环评、建设项目环评、事中事后监管、信息公开和公众参与将是环评制度改革的重点。

2016 年 8 月　中共中央办公厅、国务院办公厅印发了《关于设立统一规范的国家生态文明试验区的意见》，综合考虑现有生态文明改革实践基础、区域差异性和发展阶段等因素，福建、江西和贵州被列入首批试验区。这标志着贵州省成为我国西部首个国家生态文明试验区，将为完善生态文明制度体系探索路径、积累经验。

2016 年 9 月 29 日　国家发改委、环境保护部联合印发《关于培育环境治理和生态保护市场主体的意见》，提出到 2020 年，中国环保产业产值超过 2.8 万亿元，年均增长保持在 15% 以上；培育形成 50 家以上产值过百亿元的环保企业，打造一批国际化的环保公司。

2016 年 10 月 11 日　习近平总书记主持召开的深改组第 28 次会议通过了《关于全面推行河长制的意见》，并指出"河长制"的目的是贯彻新发展理念。

2016 年 12 月 1 日　四川省污染防治"三大战役"重大项目集中开工，全省污染防治"三大战役"全面展开。

2016 年 12 月 2 日　习近平总书记对生态文明建设作出重要指示强调，树立"绿水青山就是金山银山"的强烈意识，要深化生态文明体制改革，尽快把生态文明制度的"四梁八柱"建立起来，各地区各部门要切实贯彻新发展理念，努力走向社会主义生态文明新时代。李克强总理作出批示指出，生态文明建设事关经济社会发展全局和人民群众切身利益，是实现可持续发展的重要基石。

2016 年 12 月 2 日　全国生态文明建设工作推进会议在浙江省湖州市召开。张高丽副总理在会上传达了习近平总书记重要指示和李克强总理批示精神并讲话，进一步部署推进全国生态文明建设工作。

2016 年 12 月 18 日　2016 年国家新开工西部大开发重点工程 30 项，投资总规模为 7 438 亿元，重点投向西部地区铁路、公路、大型水利枢纽和能源等重大基础设施建设领域。

2016 年 12 月 22 日 3 时 22 分　我国在酒泉卫星发射中心用长征二号丁运载火箭，成功将我国首颗全球二氧化碳监测科学实验卫星（简称"碳卫星"）发射升空。继日本和美国后，这是世界上发射的第三颗碳监测卫星。

2016 年 12 月 22 日　中共中央办公厅、国务院办公厅发布《生态文明建设目标评价考核办法》，明确突出公众获得感，对各省（区、市）实行年度评价、五年考核机制，以考核结果作为党政领导综合考核评价、干部奖惩任免的重要依据。

2016 年 12 月 25 日　《环境保护税法》由第十二届全国人大常委会第二十五次会议表决通过，酝酿近十年的环保税将于 2018 年 1 月 1 日起开征。

2017 年 1 月　国务院批复同意了《西部大开发"十三五"规划》，强调西部地区既是打赢脱贫攻坚战、全面建成小康社会的重点难点，也是我国发展重要回旋余地和提升全国平均发展水平的巨大潜力所在，是推进东西双向开放、构建全方位对外开放新格局的前沿，在区域发展总体战略中具有优先地位。"十三五"时期，西部地区进入爬坡过坎、转型升级的关键阶段，必须深入实施西部大开发战略，坚持发展第一要务，全面深化改革和扩大开放，以提高发展质量和效益为中心，深刻认识、准确把握新形势新任务新要求，充分用好重要战略机遇期，推动新一轮西部大开发不断迈向深入，努力开创西部发展新局面。

2017 年 3 月 15 日　习近平总书记在参加新疆代表团审议时指出，要加强生态环境保护，严禁"三高"项目进新疆，加大污染防治和防沙治沙力度，努力建设天蓝、地绿、水清的美丽新疆。

2017 年 4 月 5 日　首届中国西部环境治理高峰论坛在宁夏银川召开，来自宁夏、内蒙古、陕西、甘肃、新疆等地的 200 多名嘉宾出席论坛。

2017 年 4 月 19 日　习近平总书记深入广西壮族自治区考察调研，关心生态文明建设。强调指出，广西生态优势金不换，要坚持把节约优先、保护优先、自然恢复为主作为基本方针，把人与自然和谐相处作为基本目标，使八桂大地青山常在、清水长流、空气常新。

2017 年 5 月 5 日　2017 年中华环保世纪行启动，聚焦"绿水青山就是金山银山"生态文明发展理念。

2017 年 5 月 26 日　习近平总书记在中央政治局第四十一次集体学习时强调："推动形成绿色发展方式和生活方式，是发展观的一场深刻革命。让良好生态环境成为人民生活的增长点、成为经济社会持续健康发展的支撑点、成为展现我国良好形象的发力点，让中华大地天更蓝、山更绿、水更清、环境更优美。"

2017 年 6 月 9 日　推动长江经济带发展工作会议在北京召开。张高丽副总理主持会议并讲话。强调生态优先，绿色发展，把保护和修复长江生态环境摆在首要位置，努力把长江经济带建设成为我国生态文明建设的先行示范带、创新驱动带、协调发展带。

2017 年 6 月 17 日　2017 生态文明试验区贵阳国际研讨会开幕，400 名政商领袖和专家学者齐聚贵阳，共同探讨生态文明试验区建设，以改革引领创新的最新理念，以最佳实例为依据，探索全球携手共同走向生态文明新时代的路径。

2017 年 6 月 18 日　宁夏回族自治区第十二次党代会提出："打造西部地区生态文明建设先行区，筑牢西北地区重要生态安全屏障，生态环境保护和治理取得重大成果"。

2017 年 6 月 22 日　《中华人民共和国土壤污染防治法（草案）》首次提请全国人大常委会审议。这是我国第一部土壤污染防治领域的专门法律。针对土壤污染防治开出三大药方：预防、管控、明责。

2017 年 6 月 23 日　首届西部路游节暨青海生态路游高端峰会，推出"生态路游"新模式、新概念，共同探讨大众旅游时代背景下的生态路游发展新路径。

2017 年 6 月 26 日　中央深改组会议审议通过《祁连山国家公园体制试点方案》，在系统保护和综合治理、生态保护和民生改善协调发展、健全资源开发管控和有序退出等方面积极作为，依法实行更加严格的保护。

2017 年 7 月 11 日　由商务部主办，杨凌示范区国际交流中心承办的"2017年'一带一路'国家生态文明与气候变化研修班"在杨凌开班，来自巴基斯坦、巴拿马、斯里兰卡和老挝四个国家共 13 名学员将在杨凌接受为期 28 天的专题讲座与培训。

2017 年 7 月 13 日　2017 中国生态环保大会暨第二届绿色发展论坛、西宁城市发展投资洽谈会隆重开幕。

2017 年 7 月 20 日　中共中央办公厅、国务院办公厅就甘肃祁连山国家级自然保护区生态环境问题发出通报。通报指出了甘肃祁连山国家级自然保护区在违法违规开发矿产资源、部分水电设施违法建设、违规运行、企业偷排偷放等方面存在的突出问题，并分析了产生这些问题的原因。同时，公布了党中央对包括甘肃省委和省政府主要负责同志在内的相关责任人及责任单位进行严肃问责的决定。此次事件在全社会引起了强烈反响，再次彰显了党中央、国务院对生态环境问题的高度重视及惩治破坏生态环境行为的坚定决心。

2017 年 8 月 1 日　为增强大熊猫不同栖息地之间的连通性，推动整体保护，川陕甘三省将联合建立"大熊猫国家公园",面积达 2.7 万 km²。

2017 年 8 月 1 日　我国首个国家公园体制试点获突破三江源探索适度特许经营,《三江源国家公园条例(试行)》施行,违法行为最高可罚款 20 万元。

2017 年 8 月 3 日　白鹤滩水电站主体工程在川滇交界的金沙江上全面开工建设。建成后将送电至华东、华中和华南等地区,成为国家能源战略布局"西电东送"的骨干电源点。

2017 年 9 月 20 日　中共中央办公厅、国务院办公厅印发了《关于建立资源环境承载能力监测预警长效机制的若干意见》,推动实现资源环境承载能力监测预警规范化、常态化、制度化,引导和约束各地严格按照资源环境承载能力谋划经济社会发展。

2017 年 9 月 21 日　环境保护部"全国生态文明建设现场推进会"在安吉召开。再度推介"绿变金"先进地区的绿色发展模式,并命名授牌 13 个首批"绿水青山就是金山银山"实践创新基地和 46 个首批国家生态文明建设示范市县。其中分别有 3 个和 12 个属于西部地区,占比分别为 23%和 26%。

2017 年 10 月 18—24 日　党的十九大召开,提出习近平新时代中国特色社会主义思想,坚持人与自然和谐共生成为重要内容之一。党的十九大报告要求牢固树立社会主义生态文明观,推动形成人与自然和谐发展现代化建设新格局,强调建设生态文明是中华民族永续发展的千年大计,必须树立和践行绿水青山就是金山银山的理念,并从"推进绿色发展""着力解决突出环境问题""加大生态系统保护力度""改革生态环境监管体制"等方面对生态文明建设作出全面部署。

2017 年 12 月 26 日　国家统计局、国家发改委、环境保护部和中央组织部联合发布《2016 年生态文明建设年度评价结果公报》,首次公布了 2016 年度各省份绿色发展指数和公众满意程度。从综合排名看,绿色发展指数排名前三位的地区分别为北京、福建、浙江。公众满意程度排名前 3 位的地区分别为西藏、贵州、海南,西部地区榜上有名。

附录 2

西部地区生态文明建设评价体系简介

构建西部省域生态文明建设评价指标体系（WECCI），量化评估西部地区生态文明建设推进状况，展开多层次的横向和纵向比较分析，有利于准确把握西部省域生态文明建设现状，探寻生态文明建设主要影响因素，找准生态文明建设的重点和方向，及时监测生态文明发展态势，检验生态文明建设成效，为西部地区在经济社会发展的同时，确保生态环境质量改善，实现绿色崛起，提供理论依据和实践指导。

（一）评价设计理念

生态文明是人与自然和谐双赢的文明[①]。生态文明建设的最终目标，是在继续保持经济社会发展的同时，确保生态健康、环境良好、资源可永续利用。因此，经济社会发展、改善民生、增进人民福祉是生态文明建设的应有之意，尤其是经济相对落后的西部地区。离开经济发展，生存需求无法得到满足，生态文明建设不具有可持续性；离开生态环境保护，经济建设成为无源之水、无本之木。西部的振兴需要绿色崛起，在生态环境承载能力范围之内，不以牺牲生态环境为代价换取经济发展，形成经济发展与生态环境保护的良性循环。从经济社会发展的维度，通过设置社会发展考察领域，综合评价分析西部省份经济社会发展水平。

为实现生态健康、环境良好、资源可永续利用的直接目标，有必要厘清生态、

---

① 严耕，吴明红，等. 中国省域生态文明建设评价报告（ECI 2015）[M]. 北京：社会科学文献出版社，2015.

环境、资源三者的关系，避免在实践中犯以偏概全、舍本逐末的错误。生态系统是各种生物及各种生命支撑系统之间物质循环、能量流动和信息交换形成的统一整体，人类社会及其活动都只是生态系统的一个有机组成部分。环境是相对于某一主体而言的，包括围绕该主体，会对其产生影响的所有周围事物，就人类来说，自然环境是指生态系统中直接维系人类生存所必需的物质条件，如清新的空气、干净的水源等。自然资源则是取之于生态系统中，支撑人类生产、生活的能源与材料，资源的种类、数量受制于人类已能掌握和利用的技术条件，如人类在发明了收集、利用风力的技术以后，风能就跻身成为可供人们使用的清洁能源，另外，随着科技进步，人类能探明的常规资源能源储量也在不断增加。

生态系统与环境、资源是"一体两用"的关系。生态系统为"体"，是包括了自然界一切事物的全体、自然本体，它先于人类的出现及人类社会的形成就已存在，其内部各要素相互作用下，按照自身的规律不断演替，生生而不息。我们所生活的地球曾经历过的多次重大变迁已然证明，生态系统并不会毁灭，时过境迁后总能恢复到蓬勃生机之态，只有具体物种才会有灭绝的潜在危险。环境和资源是人类出于生存、发展需要对生态系统的两种用途，环境是生态系统直接为人类提供的生存之境，资源则是人类为维系社会的存在与发展，通过科学技术手段对生态系统加以利用的要素，如生态系统中的水体，既为人类提供赖以生存的水体环境，同时也为人们的生产、生活提供不可或缺的水资源。

由于生态系统以环境和资源两种形态直接为人类服务，表面看来，良好的环境与可持续利用的资源是维持人类社会存在、发展的两大支柱，更容易受到全社会的广泛关注和重视，我国也早已确立了节约资源和保护环境的基本国策，致力于建成资源节约型和环境友好型社会。其实，生态、环境、资源三者是相互联系、相互影响的，彼此之间都休戚相关，不可偏废。甚至，生态系统具有更基础、更重要的地位和作用。

人类社会形成并从客观物质世界提升出来以后，继续依赖于自然，受着自然界的约束。同时，为更好地满足生存、发展的需要，人们开始尝试去改造自然，一定程度上影响着生态、环境。尤其是人类开发、利用自然资源的过程，一方面，资源取自于生态系统中，资源开发会对生态系统和自然环境造成影响；另一方面，资源消耗利用所产生的废弃物排放，会导致环境污染，最终需生态系统分解消纳。

这也反映出，环境和资源都离不开生态系统的支撑，环境容量的大小，资源储备的多寡，均受制于生态系统的健康活力状况。人类社会与生态、环境、资源的关系如附图 2-1 所示。

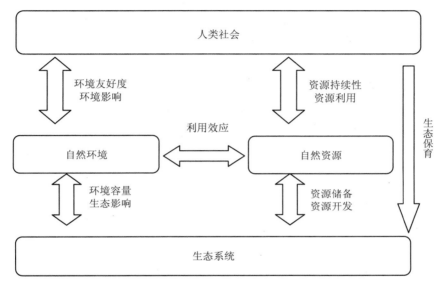

附图 2-1　生态、环境、资源与人类社会的关系[①]

　　生态系统具有基础性的地位与作用，环境是人类的生存之境。因此，环境改善是生态文明建设的直接目标，夯实生态基础是前提保障。课题组从生物多样性、水土流失、大气、水体、土壤等角度筛选具有较高显示度的相关指标纳入评价体系，构成生态环境二级指标，客观反映西部省份生态环境领域的建设水平。

　　资源开发利用方式不合理是当前生态文明建设面临的主要矛盾。生态、环境、资源危机发生的直接原因，是由于人类对资源开发利用方式不合理。资源过度开发导致生态环境退化，利用方式不合理不仅加速资源耗竭，还使得资源过早沦为废弃物进而转变成污染源，这也是现阶段生态文明建设面临的主要矛盾。合理开发利用资源，不仅能从源头降低污染物产生及排放，而且能缓解生态环境压力。实现资源开发利用合理化，关键在于协调发展，即经济社会发展中合理开发利用

① 严耕，吴明红，等. 中国省域生态文明建设评价报告（ECI 2017）[M]. 北京：社会科学文献出版社，2017.

自然资源，资源能源消耗与污染物排放不超过当地生态环境承载能力范围。因此，选取反映资源节约、集约、循环使用状况的相关指标，构成协调程度二级指标，考察生态文明建设不同领域协调发展水平。

（二）指标体系设计

1. 指标选取

基于上述设计思路，根据权威性、代表性、导向性的基本原则，选取具体指标，构建针对性的西部省域生态文明建设评价指标体系（WECCI），见附表2-1。

附表2-1　西部省域生态文明建设评价指标体系（WECCI）

一级指标	二级指标	三级指标	指标解释	权重/%	性质
生态文明指数（WECCI）	生态环境	自然保护区的有效保护	自然保护区占辖区面积比重	1	正指标
		建成区绿化覆盖率	建成区绿化覆盖率	2	正指标
		地表水体质量	优于Ⅲ类水河长比例	1	正指标
		重点城市环境空气质量	环保重点城市空气质量达到及好于二级的平均天数占全年比例	2	正指标
		水土流失率	水土流失面积/土地调查面积	3	逆指标
		化肥施用超标量	化肥使用量/农作物总播种面积–国际公认安全使用上限值	2	逆指标
		农药施用强度	农药使用量/农作物总播种面积	2	逆指标
	社会发展	人均GDP	人均地区生产总值	1	正指标
		人均可支配收入	地区人均可支配收入	1	正指标
		城镇化率	城镇人口比重	1	正指标
		人均教育经费投入	各地区教育经费/地区总人口	3	正指标
		每千人口医疗机构床位	每千人口医疗卫生机构床位数	2	正指标
		农村改水率	农村用自来水人口的比例	3	正指标

一级指标	二级指标	三级指标	指标解释	权重/%	性质
生态文明指数（WECCI）	协调程度	工业固体废物综合利用率	工业固体废物综合利用量/工业固体废物产生量	2	正指标
		城市生活垃圾无害化率	城市生活垃圾无害化率	2	正指标
		水体污染物排放变化效应	（上年度化学需氧量排放量+上年度氨氮排放量−本年度化学需氧量排放量−本年度氨氮排放量）/未达Ⅲ类水质河流长度	1	正指标
		大气污染物排放变化效应	（上年度二氧化硫排放总量+上年度氮氧化物排放总量+上年度烟（粉）尘排放总量−本年度二氧化硫排放总量−本年度氮氧化物排放总量−本年度烟（粉）尘排放总量）×空气质量达到及好于二级的天数占全年比例/辖区面积	1	正指标

2. 指标解释与数据来源

西部生态文明建设评价指标体系（WECCI），共包括 4 项二级指标和 20 项三级指标，各三级指标的具体含义，主要的数据来源包括《中国统计年鉴》《中国环境统计年鉴》《中国能源统计年鉴》《中国城市建设统计年鉴》《中国水资源公报》《中国环境状况公报》等。

（1）生态环境类

自然保护区的有效保护　是指行政区域内自然保护区面积占行政区域土地总面积的比重。为保护自然环境和自然资源，促进国民经济持续发展，经各级人民政府批准，部分陆地与水体划分出来进行特殊保护和管理。为客观评价西部省份在生态涵养方面的水平，发挥自然保护区在保留自然界天然本底、保护动植物多样性方面的作用，将该指标纳入评价体系。

计算公式：自然保护区的有效保护=自然保护区面积÷土地总面积×100%

数据来源：国家统计局《中国统计年鉴》。

建成区绿化覆盖率　是指行政区域内的城市建成区中，乔木、灌木、草坪等所有植被的垂直投影面积占建成区总面积的比例。随着西部省份城镇化进程加速推进，将建成区内部的绿化情况纳入评价体系，使得评价体系能够客观评价城市生态活力。

计算公式：建成区绿化覆盖率=建成区绿化覆盖面积÷建成区总面积×100%

数据来源：住房和城乡建设部《中国城市统计年鉴》、国家统计局《中国统计年鉴》。

地表水体质量 是指行政区域内 I～III 类水质的河流长度占评价总河长的比例。在评价指标选取时，考虑到西部部分省份境内包含大型湖泊、水库，并且分布不均，因此，为了客观、公正地评价水体质量，指标体系设计并未采用省级行政区统计发布的湖泊、水库等重要水体的水质和地下水资源量和水质情况。

计算公式：地表水体质量=I～III 类水质河长÷评价总河长×100%

数据来源：水利部《中国水资源公报》。

重点城市环境空气质量 根据数据发布情况，收集、计算重点城市环境空气质量时，2012 年之前的该项指标暂时使用省会城市的环境空气质量进行计算。2013 年相关数据统计范围扩大，课题组采用权威发布的全国 74 个主要城市空气质量指标进行加权计算。2014 年以后，根据相关统计数据，采用 113 个城市空气质量进行加权计算。

计算公式：重点城市环境空气质量=环保重点城市空气质量达到及好于二级的平均天数÷全年天数×100%

数据来源：环境保护部《中国环境统计年鉴》、国家统计局《中国统计年鉴》。

水土流失率 是指行政区域内水土流失面积占辖区土地总面积的比例。水土流失率作为一项逆指标，客观地反映西部省份在生态涵养、农业生产、水土资源等方面所面临的威胁。

计算公式：水土流失率=水土流失面积÷土地调查面积×100%

数据来源：国家统计局《中国统计年鉴》。

化肥施用超标量 是指行政区域内单位农作物播种面积的化肥施用量超过国际公认的安全使用上限量。该指标作为约束性指标，引导西部省份加强对化肥过量不合理施用所导致的土壤板结、酸化等耕地质量退化问题的重视与警觉。

计算公式：化肥施用超标量=化肥施用量÷农作物总播种面积–国际公认的化

肥安全使用上限（225 kg/hm²）

数据来源：国家统计局《中国统计年鉴》、环境保护部《中国环境统计年鉴》。

农药施用强度　是指行政区域内单位农作物播种面积的农药施用量。该项指标作为约束性指标，旨在引导西部各省份重视由于过量不合理施用农药所导致的土地污染和农产品质量安全隐患。

计算公式：农药施用强度=农药施用量÷农作物总播种面积

数据来源：国家统计局《中国统计年鉴》、环境保护部《中国环境统计年鉴》。

（2）社会发展类

人均 GDP　是指行政区域内实现的生产总值与辖区内常住人口的比例。该指标客观反映西部省份经济社会发展水平。

计算公式：人均 GDP=国内生产总值÷辖区常住人口总数

数据来源：国家统计局《中国统计年鉴》。

人均可支配收入　是指居民可用于最终消费支出和储蓄的总和，即居民可用于自由支配的收入与辖区内常住人口的比例。可支配收入，既包括现金收入，也包括实物收入。按照收入的来源，可支配收入包含四项，分别为：工资性收入、经营性净收入、财产性净收入和转移性净收入。该项指标与人均 GDP 指标，综合评价西部省份经济社会发展水平。

计算公式：人均 GDP=可支配收入÷辖区常住人口总数

数据来源：国家统计局《中国统计年鉴》。

城镇化率　是指行政区域内居住在城镇范围内的全部常住人口占辖区常住人口的比例。目前，西部省份的城镇化水平仍有较大的发展空间，该项指标纳入指标体系，旨在促进西部各省积极稳妥地推进城镇化，加强城镇化管理，推进城镇化建设提质增效。

计算公式：城镇化率=居住在城镇范围内的常住人口数量÷辖区常住人口总数×100%

数据来源：国家统计局《中国统计年鉴》。

人均教育经费投入　是指行政区域内国家财政性教育经费、民办学校举办者投入、社会捐赠经费、事业收入以及其他教育经费的总额与辖区内常住人口的比例。选取人均教育经费投入纳入评价体系，旨在客观反映西部省份对于教育的重视程度和支持力度。

计算公式：人均教育经费投入=各项教育经费投入总额÷辖区常住人口总数

数据来源：国家统计局《中国统计年鉴》。

每千人口医疗机构床位数 是指行政区域内医院和卫生院床位数与辖区常住人口数量的比值。该指标具有较强的显示度，能够综合衡量区域内部医疗卫生水平，引导西部省份不断完善公共卫生医疗服务体系。

计算公式：每千人口医疗机构床位数=医院和卫生院床位数÷辖区常住人口总数×100%

数据来源：国家统计局《中国统计年鉴》。

农村改水率 是指行政区域内使用自来水的农村人口数量占辖区内农村人口总数的比例。数据显示，农村改水率与城乡发展差距具有较高的相关性。设置该指标，引导西部省份加快实施农村饮用水安全工程，改善农村生产生活条件，有利于西部省份统筹城乡发展，缩小区域差距。

计算公式：农村改水率=使用自来水的农村人口数量÷辖区内农村人口总数×100%

数据来源：国家卫生和计划生育委员会《中国人口统计年鉴》、环境保护部《中国环境统计年鉴》。

（3）协调程度类

工业固体废物综合利用率 是指行政区域内，各类企业通过回收、加工、循环、交换等方式，从固体废物中提取或者使其转化为可以利用的资源、能源和其他原材料的固体废物占固体废物产生量的比例。设置该指标，旨在引导西部各省积极推行循环型生产方式，大力发展循环经济，实现资源集约、节约。

计算公式：工业固体废物综合利用率=工业固体废物综合利用量÷工业固体废物产生量×100%

数据来源：国家统计局《中国统计年鉴》。

城市生活垃圾无害化率 是指行政区域内，生活垃圾无害化处理量与生活垃圾产生量的比率。由于统计工作中，生活垃圾产生量不易取得，所以采用清运量代替产生量。设置该指标，引导西部省份在减少垃圾产生量的同时，积极采取有效措施，提升城镇生活垃圾处理能力，提高城市生活垃圾无害化处理率。

计算公式：城市生活垃圾无害化率=生活垃圾无害化处理量÷生活垃圾产生量×100%

数据来源：国家统计局《中国统计年鉴》。

水体污染物排放变化效应　是指行政区域内，本年度化学需要量排放量比上年度的减少量与本年度氨氮排放量比上年度的减少量之和，与辖区内未达Ⅲ类以上河流长度的比值。设置该指标，并不是绝对苛求西部各省必须大量削减化学需氧量排放量和氨氮排放量，而是以水体质量的变化为依据，如未导致水体质量的恶化，即表明排放量在生态、环境容量之内，继续排放则为合理诉求。该指标的设置充分体现降低化学需氧量排放量和氨氮排放量，改善水体质量，在生态、环境承载能力范围之内有条件排放的政策导向。

计算公式：水体污染物排放变化效应=（上年度化学需氧量排放量+上年度氨氮排放量–本年度化学需氧量排放量–本年度氨氮排放量）/未达Ⅲ类水质河流长度

数据来源：国家统计局《中国统计年鉴》。

大气污染物排放变化效应　是指行政区域内本年度二氧化硫排放总量比上年度的减少量、本年度氮氧化物排放总量比上年度的减少量与本年度烟（粉）尘排放总量比上年度的减少量之和乘以空气质量达到及好于二级的天数占全年比例，与辖区面积的比值。设置该指标，并不是绝对强调西部各省要减少二氧化硫、氮氧化物、烟（粉）尘等大气污染物的排放量，而是以空气质量变化情况为依据，如未引起空气质量恶化，则经济社会发展导致的大气污染物排放量正常上升即为合理诉求。该指标的设置，充分体现降低氮氧化物等大气污染物排放量，改善空气质量，在生态、环境承载能力范围内有条件排放的政策导向。

计算公式：大气污染物排放变化效应=（上年度二氧化硫排放总量+上年度氮氧化物排放总量+上年度烟（粉）尘排放总量–本年度二氧化硫排放总量–本年度氮氧化物排放总量–本年度烟（粉）尘排放总量）×空气质量达到及好于二级的天数占全年比例/辖区面积

数据来源：国家统计局《中国统计年鉴》。

（三）评价分析方法

1. 评价算法

WECCI 采用相对评价法，首先，根据三级指标选取情况，明确正指标和逆指标；其次，采用统一的 Z 分数（标准分数）方式，对三级指标进行无量纲化，赋予等级分；最后，对各指标得分加权求和，实现对西部各省域生态文明建设状况的量化评价。

数据标准化　对三级指标数据无量纲化，采用统一的 Z 分数（标准分数）处理方法，避免数据过度离散可能导致的误差。根据各项三级指标原始数据的平均值与标准差，剔除大于 2 倍标准差以上的数据，剔除小于负的 2 倍标准差以下的数据，确保最后留下的数据标准差在 2 倍范围以内。

计算临界值　以平均值、平均值加 1 倍标准差、平均值加 2 倍标准差、平均值减 1 倍标准差、平均值减 2 倍标准差得出的数值为临界点，计算组内临界值。

赋予等级分　构建连续型随机变量。按照临界值，给予各三级指标赋予 1～6 分的等级分。对于各项正指标，小于平均值减 2 倍标准差的数据，赋予 1 分；数据介于平均值减 1 倍标准差与平均值减 2 倍标准差之间，赋予 2 分；平均值与平均值减 1 倍标准差之间的数据，赋予 3 分；平均值与平均值加 1 倍标准差之间的数据，赋予 4 分；数据介于平均值加 1 倍标准差与平均值加 2 倍标准差之间，赋予 5 分；最后，大于平均值加 2 倍标准差的数据，赋予 6 分。对于各项逆指标，赋分方式与正指标赋分方式相反。

计算三级指标等级分数　将三级指标原始数据转换为等级分数。其中，等级分 1 分出现的概率约为 6%，2 分出现的概率约为 17%，3 分出现的概率约为 26%，4 分出现的概率约为 27%，5 分出现的概率约为 15%，6 分出现的概率约为 7%。

对指标体系赋权　采用德尔斐法，在广泛征求生态文明建设领域相关专家学者意见的基础上，对于 WECCI 三项二级指标赋予权重。其中，生态环境和社会发展分别赋予权重为 35%，协调程度的权重为 30%。环境直接支撑着人类社会的生存与发展，而生态系统范围更大、具有更基础性的地位和作用，并且全球范围内普遍存在局部环境质量状况改善、整体生态保护形势愈加严峻的现象，因此，在西部生态文明建设评价中，对生态环境赋予较高的权重。社会发展是生态文明建设的题中应有之义。西部各省面临着经济发展较弱，处于城镇化发展的关键阶段，因此，社会发展也被赋予较高权重。三级指标权重的确定同样采用德尔菲法（Delphi Method）。通过向生态文明建设相关研究领域的专家发放加权咨询表，让专家根据自身认识的各指标重要性，分别赋予 6、4、2 的权重分，最后经统计整理得出各三级指标的权重分和权重，见附表 2-2。

附表 2-2　西部省域生态文明建设评价体系权重分配

一级指标	二级指标	二级指标权重	三级指标	三级指标权重	性　质
生态文明指数（WECCI）	生态环境	35%	自然保护区的有效保护	6	正指标
			建成区绿化覆盖率	4	正指标
			地表水体质量	6	正指标
			重点城市环境空气质量	4	正指标
			水土流失率	2	逆指标
			化肥施用超标量	4	逆指标
			农药施用强度	4	逆指标
	社会发展	35%	人均 GDP	6	正指标
			人均可支配收入	6	正指标
			城镇化率	6	正指标
			人均教育经费投入	2	正指标
			每千人口医疗机构床位	4	正指标
			农村改水率	2	正指标
	协调程度	30%	工业固体废物综合利用率	4	正指标
			城市生活垃圾无害化率	4	正指标
			水体污染物排放变化效应	6	正指标
			大气污染物排放变化效应	6	正指标

逆指标确定　根据各指标解释和具体含义，结合专家咨询意见与建议，WECCI 指标体系中，水土流失率、化肥施用超标量、农药施用强度 3 项指标为逆指标，其余 14 项为正指标。正指标的原始数据越大，等级分得分越高；逆指标原始数据越小，等级分得分越高。

特殊值处理　全国统一发布的数据中，部分西部省份的个别年份存在缺失现象，WECCI 评价时对于缺失值采取赋予等级分 3.5 分的处理办法。对于西部各省本年度均未发布新数据的指标，则使用上年度的数据予以代替。例如，西藏的农村改水率、城市生活垃圾无害化率等数据缺失，相应指标等级分直接赋予 3.5 分；西部各省份人均教育经费数据未发布，则采用上年数据代替。

计算 WECI 得分　根据各指标所得等级分，按权重加权求和，可以计算出二级指标评价得分。所有二级指标得分再次加权求和，即可获得反映西部各省整体生态文明建设状况的生态文明指数（WECI）。为反映西部各省域在农林牧渔生产、煤油气能源供给、水资源供给方面做出的贡献，WECCI 设置转移贡献二级指标，定量评价西部各省对于其他省份生态文明建设的转移性贡献。

2．进步指数分析方法

根据 2011—2015 年各指标原始数据，计算西部省份生态文明建设进步指数，反映西部省份建设速度的变化情况，以期更好地检验"十二五"期间西部省份生态文明建设成效，进一步探寻西部省份生态文明建设发展趋势，发现推动西部省份生态文明建设的主要影响因素。

西部省份生态文明建设评价指标体系中，各项三级指标进步率的计算方法，采用后一年度的变化率减去前一年度的变化率。二级指标的进步率由各三级指标进步率加权求和得出。根据二级指标进步率加权求和计算西部省份生态文明建设总进步指数。进步指数为正值，表明生态文明水平进步，为负值则表明生态文明水平退步。基础水平较低的地区，其进步成效显示度相对较高，如宁夏地表水体质量指标，优于Ⅲ类以上水质河长比例较低，年度增长幅度将近 200%。

后　记

　　经过编委会一年多的努力，《中国西部生态文明发展报告·2017》与读者见面了。这一课题研究由中国生态文明研究与促进会组织实施，参加本报告编写的单位有西北农林科技大学、中央党校、中科院地理所、北京林业大学、生态环境部华南环科所和中国西部研究与发展促进会等单位。在西北农林科技大学、陕西杨凌示范区的大力支持下，课题于2017年年初正式立项。按照研究方案和报告编写框架，课题组经过大半年的紧张工作，于2017年12月形成了初步研究成果，并在中国生态文明论坛惠州年会上对外发布。2018年1月，课题在西北农林科技大学通过了中期检查。根据专家提出的修改意见进行修改和完善后，于2018年4月通过结题评审。

　　本报告旨在通过深入分析我国西部地区生态文明建设的形势和任务，探索我国西部地区生态文明建设的规律和路径，从理论和实践层面对西部地区生态文明建设的状况、进展、成效和经验进行系统总结，对该地区生态文明建设情况进行全面的定性定量分析，形成高质量的研究成果，为引导和推进西部生态文明建设提供决策依据和实践指导，并力图通过理论与实践相结合，探索一种区域生态文明建设专题报告的新模式，在编写方法上对同类报告提供一些参考和借鉴。

　　在调研走访和报告编写过程中，课题组得到了各地相关政府部门的大力支持和密切配合。除了参加本报告编写的单位之外，中科院、中国社科院、中国环科院和陕西林科院等科研单位的专家学者也对我们的研究和编写工作给予了热情的指导，提供了宝贵的资料和无私的帮助。报告参考了大量的相关统计年鉴、专题报道和论文、专著等研究成果（我们已在注释和参考文献中做了说明）。本书由中国环境出版集团出版，在编写出版过程中，得到了出版社领导的大力支持，各位编辑为本书的出版倾注了大量心血，付出了艰苦劳动。在此，本编委会一并表示感谢！

由于是首次组织编写西部地区生态文明发展报告，我们的工作中还存在一些问题和不足，希望得到各位读者的指正，以帮助我们在今后的工作中加以改进。

中国西部生态文明发展报告编委会